数値計算の基礎
― 解法と誤差 ―

博士(工学) 高倉 葉子 著

コロナ社

まえがき

　数値計算の重要性は増し，広範囲の理工学分野においてなくてはならない存在となった現在，数値計算に関する教育においてはいかなる知識情報を与えるべきであろうか。科学技術計算における汎用ソフトウェアが産業界を中心として広く使われている現状であるが，どのソフトウェアを使うべきかの選定や正しい使用，さらには結果の誤差評価を行うことができるのは，基礎を知るもののみである。他方，既存のソフトウェアではカバーしきれない領域に対して，より信頼性と精度の高い数値計算法への要求も多い。数値計算は既存のものと新たに開拓すべきものとが共生する分野であり，基礎なくして発展はない。

　本書が扱う対象は大学における入門者用の数値計算法であるが，以下のような点に特に留意した。内容に関しては，アルゴリズムを中心に据えるとともに，数値計算を行う際に留意すべき事項についても言及した。また上に記した現状から重要になっていくであろう精度評価・誤差評価を増強した。これらは"数値解析"という数学側においては常識の範疇であるが，"数値計算"の現場において十分に認識されていないのが現状であろう。

　"とっつきにくい"誤差評価などを扱うにおいて記述の方針・スタイルに注意を払い，動機や考え方に重きを置いて興味の維持を図り，直感的に把握できる具体例や図をちりばめて理解しやすいものにした。さらに国際的なコミュニケーションが必要とされる時代的な要請から，重要な科学技術用語には英語を併記した。なお，工学系の入門者にとって本筋の流れに比べて長くなる領域（計算機側の説明，数学側からの観点，式の導出が長くなる部分など）は，付録としてWebサイト（巻末の引用・参考文献 1) を参照）に置いた。

　以上により，入門者のみならず，数値計算にかかわりのある技術者・研究者においても，なんらかの興味のもてるものとなっているならば幸いである。

2007 年 2 月

高倉　葉子

目 次

1. 数値計算における誤差

1.1 誤 差 と 精 度 …………………………………………… *1*
1.2 計算機における数値の表現 ……………………………… *2*
 1.2.1 整数型の数の表現 …………………………………… *3*
 1.2.2 実数型の数の表現（浮動小数点数表示）………… *3*
1.3 科学技術計算における近似と誤差 ……………………… *5*
 1.3.1 計算機の浮動小数点システムによる誤差：広義の丸め誤差 …… *6*
 1.3.2 アルゴリズムによる誤差：打切り（あるいは離散化）誤差 …… *9*
 1.3.3 問題の性質による誤差：伝播誤差 ……………………………… *12*

2. 誤差伝播の評価

2.1 ノルムについて：Question & Answer ……………………… *14*
2.2 行列の正則性について ……………………………………… *18*
2.3 伝播誤差の評価と条件数 …………………………………… *19*
 2.3.1 関数値 $f(x)$ を求める場合：入力:$x \Longrightarrow$ 出力:$f(x)$ ………… *20*
 2.3.2 方程式系 $\bm{f}(\bm{x}) = \bm{0}$ の根を求める場合：入力:$\bm{f} \Longrightarrow$ 出力:$\bm{x}$ …… *21*
 2.3.3 連立1次方程式系 $A\bm{x} = \bm{b}$ の解を求める場合：入力:$A, \bm{b} \Longrightarrow$ 出力:$\bm{x}$ ……………………………………… *22*
 2.3.4 固有値問題 $A\bm{x} = \lambda\bm{x}$ を解く場合：入力:$A \Longrightarrow$ 出力:λ ……… *26*
 2.3.5 定積分 $I = \int_a^b f(x)dx$ を求める場合：入力:$f, a, b \Longrightarrow$ 出力:I · *28*

2.3.6 導関数 $d^n f(x)/dx^n$ を求める場合：入力:$f \Longrightarrow$ 出力:$d^n f(x)/dx^n$ 29

2.3.7 常微分方程式の初期値問題 $dy/dx = f(x,y)$, $y(x_0) = y_0$：
入力:$f, y_0 \Longrightarrow$ 出力:$y(x)$ 30

3. 非線形方程式の解法

3.1 1変数スカラー非線形方程式 31
  3.1.1 ニュートン法 31
  3.1.2 補遺1：アルゴリズムとフローチャート，およびプログラム ... 32
  3.1.3 補遺2：多項式と導関数の効率的な計算法 34
  3.1.4 反復法の収束に関して 38
  3.1.5 割　線　法 43
  3.1.6 2　分　法 44
3.2 多変数の連立非線形方程式 46
  3.2.1 ニュートン法 46
  3.2.2 反復法の収束に関して 49
章　末　問　題 51

4. 連立1次方程式の解法

4.1 連立1次方程式の解 53
4.2 LU分解法 55
4.3 同じ係数行列をもつ何組かの問題を解く場合 60
4.4 補遺：行列解法のプログラム書法 61
4.5 ガウスの消去法 63
  4.5.1 ガウスの消去法（基本） 63
  4.5.2 掃出し法（あるいはガウス・ジョルダン消去法） 66

- 4.6 ガウスの消去法と LU 分解 ································ 70
  - 4.6.1 ガウスの消去法の行列・ベクトル表示 ············· 70
  - 4.6.2 ピボット選択 ······································· 73
- 4.7 三項方程式の解法 ··· 78
- 4.8 反　復　法 ··· 80
  - 4.8.1 ヤ　コ　ビ　法 ·· 81
  - 4.8.2 ガウス・ザイデル法 ··································· 81
  - 4.8.3 SOR 法（加速緩和法） ······························· 82
  - 4.8.4 収束判定のための反復打切り条件 ··················· 83
- 4.9 反復法の収束 ··· 83
  - 4.9.1 収　束　条　件 ·· 84
  - 4.9.2 反復法が収束する例 ··································· 85
- 章　末　問　題 ·· 86

5. 行列の固有値問題

- 5.1 特性方程式と固有値問題 ···································· 88
- 5.2 固有値問題の数値解法についての概観 ···················· 89
- 5.3 固有値問題の性質 ·· 90
- 5.4 ヤ　コ　ビ　法 ·· 94
  - 5.4.1 ヤコビ法の収束 ·· 97
  - 5.4.2 固有値と固有ベクトル ································· 98
  - 5.4.3 数値計算におけるアルゴリズム ······················ 99
- 5.5 QR　　　法 ·· 100
  - 5.5.1 原点移動による収束の加速 ···························· 100
  - 5.5.2 QR　分　解 ··· 101
- 5.6 べ　き　乗　法 ··· 109

5.7 逆反復法 ·· 110
章末問題 ·· 112

6. 関数近似：補間と補外

6.1 多項式補間法 ·· 114
   6.1.1 ラグランジュ補間法 ································ 115
   6.1.2 ニュートン補間法 ·································· 118
   6.1.3 直交多項式補間 ···································· 120
6.2 反復1次補間法 ·· 126
   6.2.1 ネヴィル補間法 ···································· 126
   6.2.2 リチャードソン補外法 ······························ 129
6.3 多項式補間法の誤差 ···································· 131
6.4 エルミート補間法 ······································ 132
6.5 区間多項式補間法 ······································ 134
   6.5.1 区間エルミート補間法 ······························ 135
   6.5.2 スプライン補間法 ·································· 136
章末問題 ·· 139

7. 関数近似：線形最小二乗法

7.1 正規方程式 ·· 142
7.2 QR分解を用いる解法 ··································· 146
7.3 選点直交多項式を用いる解法 ···························· 147
章末問題 ·· 149

8. 数値積分

- 8.1 補間型積分公式 ………………………………………… *150*
  - 8.1.1 ニュートン・コーツ積分公式 ……………………… *152*
  - 8.1.2 複合型積分 …………………………………………… *155*
  - 8.1.3 ガウス型積分 ………………………………………… *158*
- 8.2 ロンバーグ積分 …………………………………………… *163*
- 章末問題 ……………………………………………………… *167*

9. 数値微分

- 9.1 テイラー級数展開からの導出 …………………………… *168*
- 9.2 ラグランジュ補間法からの導出 ………………………… *170*
- 9.3 リチャードソン補外法による高精度化 ………………… *174*
- 章末問題 ……………………………………………………… *174*

10. 常微分方程式の初期値問題

- 10.1 オイラー法という簡単な例より ………………………… *176*
  - 10.1.1 導出方法（いくつかの観点から）………………… *176*
  - 10.1.2 陽解法と陰解法 ……………………………………… *177*
- 10.2 精度と安定性 ……………………………………………… *178*
  - 10.2.1 精度 …………………………………………………… *178*
  - 10.2.2 安定性 ………………………………………………… *180*
  - 10.2.3 ステップ幅の決め方 ………………………………… *183*
- 10.3 一段法 ……………………………………………………… *184*

10.3.1　テイラー展開法 …………………………………………… 184
10.3.2　ルンゲ・クッタ法 …………………………………………… 185
10.3.3　一段法の安定性と誤差[#] ………………………………… 189
10.4　多　段　法 ……………………………………………………… 192
10.4.1　数値積分に基づく方法：アダムス型公式 ………………… 193
10.4.2　数値微分に基づく方法 …………………………………… 197
10.4.3　予測子修正子法 …………………………………………… 198
10.4.4　多段法の安定性[#] ………………………………………… 198
10.5　高階常微分方程式の解法 ……………………………………… 201
10.6　連立常微分方程式系への適用 ………………………………… 201
10.6.1　例：一 段 法[#] …………………………………………… 203
10.6.2　例：2階常微分方程式で表される系 ……………………… 203
10.6.3　例：2階常微分方程式の系の数値計算法 ………………… 206
章　末　問　題 ………………………………………………………… 207

11.　離散フーリエ変換

11.1　フーリエ級数展開 ……………………………………………… 209
11.2　フーリエ変換 …………………………………………………… 212
11.3　離散フーリエ変換（DFT）……………………………………… 213
11.4　離散フーリエ変換の性質 ……………………………………… 215
11.5　高速フーリエ変換（FFT）……………………………………… 217
11.5.1　回　転　因　子 …………………………………………… 218
11.5.2　時間間引き型FFT ………………………………………… 218
章　末　問　題 ………………………………………………………… 224

引用・参考文献 ………………………………………………………… 225
索　　　　引 …………………………………………………………… 227

1 数値計算における誤差

一般に科学技術計算においては，問題のモデル化誤差，データの誤差，計算機のためのアルゴリズムによる離散化誤差，計算機での計算による丸め誤差，誤差伝播など，さまざまな誤差が生じうる。数値計算における誤差を制御するために，誤差の原因を認識しておくことは重要である。

1.1 誤差と精度

計算機においては，連続であるはずの実数は離散的で有限な桁数の値で表すことになる，すなわち真値を近似値で表すことになる。これのみならず，数値計算にはさまざまな誤差が入ってくるので，まず**誤差**(error) の定義から示そう。**絶対誤差**（単に誤差ともいう）と**相対誤差**は以下のように定義される。

$$絶対誤差 = 近似値 - 真値$$
$$相対誤差 = \frac{絶対誤差}{真値}$$

なお，絶対誤差と相対誤差の間の関係の表し方の一つに以下のものがある。

$$近似値 = 真値 \times (1 + 相対誤差)$$

絶対誤差の絶対値がある正数 ϵ で抑えられるとき，すなわち

$$|\,絶対誤差\,| \leq \epsilon$$

あるいは

$$\text{真値} - \epsilon \leq \text{近似値} \leq \text{真値} + \epsilon$$

と表されるとき，ϵ を**誤差限界**(error bound) あるいは絶対誤差限界という。同様の関係は相対誤差についても表現される。相対誤差の絶対値がある正数 ϵ_r で抑えられるとき，すなわち

$$|\text{相対誤差}| \leq \epsilon_r$$

で表されるとき，ϵ_r を**相対誤差限界**(relative error bound) という。相対誤差限界は，つぎのように近似されることがある。

$$\epsilon_r = \frac{\epsilon}{\text{真値}} \approx \frac{\epsilon}{\text{近似値}}$$

精度(accuracy) とは近似値の真値への近さを表すもので，相対誤差の絶対値の逆数により定義される。実際には，近似値と真値が一致する桁数でいうことが多く，10 進数では精度の桁数は以下のように定義される。

$$\log_{10}\left|\frac{1}{\text{相対誤差}}\right| \tag{1.1}$$

例えば真値が 10 であるとき，10.01, 10.02, 9.99, 10.1 の精度の桁数は**表 1.1** のようになる。

表 1.1　精度の桁数の例

近似値	相対誤差	精度の桁数	コメント
10.01	1×10^{-3}	3	3 桁まで真値と一致
10.02	2×10^{-3}	2.6	10.01 よりもやや誤差が大きい
9.99	-1×10^{-3}	3	相対誤差の絶対値は 10.01 と同じ
10.1	1×10^{-2}	2	2 桁まで真値と一致

1.2　計算機における数値の表現

ここでは計算機における（近似的な）数の表現について述べる。計算機内では数値は主に 2 進法で表現される。2 進数字 1 個を 1 **ビット**(bit) と呼び，8 ビットをひとかたまりとして 1 **バイト**(bite) と呼ぶ。計算機における数の表現には

整数型と実数型がある（詳しくは付録 A[1]†参照のこと）。

1.2.1 整数型の数の表現

数学では整数は無限個あるのに対し，計算機では有限の大きさで有限個の"整数"しか扱えない。10進数6桁の整数 $-123\,456$ は

$$-123\,456$$
$$= -(\,1\times10^5 + 2\times10^4 + 3\times10^3 + 4\times10^2 + 5\times10^1 + 6\times10^0\,)$$

と書き表せるように，β 進数 p 桁の整数は以下のように表せる。

$$N = \pm(\,d_1\,d_2\cdots d_{p-1}\,d_p\,)_{\beta進数}$$
$$= \pm(d_1\times\beta^{p-1} + d_2\times\beta^{p-2} + \cdots + d_{p-1}\times\beta^1 + d_p\times\beta^0) \quad (1.2)$$

ここに $0 \leq d_i \leq \beta - 1\ (i = 1,\cdots,p)$ であるが，$N \neq 0$ のときは $d_1 \neq 0$，$N = 0$ のときは $p = 1$，$d_1 = 0$ である。計算機では桁数 p に制約があるので，扱える整数の大きさの範囲は限られる。β 進法 p 桁で表現できる整数は β^p 通りあり，符号なしの場合 0 を入れて

$$0 \leq N \leq \beta^p - 1 \tag{1.3}$$

の範囲の値を表すことができる。符号付きの場合には負の数も入れるため，正負それぞれ $\beta^p/2$ 通りの数が表現できるので，0 を正の側に入れて

$$-\frac{\beta^p}{2} \leq N \leq \frac{\beta^p}{2} - 1 \tag{1.4}$$

の範囲の整数を表すことができる。

1.2.2 実数型の数の表現（浮動小数点数表示）

数学における実数は連続で無限個の数の集合であるのに対し，計算機における"実数"とは，有限桁からなる浮動小数点数により表される不連続（離散的）

---

† 肩付数字は巻末の引用・参考文献番号を示す。

で有限な数である。例えば 10 進数 $-1\,234.56$ と $0.000\,987\,6$ は，有効桁と 10 のべきとに分けて，それぞれ

$$-1.234\,56 \times 10^3 \qquad 9.876 \times 10^{-4}$$

と書くことができるように，一般に計算機内部における β 進 p 桁の浮動小数点数は，**正規化表現**

$$\begin{aligned}&\pm(d_0\,.\,d_1\,d_2\,\cdots d_{p-1})_{\beta\text{進数}} \times \beta^E \\ &= \pm\left(d_0 + \frac{d_1}{\beta} + \frac{d_2}{\beta^2} + \cdots + \frac{d_{p-1}}{\beta^{p-1}}\right) \times \beta^E \end{aligned} \qquad (1.5)$$

で表される。ここに d_i は

$$1 \leqq d_0 \leqq \beta - 1 \qquad (1.6)$$

$$0 \leqq d_i \leqq \beta - 1 \qquad (i = 1, \cdots, p-1) \qquad (1.7)$$

を満たす整数であり，特に $d_0\,.\,d_1 d_2 \cdots d_{p-1}$ を**仮数部**，β を**基底**，E を**指数**，β^E を**指数部**と呼ぶ。通常の計算機では β は 2, 8, 10, 16 のいずれかである。桁数 p および指数 E の範囲は個々の計算機により異なる。浮動小数点システムでは表される数が 0 でない限り，正規化表現により最初の数字 d_0 は 0 以外の数である。ある計算機で表すことのできる浮動小数点数の絶対値の最大値をオーバーフローレベルといい $F_{\max}$ で表し，0 でない最小値をアンダーフローレベルといい $F_{\min}$ で表す。

例 1.1 （不動小数点システム） 仮数部に $p = 3$ ビットを用い，指数に -1, 0, 1 をとりうる 2 進 3 桁のミニ模型を考えてみよう。正規化表現でとり得る浮動小数点数は

$$\begin{array}{lllll} 0 & \pm(1.00)_2 \times 2^{-1} & \pm(1.01)_2 \times 2^{-1} & \pm(1.10)_2 \times 2^{-1} & \pm(1.11)_2 \times 2^{-1} \\ & \pm(1.00)_2 \times 2^0 & \pm(1.01)_2 \times 2^0 & \pm(1.10)_2 \times 2^0 & \pm(1.11)_2 \times 2^0 \\ & \pm(1.00)_2 \times 2^1 & \pm(1.01)_2 \times 2^1 & \pm(1.10)_2 \times 2^1 & \pm(1.11)_2 \times 2^1 \end{array}$$

の 25 個である。ここで括弧外下添字，すなわち $(\cdots)_\beta$ の β は括弧内数値が β 進数であることを表す。これらの数値は**図 1.1** の数値軸に星印を記し

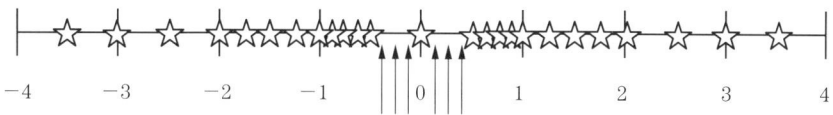

図 1.1 浮動小数点システムのミニ模型

たところに当たる。またオーバーフローレベルとアンダーフローレベルはつぎのようになっている。

$$F_{\max} = (1.11)_2 \times 2^1 = (3.5)_{10}$$
$$F_{\min} = (1.00)_2 \times 2^{-1} = (0.5)_{10}$$

この例からも見てとれるように，浮動小数点数は均一に分布しているわけではない。また 0 付近で分布が密から急激に疎になることにも注意を払うべきであろう。これは正規化により，正の最小値（アンダーフローレベル）の仮数部は 1.00⋯ とされるためである。正規化 ($d_0 > 0$) に固執しなければ

$$\pm (0.11)_2 \times 2^{-1} \qquad \pm (0.10)_2 \times 2^{-1} \qquad \pm (0.01)_2 \times 2^{-1}$$

の数が現れる（図中矢印↑）ので，0 付近の疎部分は密になり，アンダーフローレベルは以下の値まで小さくなる。

$$F_{\min} = (0.01)_2 \times 2^{-1} = (0.125)_{10}$$

実際，非正規化を取り入れているシステムもある。

1.3　科学技術計算における近似と誤差

計算科学においては，以下のようなさまざまな近似による誤差が導入される。
1. **モデル誤差**：系のモデル化に付随する誤差で，数値計算を行う以前に発生
   物理モデル　系の物理的な特徴の単純化：ニュートンの運動の法則など
   数学モデル　数式による問題のモデル化
2. **データ誤差**：データに含まれる誤差

経験的計測によるデータ　重力加速度，プランクの定数，粘性係数など
以前の計算によるデータ　入力データが近似を含む場合など

3. **アルゴリズム（すなわち計算手順）による誤差**

打切り（あるいは離散化）　数学モデルの特徴が簡単化されること：例えば，微係数を差分により置き換えること

4. **計算誤差**：数値計算を行う際に発生する誤差

丸　　　め　計算機で扱う数や算術演算における数値の近似
誤差の伝播　入力データの誤差が計算過程で伝播して最終結果に至ること

例 1.2　（さまざまな近似）　地球の表面積を $A = 4\pi r^2$ （r：半径）により計算するとき，上述の誤差 1.～4. に対応するいくつかの近似誤差が含まれる[2]。

1. 地球は球としてモデル化されているが，それは実際の形の理想化である。
2. 半径の値 $r = 6370\,\mathrm{km}$ は経験的な計測データと以前の計算データに基づいている。
3. $\pi\,(= 3.1415\cdots)$ は無限級数により計算される数値であるが，ある点で打ち切らざるを得ない。
4. 入力データの数値やそれらの算術演算の結果は計算機により丸められる。

数値計算の精度は上記の誤差の組合せを反映する。以下に数値計算に直結する誤差について述べる。

1.3.1　計算機の浮動小数点システムによる誤差：広義の丸め誤差

〔**1**〕**丸 め 誤 差**　計算機における"実数"（浮動小数点数）とは，不連続（離散的）で有限な数であるのに対し，数学的な意味での実数は連続で無限個の数の集合を形成する。与えられた実数 x に近い浮動小数点数 x_R を選ぶプロ

セスを「丸め」と呼び，この近似の誤差 $x_R - x$ を数値の表現における**丸め誤差**(rounding error) と呼ぶ。数値の丸めには「**切捨てによる丸め**（rounding by chopping）」と「**最も近い浮動小数点数への丸め**（rounding to nearest）」（10 進法の場合は 4 捨 5 入に相当）の 2 通りの方法がある。浮動小数点数システムの精度は，「ユニット丸め」，「マシン精度」，あるいは「マシンエプシロン」と呼ばれる量 ϵ_{mach} に特徴づけられる。これは，浮動小数点数システムにおいて実数を表すときの最大相対誤差である。

$$\left| \frac{x_R - x}{x} \right| \leq \epsilon_{mach} \tag{1.8}$$

例えば $\epsilon_{mach} = 10^{-6}$ のとき，精度の桁数は式 (1.1) より $\log_{10}(1/\epsilon_{mach}) = 6$ である。

マシンエプシロンの別の表現は，その系で表現できる正の実数で，これに実数 1.0 を加えた結果 1.0 より大きい値が得られるような最小の数である。

$$(1 + \epsilon_{mach})_R > 1 \tag{1.9}$$

詳細は微妙に異なるものの，ϵ_{mach} のいずれの定義も浮動小数点数システムの粗さを表すという点では同じである。β 進 p 桁の浮動小数点数システムにおいては，マシンエプシロンは以下の値となる。

- 「切捨てによる丸め」の場合: $\quad \epsilon_{mach} = \dfrac{\beta}{\beta^p} = \beta^{1-p}$
- 「最も近い浮動小数点数への丸め」の場合: $\quad \epsilon_{mach} = \dfrac{\beta/2}{\beta^p} = \dfrac{\beta^{1-p}}{2}$

IEEE (Institute of Electrical and Electronics Engineers) **システム**では後者が標準であり，単精度実数型（仮数部は 24 ビット）では $\epsilon_{mach} = 2^{-24} \approx 10^{-7}$，倍精度実数型（仮数部は 53 ビット）では $\epsilon_{mach} = 2^{-53} \approx 10^{-16}$ である。

丸め誤差は算術演算にも現れる。「丸め誤差」の包括的な定義は，与えられたアルゴリズムを用いて厳密な算術によって得られる結果と，同じアルゴリズムを用いるけれども丸められた数値や丸められた算術演算によって得られる結果との差，である。したがって，つぎに記す「情報落ち誤差」と「桁落ち誤差」も広義の丸め誤差に含まれる。丸め誤差を減少させるには，計算法の工夫や，高

精度の数値表現と数値演算（例えば倍精度型）を用いることが必要となる。

〔2〕 **情報落ち（あるいは積残し）誤差**　絶対値の違いが有効桁数以上であるような2数の加減演算を行う場合，絶対値の小さいほうの数は結果にまったく寄与しなくなる。これを**情報落ち**あるいは**積残し**と呼び，その誤差を**情報落ち誤差**あるいは**積残し誤差**というが，これは「マシンエプシロン」と関連している。

例 1.3　（情報落ち）　有効数字6桁の数 123 456 と 0.123 456 の和をとると，$123\,456 + 0.123\,456 = 123\,456.123\,456$ であるが，有効数字6桁で計算を行うと 123 456 となり，後者の数は演算に寄与しない。

〔3〕 **桁落ち誤差**　ほとんど等しい2数の差をとると，有効桁数が著しく減少してしまい，大きな誤差を生じる。例えば2個の浮動小数点は，p 桁からなる仮数部のうち上位 k 桁が等しいとしよう。このとき2数の引き算を行うと，上位 k 桁が打ち消し合い，結果の仮数部には $p-k$ 桁の情報しか残らないことになる。これを**桁落ち**と呼び，その誤差を**桁落ち誤差**という。

例 1.4　（桁落ち）　有効数字6桁の数 1.234 56 と 1.234 55 の差をとると，$1.234\,56 - 1.234\,55 = 0.000\,01 = 1.0 \times 10^{-5}$ となり，有効数字は1桁に落ちてしまう。

例 1.5　（桁落ちの対策）　2次方程式 $ax^2 + bx + c = 0$ の根は
$$x_1 = \frac{-b + \sqrt{b^2 - 4ac}}{2a}, \quad x_2 = \frac{-b - \sqrt{b^2 - 4ac}}{2a}$$
で与えられるが，いま $b > 0$ でかつ $b^2 \gg 4|ac|$ であると，x_1 の分子の計算において桁落ちが生じる。これを防ぐためには，分子の有理化を行い
$$x_1 = \frac{2c}{-b - \sqrt{b^2 - 4ac}}$$
により x_1 の計算を行えばよい。

1.3.2 アルゴリズムによる誤差：打切り（あるいは離散化）誤差

打切り誤差(truncation error)とは，真の結果と，与えられたアルゴリズムを用いて厳密な算術によって得られる結果との差である．これは，差分法で無限級数を有限個の和で打ち切る近似や，イタレーションを収束するまえに打ち切る近似などのために生じる．より広い意味で，数値計算を行うために積分や微分などの連続な式を離散化することにより生じる誤差という捕え方をするとき，これを**離散化誤差**(discretization error)という．数学モデルを近似することによる誤差とも言い換えられる．

数値計算法の導出や誤差評価には**テイラーの定理**(Taylor's theorem)がよく用いられる．これは，ある区間において$f(x)$がn階まで微分可能であるとき，その区間において

$$f(x) = f(x_0) + (x-x_0)\frac{f'(x_0)}{1!} + \cdots$$
$$+ (x-x_0)^{n-1}\frac{f^{(n-1)}(x_0)}{(n-1)!} + (x-x_0)^n\frac{f^{(n)}(\xi)}{n!} \quad (\xi \in (x_0, x)) \tag{1.10}$$

が成立する，というものである．この形の展開を$x = x_0$近傍における$f(x)$の**テイラー展開**という．最後の項だけがx_0の代わりにx_0とxとの間の値ξに対する導関数$f^{(n)}$の値が参照されている．この項を剰余項といい，R_nと書く．

$$R_n = (x - x_0)^n \frac{f^{(n)}(\xi)}{n!} \tag{1.11}$$

関数値$f(x)$を上式における$f^{(n-1)}$の項までで打ち切って近似するとき，打切りによる誤差は$-R_n$となる．なお，$f(x)$の各階の微分が可能で，区間内のすべてのxにおいて$\lim_{n \to \infty} R_n = 0$であるとき，$f(x)$は無限級数の形に書ける．

$$f(x) = f(x_0) + (x-x_0)\frac{f'(x_0)}{1!} + \cdots + (x-x_0)^{n-1}\frac{f^{(n-1)}(x_0)}{(n-1)!} + \cdots \tag{1.12}$$

この展開を$f(x)$の**テイラー級数展開**という．

例 1.6 (差分近似における誤差[2])　微分可能な関数 $f(x)$ の 1 階微係数に対する下記の差分近似（**前進差分近似**）

$$f'(x) \approx \frac{f(x+h) - f(x)}{h} \tag{1.13}$$

を考えてみよう。テイラーの定理により，$\theta \in (x, x+h)$ の範囲のある θ に対して

$$f(x+h) = f(x) + \frac{h}{1!}f'(x) + \frac{h^2}{2!}f''(\theta) \tag{1.14}$$

が成り立つ。これは

$$f'(x) = \frac{f(x+h) - f(x)}{h} - \frac{h}{2}f''(\theta) \tag{1.15}$$

と変形されるので，差分近似式 (1.13) の打切り誤差は $Mh/2$ により見積もられる。ただし x 近傍の t に対して $|f''(t)| \leq M$ が満たされるとする。

関数値の計算誤差は ϵ で見積もられるとすれば，差分近似式 (1.13) における丸め誤差は $2\epsilon/h$ となる。このとき誤差の合計は，打切り誤差と丸め誤差を合わせて

$$\frac{Mh}{2} + \frac{2\epsilon}{h} \tag{1.16}$$

となる。h が減少するにつれ，第 1 項は減少し第 2 項は増加する。したがって増分 h の選択において，打切り誤差と丸め誤差の間に trade-off が存在する。上記の誤差を h で微分して 0 とおけば

$$h = 2\sqrt{\frac{\epsilon}{M}} \tag{1.17}$$

となるので，h がこの値をとるとき誤差は最小となることがわかる。

例として，$f(x) = \cos x$ に対し $x = 1$ にて前進差分近似 (1.13) を行うときの誤差を調べてみる。$M = 0.6$ とし，$\epsilon \approx 10^{-16}$ の計算機を用いることにする。図 **1.2** はステップ幅 h に対し計算誤差をプロットしたものであ

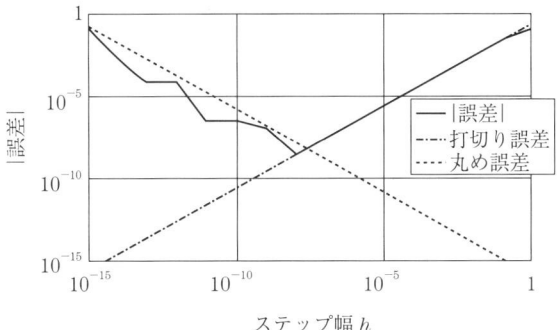

図 **1.2** 差分近似におけるステップ幅と誤差

り,上記の式で見積もられた打切り誤差と丸め誤差も併せて表示した。計算誤差は実際 $h = 2\sqrt{\epsilon/M} \approx 10^{-8}$ 付近で最小値をとっている。

打切り誤差を減少させるには,より高精度の差分近似,例えば中心差分近似

$$f'(x) \approx \frac{f(x+h) - f(x-h)}{2h} \quad (1.18)$$

を用いればよい。テイラーの定理

$$f(x+h) = f(x) + \frac{h}{1!}f'(x) + \frac{h^2}{2!}f''(x) + \frac{h^3}{3!}f'''(\theta_+)$$
$$(\exists \theta_+ \in (x, x+h))$$
$$f(x-h) = f(x) - \frac{h}{1!}f'(x) + \frac{h^2}{2!}f''(x) - \frac{h^3}{3!}f'''(\theta_-)$$
$$(\exists \theta_- \in (x-h, x))$$

より

$$f'(x) = \frac{f(x+h) - f(x-h)}{2h} - \frac{h^2}{6}\frac{1}{2}\left(f'''(\theta_+) + f'''(\theta_-)\right)$$
$$(1.19)$$

が求まるので,差分近似式 (1.18) の打切り誤差は $Nh^2/6$ により見積もられる。ただし,x 近傍の t_+ と t_- に対して $(1/2)\left|f'''(t_+) + f'''(t_-)\right| \leqq N$ が満たされるとする。

1.3.3 問題の性質による誤差：伝播誤差

与えられた入力データに含まれる誤差が計算過程で伝播して最終結果に至る様子を，誤差の伝播という．ここで，入力データの真値を x，関数 f による真値を $f(x)$ とし，$f(x)$ を打切りや離散化などにより近似した関数 $\overline{f}$ を用いて計算する問題を考える．いま，丸めなどによる不正確な入力データ $\hat{x}$ から始めなければならないとしよう．近似関数 $\overline{f}(\hat{x})$ を計算する算術演算プロセスにも丸めが入るので，結果は $\hat{\overline{f}}(\hat{x})$ となる．このときの全計算誤差は

$$\hat{\overline{f}}(\hat{x}) - f(x) = \underbrace{\left(\hat{\overline{f}}(\hat{x}) - \overline{f}(\hat{x})\right)}_{\text{演算の丸め誤差}} + \underbrace{\left(\overline{f}(\hat{x}) - f(\hat{x})\right)}_{\text{打切り誤差}} \\ + \underbrace{\left(f(\hat{x}) - f(x)\right)}_{\text{入力データの伝播誤差}} \quad (1.20)$$

と表される．第3項の伝播誤差とは

　　入力データの誤差：$\Delta x = \hat{x} - x$

が関数を通じて

　　伝播する誤差：$f(\hat{x}) - f(x)$

のことであり，アルゴリズムの選択や演算の丸めによらないことに注意しよう．

一般に，伝播誤差とは入力データの誤差が問題に固有の性質により伝播するときの誤差を指し，その評価については次章で扱う．

ここで加減乗除算について伝播誤差を調べてみよう．入力データの真値を x, y，それぞれの近似値を $\hat{x}, \hat{y}$ とすると，誤差は $\Delta x = \hat{x} - x, \Delta y = \hat{y} - y$ と表される．演算結果の真値と誤差を $f, \Delta f$ とする．

1. **加算・減算** $f_{\pm}(x, y) = x \pm y$

    絶 対 誤 差： $\Delta f_{\pm} = (\hat{x} \pm \hat{y}) - (x \pm y) = \Delta x \pm \Delta y$

    絶対誤差限界： $|\Delta f_{\pm}| \leq |\Delta x| + |\Delta y|$

    相 対 誤 差： $\dfrac{\Delta f_{\pm}}{f} = \dfrac{\Delta x \pm \Delta y}{x \pm y} = \dfrac{x}{x \pm y}\dfrac{\Delta x}{x} \pm \dfrac{y}{x \pm y}\dfrac{\Delta y}{y}$

相対誤差限界：$\left|\dfrac{\Delta f_\pm}{f}\right| \leq \left|\dfrac{x}{x\pm y}\right|\left|\dfrac{\Delta x}{x}\right| + \left|\dfrac{y}{x\pm y}\right|\left|\dfrac{\Delta y}{y}\right|$

2. **乗算** $f(x,y) = xy$

絶 対 誤 差：$\Delta f = (\hat{x}\hat{y}) - (xy) = (x+\Delta x)(y+\Delta y) - xy$
$= \Delta x y + \Delta y x + \Delta x \Delta y$

相 対 誤 差：$\dfrac{\Delta f}{f} = \dfrac{\Delta x y + \Delta y x + \Delta x \Delta y}{xy} \approx \dfrac{\Delta x}{x} + \dfrac{\Delta y}{y}$

相対誤差限界：$\left|\dfrac{\Delta f}{f}\right| \leq \left|\dfrac{\Delta x}{x}\right| + \left|\dfrac{\Delta y}{y}\right|$

3. **除算** $f(x,y) = x/y$

絶 対 誤 差：$\Delta f = \dfrac{\hat{x}}{\hat{y}} - \dfrac{x}{y} = \dfrac{x+\Delta x}{y+\Delta y} - \dfrac{x}{y} = \dfrac{y\Delta x - x\Delta y}{y(y+\Delta y)}$

相 対 誤 差：$\dfrac{\Delta f}{f} = \dfrac{y\Delta x - x\Delta y}{y(y+\Delta y)} \Big/ \dfrac{x}{y} = \dfrac{y\Delta x - x\Delta y}{x(y+\Delta y)} \approx \dfrac{\Delta x}{x} - \dfrac{\Delta y}{y}$

相対誤差限界：$\left|\dfrac{\Delta f}{f}\right| \leq \left|\dfrac{\Delta x}{x}\right| + \left|\dfrac{\Delta y}{y}\right|$

以上より，2数 x, y の加算・減算の絶対誤差はそれぞれ各近似値の誤差の和と差となるが，絶対誤差限界は両者とも誤差の絶対値の和となる。減算においては2数が接近した数値のときは相対誤差が非常に大きくなり，演算精度が悪くなることがわかる。このことは桁落ち現象とも相通じる。また乗算・除算の相対誤差はそれぞれ近似値の相対誤差の和と差となるが，相対誤差限界は両者とも相対誤差の絶対値の和となる。任意の関数 $f(x,y)$ に関しては

4. **関数** $f(x,y)$

絶 対 誤 差：$\Delta f = f(\hat{x}, \hat{y}) - f(x,y) = f(x+\Delta x, y+\Delta y) - f(x,y)$
$\approx \dfrac{\partial f}{\partial x}\Delta x + \dfrac{\partial f}{\partial y}\Delta y$

絶対誤差限界：$|\Delta f| \leq \left|\dfrac{\partial f}{\partial x}\right||\Delta x| + \left|\dfrac{\partial f}{\partial y}\right||\Delta y|$

と表現される。伝播誤差については，次章にて論じる。

2 誤差伝播の評価

ここでは（アルゴリズムの性質ではなく）問題の性質により入力誤差が伝播するときの誤差の定量的な評価方法—conditioning—の概念を導入し，誤差伝播の定量的目安たる条件数を表す式を問題ごとに示す．この際，ベクトルや行列の「大きさ」を表す尺度としてノルムという実数のスカラー量が必要となるので，この概念を最初に与える．数値計算法を初めて学ぶ読者は，本章はさしあたって 2.2 節まで読めば十分であろう．次章以下の各章（非線形方程式，連立 1 次方程式，行列の固有値問題，数値積分，数値微分など）に進むごとに，対応する本章 2.3 節の項目を振り返るならば，誤差伝播に関する理解が確実なものとなろう．

2.1　ノルムについて：Question & Answer

ベクトルや行列の「大きさ」を表す尺度として**ノルム**(norm) という実数のスカラー量がある．ここでは数値計算法を初めて学ぶ読者のために，ノルムの概念に関するイメージを Question & Answer 方式で与える．詳しくは付録 B[1)]，あるいは文献 3), 4) などを参照されたい．

〔Q〕　ノルムというのはベクトルや行列の「大きさ」を表すものなのですか？
〔A〕　まあそのようなものですが，より正確に把握するためには，ベクトルのノルムと行列のノルムは区別して考えるほうがいいですね．
　　　ベクトル $x = [x_i]$ は n 個の成分をもつとしましょう．そのノルムは

$$2\text{ノルム}: \quad \|\boldsymbol{x}\|_2 = \sqrt{\sum_{i=1}^{n} |x_i|^2} \tag{2.1}$$

に代表されるように，ベクトルの長さだと思ってください．ただし長さそのものではなく長さの概念を拡張したものであって，ノルムとはつぎの三つの条件を満足するものを指します．

i) $\|\boldsymbol{x}\| \geqq 0$, ただし等号は $\boldsymbol{x} = \boldsymbol{0}$ のときに限り成立
ii) $\|\alpha \boldsymbol{x}\| = |\alpha| \|\boldsymbol{x}\|$, ただし α は任意のスカラー
iii) $\|\boldsymbol{x} + \boldsymbol{y}\| \leqq \|\boldsymbol{x}\| + \|\boldsymbol{y}\|$ ：三角不等式 (図 2.1)

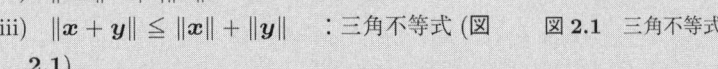

図 2.1 三角不等式

なお上記 2 ノルムはユークリッド空間における距離に相当するので，**ユークリッドノルム**(Euclidean norm) とも呼ばれます．よく使われるノルムには，2 ノルムの他，成分の絶対値の和をとるもの

$$1\text{ノルム}: \quad \|\boldsymbol{x}\|_1 = \sum_{i=1}^{n} |x_i| \tag{2.2}$$

や成分の絶対値の最大値をとるもの

$$\infty\text{ノルム}: \quad \|\boldsymbol{x}\|_\infty = \max_{i} |x_i| \tag{2.3}$$

があります．なお，以上例に挙げたノルムは

$$p\text{ノルム}: \quad \|\boldsymbol{x}\|_p = \left(\sum_{i=1}^{n} |x_i|^p \right)^{1/p} \quad (p \geqq 1) \tag{2.4}$$

の $p = 2, 1, \infty$ の場合に相当します．

〔**Q**〕 それでは，行列のノルムとは何でしょうか？
〔**A**〕 行列ノルムの定義はいろいろとありますが，**ナチュラルノルム**(natural norm) と呼ばれるものがよく使われます．$n \times n$ 正方行列 $A = [a_{ij}]$ のナチュラルノルムは

$$\|A\| = \max_{\boldsymbol{x} \neq \boldsymbol{0}} \frac{\|A\boldsymbol{x}\|}{\|\boldsymbol{x}\|} \tag{2.5}$$

と定義され，それは，行列をベクトルに作用させたときのそのベクトルに対

する拡大率の最大値となっています.行列のナチュラルノルムはつぎの五つの性質をもちます.

(1) $\|A\bm{x}\| \leq \|A\|\|\bm{x}\|$
(2) $\|AB\| \leq \|A\|\|B\|$
(3) $\|A\| \geq 0$,ただし等号は $A = 0$ のときに限り成立
(4) $\|\alpha A\| = |\alpha|\|A\|$,ただし α は任意のスカラー
(5) $\|A + B\| \leq \|A\| + \|B\|$:三角不等式

特に行列ノルムの性質 (3), (4), (5) は,ベクトルノルムの条件 i), ii), iii) に対応していることに留意すること.よく使われる行列ノルムには

1ノルム (図 **2.2** (a)):

$$\|A\|_1 = \max_j \sum_{i=1}^{n} |a_{ij}| \qquad (2.6)$$

∞ノルム (図 2.2 (b)):

$$\|A\|_\infty = \max_i \sum_{j=1}^{n} |a_{ij}| \qquad (2.7)$$

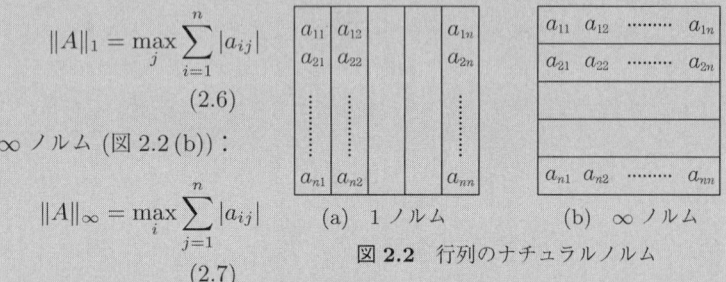

(a) 1ノルム (b) ∞ノルム

図 **2.2** 行列のナチュラルノルム

の他には,2ノルムがあります.2ノルムの説明のために,行列の固有値問題について補足しておきましょう.$n \times n$ 正方行列 M を作用させてもベクトル $\bm{x} \neq \bm{0}$ の方向が変わらないとき,すなわち

$$M\bm{x} = \lambda \bm{x} \qquad (2.8)$$

が成立するとき,λ を M の固有値(eigenvalue),$\bm{x}$ を固有値 λ に対する固有ベクトル(eigenvector)といいます.上式は $(M - \lambda I)\bm{x} = \bm{0}$ となるので,$\bm{x} \neq \bm{0}$ なる解をもつためには $M - \lambda I$ の行列式は零でなければならず,λ は n 次の特性方程式 $|M - \lambda I| = 0$ の根で与えられます.つまり正方行列 M は n 個の固有値をもつので,それを λ_i $(i = 1, \cdots, n)$ と記すとき,固有値 $|\lambda_i|$ の最大値を行列 M の**スペクトル半径**(spectral radius)と呼び,つぎのように表記します.

$$\rho(M) \equiv \max_i |\lambda_i| \qquad (2.9)$$

さて 2 ノルムは，つぎのようにスペクトル半径を用いて表されます．

$$2 ノルム： \quad \|A\|_2 = \sqrt{\rho(A^*A)} \tag{2.10}$$

ここに $A^* = (a_{ij}^*)$ は A の転置共役行列（$a_{ij}^* = \bar{a}_{ji}$，$\bar{}$ は共役複素数を表す）．特に A がエルミート行列（Hermitian matrix, $A = A^*$ を満足する行列のことで，A の成分が実数のみの場合は対称行列となる）ならば

$$\|A\|_2 = \rho(A) \tag{2.11}$$

A が対角行列のときは，その対角要素が固有値となるので

$$\|A\|_2 = \max_i |a_{ii}| \tag{2.12}$$

となります．

〔Q〕何のためにノルムは必要であり，またどのように使われるのでしょうか？
〔A〕「何のために」とはどの範囲までを答えとするものか一般に疑問ですが，ともあれ多数の成分からなるベクトルや行列に「大きさ」の概念，あるいは二つのベクトル間の「距離」の概念が必要となることは想像できますね？ これらの概念を表すためノルムが必要となります．

「どのように」については，例えば連立 1 次方程式や連立非線形方程式などの数値解析法の中でも反復法と呼ばれる解法の収束性を数学的に議論したり，数値計算を実行するときに反復を打ち切る際の数値解の収束判定などにノルムは用いられます．k 回目の反復における近似解ベクトルを $\boldsymbol{x}_k$，真の解ベクトルを $\boldsymbol{x}$ とすると，反復解が収束するということは，誤差ベクトルや変化量ベクトルのノルム，すなわち $\|\boldsymbol{x}_k - \boldsymbol{x}\|$ や $\|\boldsymbol{x}_k - \boldsymbol{x}_{k-1}\|$ が $k \to \infty$ のときに零に近づくということです．数学的な収束性の議論にはどのノルムを用いても同等ですが，実際の数値計算の収束判定ではどのノルムで測るかによって微妙な違いは生じます．既存のプログラム中に反復の打切り判定を行っている箇所を見つけたときには，このことを思い出してどのノルムが使われているのか注意してみるのもいいですね．

また行列のノルムに関しては，問題に固有の性質により入力誤差が伝播する場合の誤差評価にも用いられます．それについては 2.3 節を読むこと．

〔Q〕 まとめますと，ベクトルノルムとはベクトルの「長さ」であり，行列ノルム，特にナチュラルノルムとは行列をベクトルに作用させたときの「最大拡大率」であり，それらは解法の収束や解の誤差を論ずるときなどに用いられるのですね．わかったような気分になりました！

〔A〕 最後に，行列のナチュラルノルムとスペクトル半径 ρ との関係を紹介しておきましょう．以下の関係式が成立しています．

評価 I いかなるナチュラルノルムに対しても

$$\|A\| \geqq \rho(A) \tag{2.13}$$

評価 II 任意の小数 ϵ に対しつぎを満たすナチュラルノルム $\|\cdot\|_\alpha$ が存在

$$\|A\|_\alpha \leqq \rho(A) + \epsilon \tag{2.14}$$

2.2 行列の正則性について

A を $n \times n$ の正方行列とする．A の逆行列 A^{-1} が存在するとき，A は正則(nonsingular)であるという．なお，以下に記す条件 i) は条件 ii)～iv) と等価であるので，条件 i)～iv) のいずれか一つを満たせば，A は正則である．

i) A の逆行列 A^{-1} が存在する．このとき $AA^{-1}=A^{-1}A=I$ (I は単位行列)

ii) $|A| \neq 0$ ($|A|$ は A の行列式)

iii) $\text{rank}(A) = n$ (行列の rank とは，行列を構成する行ベクトルあるいは列ベクトルのうち線形独立となるものの最大数)

iv) 任意の $z \neq \mathbf{0}$ に対し $Az \neq \mathbf{0}$

これらを満たさないとき，行列 A は**特異**(singular)であるという．

連立1次方程式 $Ax = b$ の解 x が一意的に存在するかどうかは，A が正則であるか否かにかかっている．行列 A が正則であるならば，逆行列 A^{-1} が存在しつねに唯一解 $x = A^{-1}b$ をもつ．他方 A が特異であるならば，解の個数は右辺ベクトル b により決まる．b の値によっては解が存在しないこともあるが，

一つの解 x が存在して $Ax = b$ となるとき，任意のスカラー γ と $Az = 0$ なるベクトル $z \neq 0$ に対して $A(x + \gamma z) = b$ が成立するので，解は無数に存在することになる．

このことを 2 元連立 1 次方程式系の例で考えてみよう．

$$\begin{bmatrix} a_{11} & a_{12} \\ a_{21} & a_{22} \end{bmatrix} \begin{bmatrix} x \\ y \end{bmatrix} = \begin{bmatrix} b_1 \\ b_2 \end{bmatrix} \tag{2.15}$$

において，2 個の線形方程式は平面における 2 本の直線を表す．系の解 (x, y) は 2 本の直線の交点に対応する．もし 2 本の直線が平行でない（A は正則）ならば，ただ一つの交点（唯一解）が存在する．もし 2 本の直線が平行である（A は特異）ならば，b の値によってはまったく交わらない（解は存在しない）か，2 直線は同一のものである（直線上のいかなる点も解となる）かのいずれかである．

2.3　伝播誤差の評価と条件数

数値解の精度が悪くなるのは，必ずしもアルゴリズムの打切り誤差や計算機演算の丸め誤差のみに起因するのではなく，解いている問題に固有の性質に起因する場合もある．正確な演算を行ったにもかかわらず，入力データの微小変動に対して解が非常に敏感になる場合がそれである．このように与えられた入力データに含まれる誤差が問題の計算過程で伝播して最終結果に至る様子を誤差の伝播といい，その結果の解の誤差を**伝播誤差**という．この誤差を定量的に解析する[2]ことを conditioning といい，入力データの相対誤差に対する解の相対伝播誤差の比により，**条件数**（condition number）を定義する．

$$条件数 = \frac{|解の相対伝播誤差|}{|入力データの相対誤差|} \tag{2.16}$$

これより条件数とは誤差の拡大率であるともいえよう．条件数が 1 よりもはるかに大きいならば，解の相対誤差は入力データの相対誤差よりもはるかに大きくなり，このとき問題は悪条件である（ill-conditioned）あるいは問題は敏感

である (sensitive) という．条件数がそれほど大きくないならば，入力データの相対誤差に見合う程度の解の相対誤差しか引き起こさず，問題は良条件である (well-conditioned) あるいは問題は敏感ではない (insensitive) という．

本書が扱う問題について，以下 2.3.1～2.3.7 項に条件数の導出を示す[2]．

2.3.1 関数値 $f(x)$ を求める場合：入力:$x \Longrightarrow$ 出力:$f(x)$

x に関数 f を作用させて $f(x)$ を考えよう．入力データの真値を x，計測誤差や計算機の丸め誤差などの誤差 Δx を含んだ近似値を $\hat{x} = x + \Delta x$ とすると，伝播誤差は $f(\hat{x}) - f(x)$ で与えられる．このとき，条件数は定義 (2.16) より

$$条件数 = \frac{|(f(\hat{x}) - f(x))/f(x)|}{|(\hat{x} - x)/x|} = \frac{|(f(x + \Delta x) - f(x))/f(x)|}{|\Delta x/x|} \tag{2.17}$$

となる．伝播誤差は $f(\hat{x}) - f(x) \approx f'(x)\Delta x$ と近似できるので，条件数はつぎのように表せる．

$$条件数 \approx \left|\frac{xf'(x)}{f(x)}\right| \tag{2.18}$$

$f'(x)$ が大きければ大きいほど，また $f(x)/x$ が小さければ小さいほど，条件数は大きくなって問題は悪条件になる．このことは図 **2.3** に示すように，$|f'(x)|$ が大きくなるほど x の誤差範囲に対する $f(x)$ の誤差範囲が大きくなることからも説明される．

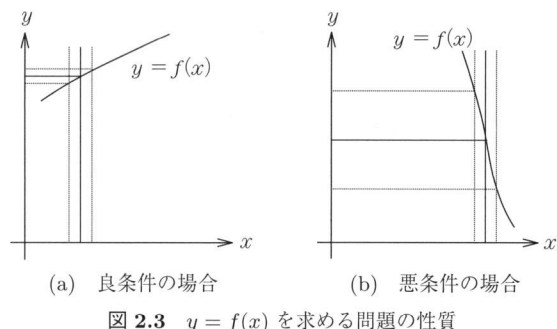

(a) 良条件の場合　　(b) 悪条件の場合

図 **2.3** $y = f(x)$ を求める問題の性質

2.3.2 方程式系 $f(x) = 0$ の根を求める場合：入力:$f \implies$ 出力:x

つぎに方程式の根を求める場合を考えよう．まず1変数のスカラー方程式を考え $f(x) = y$ とすると，先の 2.3.1 項の例は x を与えたとき y を求める問題であったが，今度は y を与えたとき $x = f^{-1}(y)$ を求める問題となる．したがって

$$
\begin{aligned}
条件数 &= \frac{\left|\left(f^{-1}(y+\Delta y) - f^{-1}(y)\right)/f^{-1}(y)\right|}{|\Delta y/y|} \\
&= \frac{|\Delta x/x|}{|(f(x+\Delta x) - f(x))/f(x)|} \\
&\approx \left|\frac{f(x)}{xf'(x)}\right|
\end{aligned}
\tag{2.19}
$$

つまり式 (2.16) により条件数を求めると，式 (2.17) の分子・分母を入れ換えたものとなる．いま求めるものは $f(x) = 0$ の根 x_0 であり，x_0 における関数値 $f(x_0)$ は零であるから，条件数には相対誤差ではなく絶対誤差を使うべきである．したがって

$$
絶対誤差に対する条件数 = \frac{|\Delta x|}{|f(x_0+\Delta x) - f(x_0)|} \approx \frac{|\Delta x|}{|f'(x_0)\Delta x|} = \frac{1}{|f'(x_0)|}
\tag{2.20}
$$

これより，$|f(\hat{x})| \leq \epsilon$ となるような $\hat{x}$ を見つけ出したとき，解の誤差 $|\Delta x| = |\hat{x} - x_0|$ は $\epsilon/|f'(\hat{x})|$ ほどの大きさであることがわかる．このとき $|f'(\hat{x})|$ が非常に小さければ，解の誤差はきわめて大きくなりうる．これらの結果は図 2.4 に示すように，$|f'(x)|$ が小さくなるほど $y = f(x)$ の誤差範囲に対する x の誤差範囲が大きくなることからも説明される．

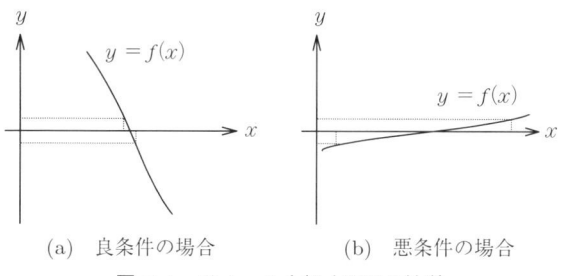

(a) 良条件の場合　　(b) 悪条件の場合

図 2.4　$f(x) = 0$ を解く問題の性質

連立方程式系の根を求める問題の条件数も同様である。$i = 1, 2, \cdots, n$ に対して $f_i(x_1, x_2, \cdots, x_n) = 0$ なる連立方程式系をベクトル表記で $\boldsymbol{f}(\boldsymbol{x}) = \boldsymbol{0}$ で表し，その解ベクトルを $\boldsymbol{x}_0$ とする。この問題に関する条件数を，ヤコビ行列

$$J_f(\boldsymbol{x}) = [(J_f)_{ij}] = \left[\frac{\partial f_i}{\partial x_j}\right] \tag{2.21}$$

の逆行列にノルムを作用させて以下のように定義する。

絶対誤差に対する条件数： $\mathrm{Cond}^a(\boldsymbol{f}) = \|J_f^{-1}(\boldsymbol{x}_0)\|$ \hfill (2.22)

この条件数がもつ意味を確かめよう。$\Delta \boldsymbol{x}$ を結果としての数値解の誤差とすれば，$\boldsymbol{f}$ の $\boldsymbol{x}_0$ まわりのテイラー展開

$$\boldsymbol{f}(\boldsymbol{x}_0 + \Delta \boldsymbol{x}) = \boldsymbol{f}(\boldsymbol{x}_0) + J_f(\boldsymbol{x}_0)\Delta \boldsymbol{x} + O\left((\Delta \boldsymbol{x})^2\right)$$

は，$\Delta \boldsymbol{f} = \boldsymbol{f}(\boldsymbol{x}_0 + \Delta \boldsymbol{x}) - \boldsymbol{f}(\boldsymbol{x}_0)$ を用いて

$$\Delta \boldsymbol{x} \approx J_f^{-1}(\boldsymbol{x}_0)\,\Delta \boldsymbol{f}$$

と書ける。これにノルムをとって式 (2.22) の $\mathrm{Cond}^a(\boldsymbol{f})$ の定義を代入すれば

$$\|\Delta \boldsymbol{x}\| \leq \mathrm{Cond}^a(\boldsymbol{f})\,\|\Delta \boldsymbol{f}\| \tag{2.23}$$

を得る。つまり解の変動は条件数と与えられた問題のデータの変動との積により抑えられており，これより式 (2.22) で定義される条件数は誤差の拡大率を表していることがわかる。

2.3.3　連立1次方程式系 $A\boldsymbol{x} = \boldsymbol{b}$ の解を求める場合：入力:$A, \boldsymbol{b}$ $\Longrightarrow$ 出力:$\boldsymbol{x}$

連立1次方程式の解を求める場合を考えよう。正則な正方行列 A と右辺ベクトル $\boldsymbol{b}$ が与えられたとき，$A\boldsymbol{x} = \boldsymbol{b}$ の解ベクトル $\boldsymbol{x}$ を求める場合の条件数を以下のように定義する。

条件数： $\mathrm{Cond}(A) = \|A\|\,\|A^{-1}\|$ \hfill (2.24)

この条件数がもつ意味を確かめよう。入力時における A と $\boldsymbol{b}$ の誤差をそれぞれ

ΔA と Δb とし,結果としての解の誤差を Δx とする。パラメーター t を用いて $\hat{A}(t) = A + t\Delta A$, $\hat{b}(t) = b + t\Delta b$, および解 $\hat{x}(t) = x + t\Delta x$ を定義し,線形方程式系 $\hat{A}(t)\,\hat{x}(t) = \hat{b}(t)$ を考える。この方程式系を t で微分すれば

$$(\hat{A}(t))'\,\hat{x}(t) + \hat{A}(t)\,(\hat{x}(t))' = (\hat{b}(t))'$$

すなわち

$$\Delta A\,\hat{x}(t) + \hat{A}(t)\,\Delta x = \Delta b$$

となる。これを $t=0$ で評価して Δx に関して解けば

$$\Delta x = A^{-1}\,\Delta b - A^{-1}\,\Delta A\,x \tag{2.25}$$

となるので,ノルムをとれば不等式

$$\|\Delta x\| \leq \|A^{-1}\|\,\|\Delta b\| + \|A^{-1}\|\,\|\Delta A\|\,\|x\|$$

を得る。両辺を $\|x\|$ で割ると

$$\frac{\|\Delta x\|}{\|x\|} \leq \|A\|\,\|A^{-1}\|\,\frac{\|\Delta b\|}{\|A\|\,\|x\|} + \|A\|\,\|A^{-1}\|\,\frac{\|\Delta A\|}{\|A\|}$$

となり,解くべき方程式系から得られる $\|b\| \leq \|A\|\,\|x\|$ と条件数の定義式 (2.24) より,相対誤差限界

$$\frac{\|\Delta x\|}{\|x\|} \leq \mathrm{Cond}(A)\left(\frac{\|\Delta b\|}{\|b\|} + \frac{\|\Delta A\|}{\|A\|}\right) \tag{2.26}$$

が求まる。つまり解の相対変動は条件数と与えられた問題のデータの相対変動との積により抑えられており,これより式 (2.24) で定義される条件数は相対誤差の拡大率を表していることがわかる。

このことを 2 次元問題 (2.15) において幾何的に考えよう。2 本の直線の交点が解 (x,y) を表すことになるが,入力値 a_{ij}, b_i の計測誤差や丸め誤差のため直線には不確定範囲がある。2 本の直線がほぼ平行であるとき,直線の不確定範囲ゆえその交点は明瞭(りょう)には定まらない。他方,2 本の直線が平行からほど遠いとき,すなわちほぼ直交しているとき,その交点は比較的明瞭に定まる。図 **2.5**

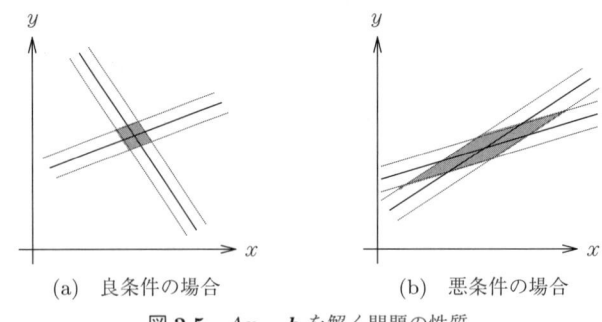

(a) 良条件の場合　　　(b) 悪条件の場合

図 2.5　$Ax = b$ を解く問題の性質

はこの二つの場合を説明するものである。点線は実線（各直線）の不確定範囲を示しているので，それぞれの場合の交点は灰色の平行四辺形の中のどこかに存在する。2本の直線がほぼ平行であるとき $\|A^{-1}\|$ が大きくなるので条件数は大きい値をとる。このように解の不確定性の大きさと条件数の大きさが関連づけられる。

以上をまとめると，もし入力データが計算機のマシンエプシロン ϵ_{mach} まで正確であるならば，連立1次方程式の数値解の相対誤差は

$$\frac{\|\Delta x\|}{\|x\|} \leq \mathrm{Cond}(A)\, \epsilon_{mach} \tag{2.27}$$

により見積もることができる。これより，計算された解は，入力データの精度の桁数に対し約 $\log_{10}(\mathrm{Cond}(A))$ 桁の精度を失う，ともいえる。例えば条件数が約 10^3 である場合には，入力データと演算が3桁以上の精度をもつのでなければ，数値解において正しい数字は1桁も望めないことになる。

例 2.1　（悪条件の連立1次方程式）　つぎの連立1次方程式

$$Ax = b, \quad A = \begin{bmatrix} 1 & 1 \\ 2 & 2.01 \end{bmatrix}, \quad x = \begin{bmatrix} x \\ y \end{bmatrix}, \quad b = \begin{bmatrix} 1 \\ 1 \end{bmatrix}$$

は平行に近い2直線を表すので，この問題は悪条件であることが予想される。A の逆行列は

$$A^{-1} = \begin{bmatrix} 201 & -100 \\ -200 & 100 \end{bmatrix}$$

であるので，1 ノルムを用いて条件数を求めてみると

$$\mathrm{Cond}_1(A) = \|A\|_1 \|A^{-1}\|_1 = 3.01 \times 401 = 1\,207.01$$

∞ ノルムを用いて条件数を求めてみると

$$\mathrm{Cond}_\infty(A) = \|A\|_\infty \|A^{-1}\|_\infty = 4.01 \times 301 = 1\,207.01$$

となり，条件数は大きいので，問題は悪条件である．実際

$$A = \begin{bmatrix} 1 & 1 \\ 2 & 2.01 \end{bmatrix} \text{ のときの解は，} \quad \boldsymbol{x} = \begin{bmatrix} 101 \\ -100 \end{bmatrix}$$

であるが，A にわずかに擾乱が入って

$$A + \Delta A = \begin{bmatrix} 1 & 1.004\,5 \\ 2 & 2.01 \end{bmatrix} \text{ のときの解は，} \quad \boldsymbol{x} + \Delta\boldsymbol{x} = \begin{bmatrix} 1\,005.5 \\ -1\,000 \end{bmatrix}$$

であり，A のわずかな差異に対し解の差異は非常に大きくなることが確かめられた．

ここで，行列の条件数の性質[2]を示そう．

$$\begin{aligned} \|A^{-1}\| &= \max_{\boldsymbol{x} \neq 0} \frac{\|A^{-1}\boldsymbol{x}\|}{\|\boldsymbol{x}\|} \\ &= 1 \Big/ \min_{\boldsymbol{x} \neq 0} \frac{\|\boldsymbol{x}\|}{\|A^{-1}\boldsymbol{x}\|} = 1 \Big/ \min_{\boldsymbol{y} \neq 0} \frac{\|A\boldsymbol{y}\|}{\|\boldsymbol{y}\|} \quad (\boldsymbol{y} = A^{-1}\boldsymbol{x}) \end{aligned} \quad (2.28)$$

より，行列 A の条件数は以下のように表せる．

$$\mathrm{Cond}(A) = \|A\| \, \|A^{-1}\| = \max_{\boldsymbol{x} \neq 0} \frac{\|A\boldsymbol{x}\|}{\|\boldsymbol{x}\|} \Big/ \min_{\boldsymbol{x} \neq 0} \frac{\|A\boldsymbol{x}\|}{\|\boldsymbol{x}\|} \quad (2.29)$$

つまり，行列の条件数とは，行列をベクトルに作用させたときの拡大率の最大値

と最小値の比であるという解釈が成り立つ．以上より，正則行列の条件数に関する以下の重要な性質が導かれる．これはいかなるノルムに関しても成立する．

(1) 任意の行列 A に対して，$\mathrm{Cond}(A) \geq 1$
(2) 単位行列 I に対し，$\mathrm{Cond}(A) = 1$
(3) 任意の行列 A とスカラー $\gamma \neq 0$ に対し，$\mathrm{Cond}(\gamma A) = \mathrm{Cond}(A)$
(4) 任意の対角行列 $D = \mathrm{diag}(d_i)$ に対し，$\mathrm{Cond}(D) = \dfrac{\max\limits_{i} |d_i|}{\min\limits_{i} |d_i|}$

条件数は，行列がどの程度特異に近いかを測る尺度でもある．条件数の大きい行列は特異に非常に近いのに対し，条件数が 1 に近い行列は特異性からほど遠い．正則行列とその逆行列が同じ条件数をもつことは，定義より明らかである．したがって，もしある行列が特異に近いならば，その逆行列も特異に近い．

2.3.4 固有値問題 $A\boldsymbol{x} = \lambda \boldsymbol{x}$ を解く場合：入力:$A \Longrightarrow$ 出力:λ

$n \times n$ 正方行列 A の固有値問題 $A\boldsymbol{x} = \lambda \boldsymbol{x}$ において，n 個の各固有値を λ_i，対応する固有ベクトルを $\boldsymbol{x}_i$ と記す．A の n 個の固有ベクトルが線形独立であるとき，それらを連ねた行列 $X = [\boldsymbol{x}_1|\boldsymbol{x}_2|\cdots|\boldsymbol{x}_n]$ は正則であり，A の n 個の固有値を対角成分にもつ対角行列を $\Lambda = \mathrm{diag}(\lambda_1, \lambda_2, \cdots, \lambda_n)$ と記すと，固有値問題 $A\boldsymbol{x}_i = \lambda_i \boldsymbol{x}_i$ は $AX = X\Lambda$ と書けるので，A は $\Lambda = X^{-1}AX$ と対角化される．入力時における A の誤差を ΔA，μ を擾乱を含む行列 $A + \Delta A$ の固有値，$\Delta \Lambda = X^{-1} \Delta A\, X$ とすると

$$X^{-1}(A + \Delta A)X = X^{-1}AX + X^{-1}\Delta A\, X = \Lambda + \Delta\Lambda \tag{2.30}$$

つまり $A + \Delta A$ と $\Lambda + \Delta \Lambda$ は相似であり，相似変換に関して固有値は不変（5.3 節 参照）なので，同じ固有値をもつことになる．したがって

$$(\Lambda + \Delta\Lambda)\boldsymbol{v} = \mu \boldsymbol{v} \implies \boldsymbol{v} = (\mu I - \Lambda)^{-1} \Delta\Lambda\, \boldsymbol{v}$$

を得，2 ノルムをとれば

$$\|\boldsymbol{v}\|_2 \leq \|(\mu I - \Lambda)^{-1}\|_2\, \|\Delta\Lambda\|_2\, \|\boldsymbol{v}\|_2 \implies \|(\mu I - \Lambda)^{-1}\|_2^{-1} \leq \|\Delta\Lambda\|_2$$

となる．$(\mu I - \Lambda)^{-1}$ は第 i 対角要素に $1/(\mu - \lambda_i)$ をもつ対角行列であるから，式 (2.12) より $\|(\mu I - \Lambda)^{-1}\|_2 = 1/|\mu - \lambda_k|$（$\lambda_k$ は μ に最も近い A の固有値）となり，結局以下の誤差限界を得る．

$$|\mu - \lambda_k| \le \|\Delta\Lambda\|_2 = \|X^{-1}\Delta A\,X\|_2 \le \|X^{-1}\|_2\,\|\Delta A\|_2\,\|X\|_2$$
$$= \mathrm{Cond}_2(X)\,\|\Delta A\|_2 \tag{2.31}$$

つまり固有値の変動は，行列 A に対する擾乱 ΔA の $\mathrm{Cond}_2(X)$ 倍で抑えられており，行列の固有値に対する絶対条件数（絶対誤差の拡大率）は，固有ベクトルからなる行列 X の（連立 1 次方程式を解くときの）条件数で与えられることがわかる．行列 A の条件数ではないことに留意しよう．固有ベクトルが線形従属に近いとき固有値問題は悪条件となる可能性があり，固有ベクトルが線形従属からほど遠いとき問題は良条件となる．

　上記の見積りはすべての固有ベクトルに依存するので，個々の固有値の sensitivity を過大評価してしまう可能性がある．特定の固有値 λ_i が特性方程式の単根である場合

$$\boldsymbol{x}_i \text{ を } A \text{ の右固有ベクトル：} \quad A\boldsymbol{x}_i = \lambda_i \boldsymbol{x}_i \tag{2.32}$$
$$\boldsymbol{y}_i \text{ を } A \text{ の左固有ベクトル：} \quad \boldsymbol{y}_i^* A = \lambda_i \boldsymbol{y}_i^* \tag{2.33}$$

とする．擾乱を含む固有値問題

$$(A + \Delta A)(\boldsymbol{x}_i + \Delta\boldsymbol{x}_i) = (\lambda_i + \Delta\lambda_i)(\boldsymbol{x}_i + \Delta\boldsymbol{x}_i) \tag{2.34}$$

を 2 次の微小量を無視し，かつ式 (2.32) を用いると

$$A\Delta\boldsymbol{x}_i + \Delta A\boldsymbol{x}_i \approx \Delta\lambda_i \boldsymbol{x}_i + \lambda_i \Delta\boldsymbol{x}_i$$

となる．これに左から $\boldsymbol{y}_i^*$ を乗じ，かつ式 (2.33) を用いると

$$\boldsymbol{y}_i^* \Delta A \boldsymbol{x}_i \approx \Delta\lambda_i \boldsymbol{y}_i^* \boldsymbol{x}_i \quad \Longrightarrow \quad \Delta\lambda_i \approx \frac{\boldsymbol{y}_i^* \Delta A \boldsymbol{x}_i}{\boldsymbol{y}_i^* \boldsymbol{x}_i}$$

となるので，ノルムをとれば，誤差限界

$$|\Delta \lambda_i| \leq \frac{\|\boldsymbol{y}_i\|_2 \|\boldsymbol{x}_i\|_2}{(\boldsymbol{x}_i, \boldsymbol{y}_i)} \|\Delta A\|_2 = \frac{1}{\cos \theta_i} \|\Delta A\|_2 \tag{2.35}$$

が得られる。ここに $(\boldsymbol{x}_i, \boldsymbol{y}_i) = \|\boldsymbol{x}_i\|_2 \|\boldsymbol{y}_i\|_2 \cos \theta_i$ はベクトル $\boldsymbol{x}_i$ $\boldsymbol{y}_i$ の内積であり, θ_i はベクトルがなす角である。かくしてある固有値の絶対条件数は, 対応する左右固有ベクトルがなす角の余弦の逆数で与えられることがわかる。左右固有ベクトルが直交に近いとき $\cos \theta_i \approx 0$ より固有値は敏感 (sensitive) になり, 左右固有ベクトルのなす角が小さいときは $\cos \theta_i \approx 1$ より固有値は敏感ではない (insensitive)。特に実数対称行列では, 左右固有ベクトルは同じであるから $\cos \theta_i = 1$ となり, つねに良条件である。

2.3.5 定積分 $I = \int_a^b f(x)dx$ を求める場合：入力:$f, a, b \Longrightarrow$ 出力:I

区間 $[a, b]$ で定義された関数 $f(x)$ の定積分

$$I(f) = \int_a^b f(x)dx \tag{2.36}$$

において, 入力データ f, a, b に擾乱がある場合の sensitivity について調べてみよう。ここで, 有限次元ベクトルの ∞ ノルムと類似させて, 関数の ∞ ノルムを, 考える区間における関数の絶対値の最大値

$$\|f\|_\infty = \max_{x \in [a,b]} |f(x)| \tag{2.37}$$

により定義する。

初めに被積分関数に擾乱が入る場合を考える。$\hat{f}(x)$ を $f(x)$ の擾乱値とすれば

$$|I(\hat{f}) - I(f)| = \left| \int_a^b \hat{f}(x)dx - \int_a^b f(x)dx \right| \leq \int_a^b \left| \hat{f}(x) - f(x) \right| dx$$
$$\leq (b-a) \|\hat{f} - f\|_\infty \tag{2.38}$$

より, 条件数に関する評価

$$\text{絶対誤差による条件数} = \frac{|I(\hat{f}) - I(f)|}{\|\hat{f} - f\|_\infty} \leq b - a \tag{2.39}$$

を得る。これより条件数はたかだか $b - a$ であることがわかる。通常の相対誤差による条件数は, 以下の不等式を満たすことになる。

$$\text{条件数} = \frac{|I(\hat{f}) - I(f)|/|I(f)|}{\|\hat{f} - f\|_\infty / \|f\|_\infty} \leq \frac{(b-a) \|f\|_\infty}{|I(f)|} \tag{2.40}$$

右辺の値は，$f(x)$ が 0 次式の場合は 1 でありそれ以外の場合はつねに 1 より大きい。$\|f\|_\infty$ が小さくなることなく $|I(f)|$ の値が小さくなる場合には右辺の値は大きくなるが，定積分 I の真値が零に近い場合には絶対誤差による条件数を用いるべきであろう。したがって，定積分は被積分関数の擾乱に関して一般に良条件 (well-conditioned) であるといえる。これは，積分は平均化あるいは平滑化であり，被積分関数の微小な変動を緩和する働きをもつためである。

つぎに区間値に擾乱が入る場合を考え，$\hat{b}$ を b の擾乱値とすれば

$$\left|\int_a^{\hat{b}} f(x)dx - \int_a^b f(x)dx\right| = \left|\int_b^{\hat{b}} f(x)dx\right|$$
$$\leq |\hat{b} - b| \max_{x \in [b,\hat{b}]} |f(x)| \tag{2.41}$$

を得る。したがって

$$絶対誤差による条件数 = \frac{\left|\int_a^{\hat{b}} f(x)dx - \int_a^b f(x)dx\right|}{|\hat{b} - b|}$$
$$\leq \max_{x \in [b,\hat{b}]} |f(x)| \tag{2.42}$$

となるので，被積分関数が区間の近傍で連続であれば良条件であるといえよう。

2.3.6 導関数 $d^n f(x)/dx^n$ を求める場合：入力:$f \Longrightarrow$ 出力:$d^n f(x)/dx^n$

ある区間において関数 $f(x)$ が n 階微分可能であるとき，微分演算子 D を

$$Df(x) \equiv \frac{df(x)}{dx} \tag{2.43}$$

により定義すると，n 階導関数は

$$D^n f(x) = \frac{d^n f(x)}{dx^n} \tag{2.44}$$

と表される。このとき，関数 f に擾乱が入る場合の sensitivity について調べてみよう。

$\hat{f}(x)$ を $f(x)$ の擾乱値とすれば，擾乱は $\Delta f(x) = \hat{f}(x) - f(x)$ であるから，

$$|D^n \hat{f}(x) - D^n f(x)| = |D^n \Delta f(x)| \tag{2.45}$$

より条件数は

$$\text{絶対誤差による条件数} = \frac{|D^n \Delta f(x)|}{|\Delta f(x)|} \tag{2.46}$$

となる．入力誤差 $\Delta f(x)$ は小さくてもその導関数 $D^n \Delta f(x)$ の絶対値が大きくなることはあるので，微分は敏感な (sensitive) 問題になりうる．例えば，

$$\Delta f(x) = \varepsilon \sin Lx \tag{2.47}$$

のような誤差が入ると

$$\frac{|D^n \Delta f(x)|}{|\Delta f(x)|} = \begin{cases} L^n & (n \text{ が偶数のとき}) \\ L^n |cot(x)| & (n \text{ が奇数のとき}) \end{cases} \tag{2.48}$$

となり，$L \gg 1$ のとき絶対誤差による条件数は非常に大きいものになる．

通常の相対誤差による条件数は，つぎのように書ける．

$$\text{条件数} = \frac{|D^n \Delta f(x)/D^n f(x)|}{|\Delta f(x)/f(x)|} = \frac{|D^n \Delta f(x)| |f(x)|}{|\Delta f(x)| |D^n f(x)|} \tag{2.49}$$

ただし，$f(x)$ あるいは $D^n f(x)$ の真値が 0 に近いときは，絶対誤差による条件数を用いるべきであろう．

積分は平均化あるいは平滑化であり，被積分関数の擾乱を緩和する働きをもつのに対し，微分は関数の微小な擾乱が結果に大きな変化をもたらしうることに留意しよう（図 **2.6**）．これは，両者がたがいに逆のプロセスであることを思えば納得されるであろう．

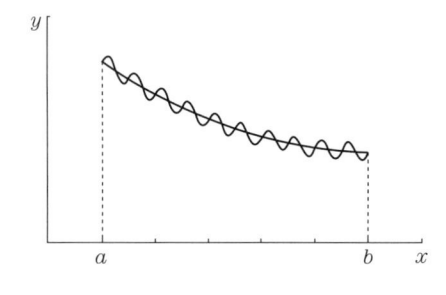

左図は，ある関数 $f(x)$ と擾乱 (2.47) を含む関数 $\hat{f}(x)$ を示している．関数に擾乱が含まれていても $x \in [a, b]$ に対する積分値は正確な値を与えるが，各点における微分値は大きく異なることが端的に表れている例である．この例からも積分と微分の関係が理解されよう

図 **2.6** 積分と微分の誤差

2.3.7 常微分方程式の初期値問題 $dy/dx = f(x, y)$, $y(x_0) = y_0$：入力:f, y_0
$\implies$ 出力:$y(x)$

常微分方程式の数値計算において誤差拡大（あるいは縮小）の解析は重要なので，10 章の本文中に記述した．

3 非線形方程式の解法

一般に非線形方程式 $f(x) = 0$ の解を数式で陽に表すことは難しい。ここでは非線形方程式の根を反復法により近似的に求める方法について考察する。初めに 1 変数スカラー非線形方程式の解法について述べた後，一般の多変数の連立非線形方程式の解法にも触れる。なお演習に関しては，本章「3.1 節　1 変数スカラー非線形方程式」から始め，つぎの「4 章　連立 1 次方程式の解法」を終えてから，本章「3.2 節　多変数の連立非線形方程式」に戻るのが適切であろう。

3.1　1 変数スカラー非線形方程式

1 変数のスカラー非線形方程式 $f(x) = 0$ の根を求める方法を考察しよう。

3.1.1　ニュートン法

1 変数のスカラー方程式 $f(x) = 0$ を解く場合，関数 $f(x)$ を点 $x^{(k)}$ におけるその接線 $\widetilde{f}(x)$ で近似する。

$$\widetilde{f}(x) = f(x^{(k)}) + (x - x^{(k)})f'(x^{(k)}) \tag{3.1}$$

そして $f(x) = 0$ の根を直接求める代わりに，近似的に 1 次方程式 $\widetilde{f}(x) = 0$ の根を求め，$x^{(k+1)}$ とする。

$$x^{(k+1)} = x^{(k)} - \frac{f(x^{(k)})}{f'(x^{(k)})} \tag{3.2}$$

適切な初期値 $x^{(0)}$ から始め，上式を k に関して反復使用して収束解を求めるのがニュートン法 (Newton's method) である（図 **3.1**）。

3. 非線形方程式の解法

数値計算における反復打切りは，解の変化 $x^{(k+1)} - x^{(k)} \left(= -f(x^{(k)})/f'(x^{(k)}) \right)$ の絶対値が十分小さい正の値 ϵ よりも小さくなったとき

$$|x^{(k+1)} - x^{(k)}| < \epsilon \qquad (3.3)$$

または

$$\frac{|x^{(k+1)} - x^{(k)}|}{|x^{(k+1)}|} < \epsilon \qquad (3.4)$$

あるいは関数 $f(x^{(k)})$ 自身の値が零に近づくとき

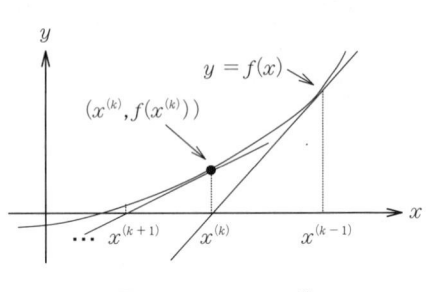

$$|f(x^{(k)})| < \epsilon \qquad (3.5)$$

図 3.1 ニュートン法

などにより行う。この ϵ の値のとり方にはいろいろな方針が考えられるが，計算精度に依存するので通常マシンエプシロンと呼ばれる値 ϵ_{mach}（1.3.1 項〔1〕参照）が目安になる。式 (3.5) が成り立つとき，2.3.2 項より解の誤差 $|x^{(k)} - x|$ は $\epsilon/|f'(x^{(k)})|$ 程度である。

3.1.2 補遺1：アルゴリズムとフローチャート，およびプログラム

アルゴリズムとは，数値計算を遂行するために基本的な演算の組合せを順序づけて表現したもの，すなわち計算手順のことである。アルゴリズムは式や文章でも表現されるが，曖昧さなしにかつわかりやすく記述するために，ループ構造などを模擬プログラム言語で示したり，流れ図あるいはフローチャートで図表化したりする。フローチャートは，それを見てプログラムが作成できる程度に詳細に書くのがよい。フローチャートは，アルゴリズムを「全体の流れを曖昧さなく把握できる」よう記述されていることが第一であるが，「皆が同じように理解できる」よう「規格」があることも知っておこう。**表 3.1** に JIS (Japanese Industrial Standards，日本工業規格) で規定された基本的な記号を示す。

ニュートン法を例にとると，本書での模擬プログラム言語によりアルゴリズムの主要部のループ構造を変数の代入関係 (:= で表す) とともに書くと

表 3.1　フローチャートの基本的な記号

名　称	記　号	意　味
端　子 (terminator)	⬭	流れ図の開始と終了を表す。
処　理 (process)	▭	処理の内容を表す。
データ (data)	▱	媒体を指定しないデータの入出力を表す。
判　断 (decision)	◇	条件によって分岐して処理の流れを変える。
線 (line)	──	データまたは制御の流れを表す。向きを明示する必要のあるときは矢印を付ける。
準　備 (preparation)	⬡	初期設定など，その後の動作のための準備を表す。
定義済み処理 (predefined process)	▯	サブルーチン（FORTRANの場合），関数（C言語の場合），モジュールなど別の場所で定義された一連の処理を表す。
ループ端 (loop limit)	⌒⌓	繰返し処理の開始と終了を示し，それぞれに同じループ名を記す。命令に応じて初期化，増分，終了条件（C言語の場合は繰返し条件）を併記する。
結合子 (connector)	○	流れ図の別の場所への出口，または別の場所からの入口を表す。対応する結合子に同じ名前を付ける。

$x :=$ 与えられた初期値
for　$k = 0, 1, 2, \cdots$　　　　　　　　　　{ 収束するまで繰り返す }
　　　$\Delta x := -f(x^{(k)})/f'(x^{(k)})$
　　　$x := x + \Delta x$
end

となり，JIS 規格による詳細フローチャートは図 3.2 のように書ける。

　数値計算におけるよいプログラムの条件としては，i) 計算時間が短い（演算数が少ない），ii) 計算精度が高い，iii) プログラムがシンプルで短い（ステップ数が少ない），iv) わかりやすい，v) 計算機依存性が少ない，などが挙げられる[5]。i)～iii) は数値計算法に依存し，iv), v) は主にプログラム書法による。

34   3. 非線形方程式の解法

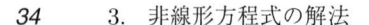

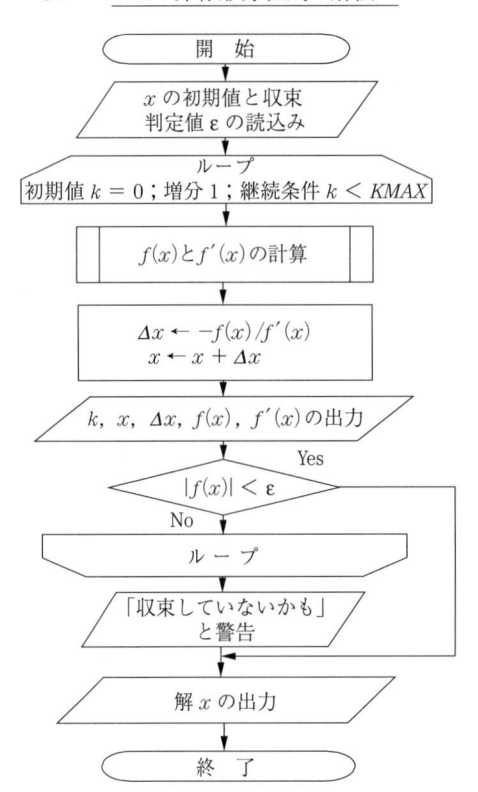

[フローチャート:
開始 → x の初期値と収束判定値 ε の読込み → ループ（初期値 $k=0$；増分 1；継続条件 $k < KMAX$）→ $f(x)$ と $f'(x)$ の計算 → $\Delta x \leftarrow -f(x)/f'(x)$, $x \leftarrow x + \Delta x$ → $k, x, \Delta x, f(x), f'(x)$ の出力 → $|f(x)| < \varepsilon$? → Yes の場合 解 x の出力 → 終了；No の場合 ループ継続。ループ終了後「収束していないかも」と警告]

左図は，収束判定に式 (3.5) を用いたときの 1 変数のニュートン法 (3.2) のフローチャートである。収束しない場合には k に関する反復を無限に繰り返してしまうことを防ぐために，ループにおける最大反復回数 $KMAX$ を設定する

図 3.2 ニュートン法のフローチャート

3.1.3 補遺 2：多項式と導関数の効率的な計算法

非線形方程式 $f(x) = 0$ をニュートン法などで解く場合，関数 $f(x)$（およびその導関数 $f'(x)$）の計算が必要となる。ここでは関数が n 次多項式

$$f(x) = a_0 x^n + a_1 x^{n-1} + \cdots + a_{n-1} x + a_n \tag{3.6}$$

で与えられるとき，関数値を効率的に計算する方法について述べる。

〔1〕 **ホーナー法**　式 (3.6) はつぎのように表せる。

$$f(x) = \left(\left(\cdots \left(((a_0 x + a_1) x + a_2) x + a_3 \right) \cdots + a_{n-1} \right) x + a_n \right) \tag{3.7}$$

これより $f(x)$ は以下のようなアルゴリズムを用いて計算できる。

$$\left.\begin{array}{ll}p_0 = a_0 & (i=0) \\ p_i = p_{i-1}x + a_i & (i=1,2,\cdots,n)\end{array}\right\} \quad (3.8)$$

p_n が求める関数値であり，この方法は**ホーナー法** (Horner's method) あるいは nested evaluation と呼ばれる。

〔**2**〕 **組立て除法**　n 次多項式 (3.6) を，$x-\alpha$ の商と剰余で書き換えてみよう[6),7)]。過程を明示するために，f と a_i の右肩に添字を付けて

$$f^{(0)}(x) = a_0^{(0)}x^n + a_1^{(0)}x^{n-1} + \cdots + a_{n-1}^{(0)}x + a_n^{(0)} \quad (3.9)$$

と表す。$f^{(0)}(x)$ を $x-\alpha$ で割ったときの商を $f^{(1)}(x)$

$$f^{(1)}(x) = a_0^{(1)}x^{n-1} + a_1^{(1)}x^{n-2} + \cdots + a_{n-2}^{(1)}x + a_{n-1}^{(1)} \quad (3.10)$$

剰余を $a_n^{(1)}$ とすれば，$f^{(0)}(x)$ はつぎのように表される。

$$\begin{aligned}f^{(0)}(x) &= f^{(1)}(x)(x-\alpha) + a_n^{(1)} \\ &= a_0^{(1)}x^n + (a_1^{(1)} - a_0^{(1)}\alpha)x^{n-1} + \cdots + (a_n^{(1)} - a_{n-1}^{(1)}\alpha)\end{aligned} \quad (3.11)$$

式 (3.9) と式 (3.11) の $x^n, x^{n-1}, \cdots, x^1, x^0$ の係数を比較して

$$\left.\begin{array}{l}a_0^{(1)} = a_0^{(0)} \\ a_1^{(1)} = a_0^{(1)}\alpha + a_1^{(0)} \\ \vdots \\ a_n^{(1)} = a_{n-1}^{(1)}\alpha + a_n^{(0)}\end{array}\right\} \quad (3.12)$$

を得るが，これは以下の漸化式で表せる。

$$\left.\begin{array}{ll}a_0^{(1)} = a_0^{(0)} & (i=0) \\ a_i^{(1)} = a_{i-1}^{(1)}\alpha + a_i^{(0)} & (i=1,2,\cdots,n)\end{array}\right\} \quad (3.13)$$

これらの係数 $a_0^{(1)}, \cdots, a_n^{(1)}$ を定めるにはつぎの表示計算を行うのが便利であり，この操作を組立除法という。

	$a_0^{(0)}$	$a_1^{(0)}$	$a_2^{(0)}$	$\cdots$	$a_{n-1}^{(0)}$	$a_n^{(0)}$
$+)$		$a_0^{(1)}\alpha$	$a_1^{(1)}\alpha$	$\cdots$	$a_{n-2}^{(1)}\alpha$	$a_{n-1}^{(1)}\alpha$
	$a_0^{(1)}$	$a_1^{(1)}$	$a_2^{(1)}$	$\cdots$	$a_{n-1}^{(1)}$	$[a_n^{(1)}]$

つぎにかくして定まった $n-1$ 次式 $f^{(1)}(x)$ をさらに $x-\alpha$ で割り，その商を $f^{(2)}(x)$

$$f^{(2)}(x) = a_0^{(2)} x^{n-2} + a_1^{(2)} x^{n-3} + \cdots + a_{n-2}^{(2)} \tag{3.14}$$

剰余を $a_{n-1}^{(2)}$ とすれば，$f^{(1)}(x)$ は

$$f^{(1)}(x) = f^{(2)}(x)(x-\alpha) + a_{n-1}^{(2)} \tag{3.15}$$

となり，$f^{(2)}(x)$ の係数と $a_{n-1}^{(2)}$ は同様にして漸化式

$$\left. \begin{array}{ll} a_0^{(2)} = a_0^{(1)} & (i = 0) \\ a_i^{(2)} = a_{i-1}^{(2)} \alpha + a_i^{(1)} & (i = 1, 2, \cdots, n-1) \end{array} \right\} \tag{3.16}$$

から定められる。これを組立除法で記述するとつぎのようになる。

$$\begin{array}{ccccccc} & a_0^{(1)} & a_1^{(1)} & a_2^{(1)} & \cdots & a_{n-2}^{(1)} & a_{n-1}^{(1)} \\ +) & & a_0^{(2)}\alpha & a_1^{(2)}\alpha & \cdots & a_{n-3}^{(2)}\alpha & a_{n-2}^{(2)}\alpha \\ \hline & a_0^{(2)} & a_1^{(2)} & a_2^{(2)} & \cdots & a_{n-2}^{(2)} & [a_{n-1}^{(2)}] \end{array}$$

このような手続きを $k+1$ 回繰り返すことにより，$n-k$ 次式 $f^{(k)}(x)$ を $x-\alpha$ で割るときの商 $f^{(k+1)}(x)$ と剰余 $a_{n-k}^{(k+1)}$ が漸化式により定められ，$k+1=n$ まで行うと $f(x)$ を $x-\alpha$ の n 次式として書き換えた式を得る。

$$\begin{aligned} f(x) &= f^{(1)}(x)(x-\alpha) + a_n^{(1)} \\ &= \left(f^{(2)}(x)(x-\alpha) + a_{n-1}^{(2)} \right)(x-\alpha) + a_n^{(1)} \\ &\vdots \\ &= a_0^{(n)}(x-\alpha)^n + a_1^{(n)}(x-\alpha)^{n-1} + a_2^{(n-1)}(x-\alpha)^{n-2} + \cdots + a_{n-1}^{(2)}(x-\alpha) + a_n^{(1)} \end{aligned} \tag{3.17}$$

例 3.1 （組立除法） $f(x) = x^4 - 4x^3 + x^2 + 2x + 3$ の $\xi = x-2$ に関する組立除法は

3.1 1変数スカラー非線形方程式

	(x^4)	(x^3)	(x^2)	(x^1)	(x^0)	
	1	-4	1	2	3	$\|\alpha=2$
$+)$		2	-4	-6	-8	
	1	-2	-3	-4	$[-5]$	
$+)$		2	0	-6		
	1	0	-3	$[-10]$		
$+)$		2	4			
	1	2	$[1]$			
$+)$		2				
	$[1]$	$[4]$				

となり，$f(x)=(x-2)^4+4(x-2)^3+(x-2)^2-10(x-2)-5$ と書き換えられる。

式 (3.17) から $x=\alpha$ における関数値 $f(\alpha)$ と k 階導関数 ($k=1,\cdots,n-1$) は

$$\left.\begin{aligned}
f(\alpha) &= a_n^{(1)} \\
\frac{d}{dx}f(\alpha) &= a_{n-1}^{(2)} \\
&\vdots \\
\frac{d^k}{dx^k}f(\alpha) &= k!\, a_{n-k}^{(k+1)}
\end{aligned}\right\} \tag{3.18}$$

となることがわかる。関数値 $f(\alpha) = a_n^{(1)}$ は組立除法 (3.13) より求めることができるが，これはホーナー法と同じアルゴリズムである。1 階導関数 $df(\alpha)/dx = a_{n-1}^{(2)}$ は，さらに組立除法 (3.16) を行うことにより求めることができる。

特に多項式とその低階の導関数に対して組立除法が計算効率がよいことは，演算回数を比較することにより確認することができる。例えば n 次多項式 $f(\alpha)$ を式 (3.6) から求める場合，以下の順に計算するならば

(乗算の回数) (加算の回数)

$$\begin{aligned}
&x,\quad x^2=x\cdot x,\quad \cdots,\quad x^n=x^{n-1}\cdot x &&\quad n-1 \\
&a_{n-1}\cdot x,\quad a_{n-2}\cdot x^2,\quad \cdots,\quad a_0\cdot x^n &&\quad n \\
&f(x) = a_0 x^n + a_1 x^{n-1} + \cdots + a_{n-1} x + a_n &&\quad\quad\quad\quad\quad n
\end{aligned}$$

乗算と加算の演算は，それぞれ $2n-1$ 回と n 回必要である。それに対して組立

除法（あるいはホーナー法）では，アルゴリズム (3.13) より乗算 n 回，加算 n 回で済み，演算効率がよいことが確認される。

3.1.4 反復法の収束に関して

$f(x) = 0$ の根を求めるニュートン法 (3.2) は，関数 $\varphi(x)$ を

$$\varphi(x) = x - \frac{f(x)}{f'(x)} \tag{3.19}$$

と定義すれば

$$x^{(k+1)} = \varphi(x^{(k)}) \tag{3.20}$$

と表される。反復法の考察には，このように関数 $\varphi(x)$ を用いて方程式

$$x = \varphi(x) \tag{3.21}$$

を扱うのが便利である。

方程式 (3.21) の解は**不動点** (fixed point) と呼ばれる。φ を x に作用させても x の値は不動であるからである。このため方程式 (3.21) は**不動点問題** (fixed point problem) と呼ばれる。多くの逐次近似アルゴリズムは式 (3.20) の形に書け，これは**不動点反復法** (fixed-point iteration) と呼ばれる。ここでは不動点反復法 (3.20) がいかなる場合に方程式 (3.21) の解に収束するかを考える。

〔1〕 **収 束 条 件**　関数 $\varphi(x)$ は閉区間 $[a,b]$ 上で定義された連続で微分可能な関数とする。また $x \in [a,b]$ ならば $\varphi(x) \in [a,b]$，つまり φ により写像しても区間 $[a,b]$ の外に出ないものと仮定する。いま x_* を不動点すなわち方程式 (3.21) の解とすると，k 回目の反復における誤差は

$$x^{(k+1)} - x_* = \varphi(x^{(k)}) - \varphi(x_*) \tag{3.22}$$

となるが，平均値の定理より

$$\varphi(x^{(k)}) - \varphi(x_*) = \varphi'(\theta_k)(x^{(k)} - x_*) \tag{3.23}$$

なる θ_k が $x^{(k)}$ と x_* の間に存在する。$x \in [a,b]$ 上の $|\varphi'(x)|$ の上限を q

$$|\varphi'(x)| \leqq q \tag{3.24}$$

とすれば

$$|x^{(k+1)} - x_*| \leqq q\,|x^{(k)} - x_*| \tag{3.25}$$

が成り立つ。この関係を繰り返し用いると

$$|x^{(k+1)} - x_*| \leqq q|x^{(k)} - x_*| \leqq q^2|x^{(k-1)} - x_*|$$
$$\leqq \cdots \leqq q^{k+1}|x^{(0)} - x_*| \tag{3.26}$$

が得られるが，$\{x^{(k)}\}$ が収束するためには $k \to \infty$ のとき誤差が $|x^{(k)} - x_*| \to 0$ でなければならない。これより収束条件が以下のように得られる。

$$|\varphi'(x)| \leqq q < 1 \tag{3.27}$$

実際 $|\varphi'(x_*)| < 1$ であるとき，十分に真の解 x_* に近い点から反復を始めるならば，考える領域の x に対し収束条件 (3.27) を満足する定数 q が存在すると考えることができる。

式 $x = \varphi(x)$ を用いた反復法 $x^{(k+1)} = \varphi(x^{(k)})$ における解への収束の様子を図 **3.3**（$|\varphi'(x)| < 1$ の場合）に，発散の様子を図 **3.4**（$|\varphi'(x)| \geqq 1$ の場合）に示す。いずれの図においても，不動点は $y = x$ と $y = \varphi(x)$ の交点で表され，$y = \varphi(x)$ に向かう縦方向の矢印は関数値の評価に相当し，$y = x$ に向かう横方

(a) $0 \leqq \varphi'(x) < 1$ (b) $-1 < \varphi'(x) \leqq 0$

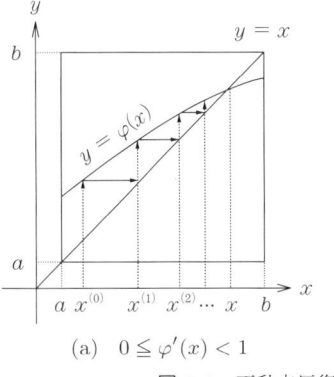

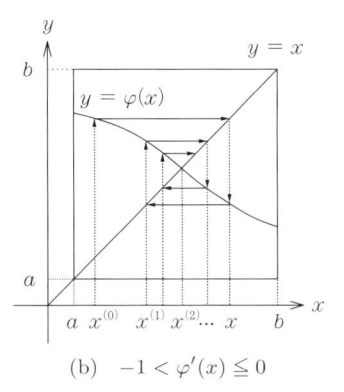

図 **3.3** 不動点反復法（収束する場合）

(a) $\varphi'(x) \geqq 1$　　　　　　(b) $\varphi'(x) \leqq -1$

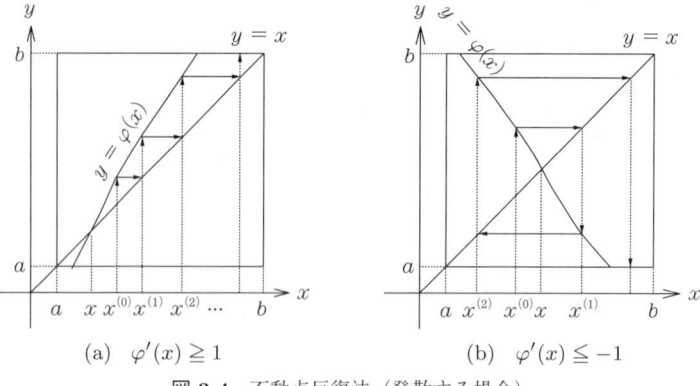

図 3.4 不動点反復法（発散する場合）

向の矢印は関数値がつぎの反復における x 値となることを示している。図 3.3 では $x^{(k)}$ は不動点に近づき，図 3.4 では $x^{(k)}$ は不動点から遠ざかっていく。

〔**2**〕 **適切な初期値の選択**　　いままで，$x \in [a,b]$ ならば $\varphi(x) \in [a,b]$ と仮定してきた。$x^{(0)} \in [a,b]$ から始めて，反復により $\varphi(x)$ が区間 $[a,b]$ の外に出ないようにするには，どのようにすべきであろうか？

$x^{(k+1)}$ と $x^{(0)}$ の距離は

$$|x^{(k+1)} - x^{(0)}| \leqq \frac{1}{1-q}|x^{(1)} - x^{(0)}| \tag{3.28}$$

と表される（付録 C[1] 参照）ので，$x^{(k+1)}$ は $x^{(0)}$ から距離 $|x^{(1)}-x^{(0)}|/(1-q)$ の範囲の中に存在することがわかる。この範囲が $[a,b]$ の中に含まれるという制限を満たすためには，初期値としては最初の反復で値があまり変わらないような，十分真の解に近い近似値を選ぶことが大切である。

〔**3**〕 **収束速度**　　C を正の定数として反復法の誤差の進展がつぎの関係式

$$|x^{(k+1)} - x_*| \leqq C\,|x^{(k)} - x_*|^m \tag{3.29}$$

により表されるとき，数列 $\{x^{(k)}\}$ は x_* に **m 次収束**するという。これは，反復が 1 段進んだときの誤差が前段の誤差の m 乗に比例した速さで減少することを意味する。収束の次数 m が大きいほど収束は速く，定数 C が大きいほど収束は遅くなる。

例えば，ある反復法の逐次計算において誤差の大きさが以下の順に変化したとする。このとき，収束の次数 m と定数 C は記されたとおりとなっている。

1. $10^{-2}, 10^{-3}, 10^{-4}, 10^{-5}, \cdots$　1次収束，$C = 10^{-1}$
2. $10^{-2}, 10^{-4}, 10^{-6}, 10^{-8}, \cdots$　1次収束，$C = 10^{-2}$
3. $10^{-2}, 10^{-4}, 10^{-8}, 10^{-16}, \cdots$　2次収束，$C = 1$

式 (3.25) より，不動点反復法 $x^{(k+1)} = \varphi(x^{(k)})$ は一見 1 次収束しているように見える。しかしながら，定数 q は大きいほど収束は遅くなり，小さいほど収束は速くなるのであるから，できるだけ q が小さくなるような場合：$\varphi'(x_*) = 0$ を調べてみよう。このとき $\varphi(x)$ を x_* のまわりにテイラー展開すれば，$x^{(k)}$ と x_* の間に存在する ξ_k を用いて

$$\varphi(x^{(k)}) - \varphi(x_*) = \frac{\varphi''(\xi_k)}{2!}(x^{(k)} - x_*)^2 \tag{3.30}$$

となる。式 (3.22) とともに用いれば

$$x^{(k+1)} - x_* = \frac{\varphi''(\xi_k)}{2}(x^{(k)} - x_*)^2 \tag{3.31}$$

となり，少なくとも 2 次の収束をしていることになる。同様にして $\varphi(x_*)$ が $m-1$ 階微係数まで 0 となる場合には，少なくとも m 次の収束 (3.29) となることが示される。

〔4〕 **ニュートン法における収束条件，初期値の選択，収束速度**　いままで不動点問題 (3.21) に基づく不動点反復法 (3.20) について議論をしてきた。反復法が収束するための条件 (3.27) をニュートン法 (3.2) に適用してみよう。式 (3.19) より，ニュートン法の収束条件は

$$\left| \frac{f(x)f''(x)}{f'(x)^2} \right| < 1 \tag{3.32}$$

と書ける（確認せよ）。

ニュートン法の初期値については，十分真の解に近い値で収束条件 (3.32) を満足するようにとる必要がある。

例 3.2 (ニュートン法における初期値の選択)

$$f(x) = x^3 + x^2 - 3x + 3 = 0$$

の根をニュートン法で求めることを考えよう（図 **3.5**）。導関数は

$$f'(x) = 3x^2 + 2x - 3$$

となるので，ニュートン法の反復公式は次の式となる。

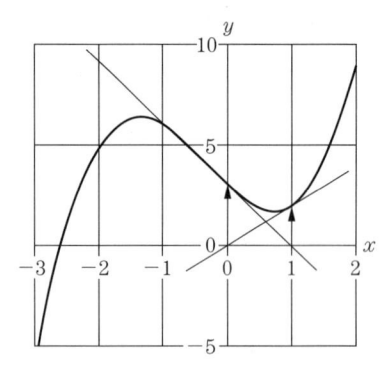

図 **3.5** ニュートン法における初期値選択の例

$$x^{(k+1)} = x^{(k)} - \frac{f(x^{(k)})}{f'(x^{(k)})} = x^{(k)} - \frac{x_k^3 + x_k^2 - 3x_k + 3}{3x_k^2 + 2x_k - 3}$$

いま，初期値を $x_0 = 0$ にとる。すると，$x_1 = 1$, $x_2 = 0$, $x_3 = 1$, $x_4 = 0$, … と同じ値を繰り返し，収束していかない。また，$f'(x^{(k)})$ の絶対値が小さいときは接線はほぼ水平方向となるので，つぎの反復値 $x^{(k+1)}$ は現在の値 $x^{(k)}$ からはるかに離れてしまう。初期値を真の解に十分近くて収束条件 (3.32) を満足するような値にとれば根が求まる。

ニュートン法の収束速度はつぎのように求められる。真の解 x_* に対して

$$x_* = x_* - \frac{f(x_*)}{f'(x^{(k)})} \tag{3.33}$$

が成り立つので，ニュートン法 (3.2) から式 (3.33) を引けば

$$x^{(k+1)} - x_* = x^{(k)} - x_* - \frac{1}{f'(x^{(k)})}(f(x^{(k)}) - f(x_*)) \tag{3.34}$$

となる．これに，$f(x_*)$ の $x^{(k)}$ まわりの 2 次の項までのテイラー展開

$$f(x_*) = f(x^{(k)}) + \frac{f'(x^{(k)})}{1!}(x_* - x^{(k)}) + \frac{f''(\theta_k)}{2!}(x_* - x^{(k)})^2 \tag{3.35}$$

を代入すれば

$$|x^{(k+1)} - x_*| = \frac{f''(\theta_k)}{2f'(x^{(k)})}|x^{(k)} - x_*|^2 \tag{3.36}$$

を得る．式 (3.29) の定義に照らし合わせると，これはニュートン法が 2 次収束することを示しており，誤差は 2 乗に比例した速さで減少するから収束は速い．

3.1.5 割線法

ニュートン法は収束は速いが，微係数を求めることが必要となる．解くべき方程式 $f(x) = 0$ が複雑な場合，微係数 $f'(x)$ が煩雑になることがあるので，微係数を直接求めずに差分近似

$$f'(x^{(k)}) \approx \frac{f(x^{(k)}) - f(x^{(k-1)})}{x^{(k)} - x^{(k-1)}} \tag{3.37}$$

により求めることが有効となる場合がある．ニュートン法のアルゴリズム (3.2) にこの近似を用いると，**割線法** (secant method)

$$x^{(k+1)} = x^{(k)} - f(x^{(k)})\frac{x^{(k)} - x^{(k-1)}}{f(x^{(k)}) - f(x^{(k-1)})} \tag{3.38}$$

となる．適切な 2 個の初期値 $x^{(0)}$, $x^{(1)}$ から始め，上式を k に関して反復使用して収束解を求める（図 **3.6**）．収束するためには，2 個の初期値はニュートン法と同様に十分に真の解に近い値を与えなければならない．

割線法では 2 ステップの値を用いるため収束性は複雑となるので詳細は省くが，収束速度は以下のようにして求められる[2]．誤差は定数 c を用いて

$$\lim_{k \to \infty} \frac{|x^{(k+1)} - x_*|}{|x^{(k)} - x_*||x^{(k-1)} - x_*|} = c \tag{3.39}$$

を満たすことが示されている．いま

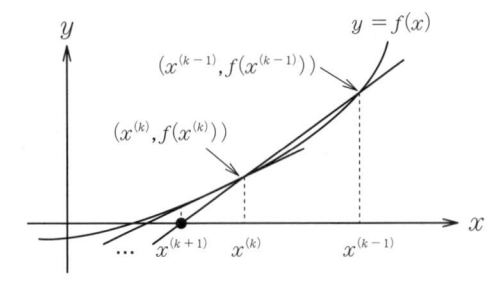

関数 $f(x)$ を k ステップと $k-1$ ステップにおける f 値を通る割線で線形近似して，その零点を $k+1$ ステップにおける x 値とする

図 3.6　割　線　法

$$|x^{(k+1)} - x_*| = C_k\, |x^{(k)} - x_*|^m \tag{3.40}$$

とおけば，m が求める収束の次数である．

$$|x^{(k+1)} - x_*| = C_k\, |x^{(k)} - x_*|^m = C_k\left(C_{k-1}|x^{(k-1)} - x_*|^m\right)^m$$
$$= C_k\, C_{k-1}^m\, |x^{(k-1)} - x_*|^{m^2} \tag{3.41}$$

となるので

$$\frac{|x^{(k+1)} - x_*|}{|x^{(k)} - x_*|\,|x^{(k-1)} - x_*|} = C_k\, C_{k-1}^{m-1}\, |x^{(k-1)} - x_*|^{m^2 - m - 1} \tag{3.42}$$

を得る．$k \to \infty$ のとき誤差は $|x^{(k-1)} - x_*| \to 0$ となるのに，上記の比は定数になっていくことから

$$m^2 - m - 1 = 0 \quad \Longrightarrow \quad m = \frac{1 + \sqrt{5}}{2} \approx 1.61 \cdots \tag{3.43}$$

でなければならない．これより収束の次数は $m \approx 1.6$ となり，割線法は 1.6 次収束することが示された．

3.1.6　2　分　法

与えた初期値が適切でないと，ニュートン法では収束解に達しない場合がある．これに対し，収束は遅いけれども確実に解を求める方法として **2 分法** (interval bisection) がある（図 **3.7**）．区間 $[x_1, x_2]$ で連続な関数 $f(x)$ を考えると，端点での値 $f(x_1)$, $f(x_2)$ がたがいに異なる符号をもつとき，$f(x) = 0$ となる点 x が区間内に少なくとも 1 個ある．中点により区間を 2 分し，この判定法により解

3.1 1変数スカラー非線形方程式

のあるほうの区間を選び,これを十分小さい区間に解を挟みうちするまで繰り返す.つまり,区間 $[x_1^{(0)}, x_2^{(0)}] = [x_1, x_2]$ から始めて,区間 $[x_1^{(k)}, x_2^{(k)}]$ を中点

$$x_m^{(k)} = \frac{x_1^{(k)} + x_2^{(k)}}{2} \qquad (3.44)$$

により区間 $[x_1^{(k)}, x_m^{(k)}]$ と $[x_m^{(k)}, x_2^{(k)}]$ に2分する.もし $f(x_1^{(k)})$ と $f(x_m^{(k)})$ が異符号であるならば,前の区間に解があり,そうでなければ後の区間に解があるので,解を含む区間を選んで新たに $[x_1^{(k+1)}, x_2^{(k+1)}]$ とし,十分小さな区間幅 ϵ になるまで反復する.2数が異符号か否かの判定をその積が負か否かで行うと,つぎのアルゴリズムとなる.

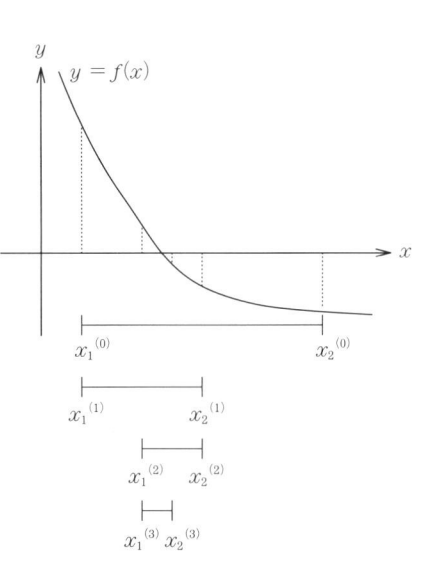

図 **3.7** 2 分 法

```
x_1, x_2 := 初期区間の端点 (x_1 < x_2)
while  (x_2 - x_1) > ε  do
    x_m := (x_1 + x_2)/2
    if  f(x_1)・f(x_m) < 0   then     { 解は区間 [x_1, x_m] にある }
        x_2 := x_m      { 区間 [x_1, x_m] を新たに [x_1, x_2] とする }
    else                             { 解は区間 [x_m, x_2] にある }
        x_1 := x_m      { 区間 [x_m, x_2] を新たに [x_1, x_2] とする }
    end
end
```

2分法では,繰り返す度に区間幅が $1/2$ になるので,k 回目の区間幅 $\delta_k = |x_1^{(k)} - x_2^{(k)}|$ は

$$\delta_k = \frac{\delta_{k-1}}{2} = \cdots = \frac{\delta_0}{2^k} \qquad (3.45)$$

となる.区間幅は誤差の絶対値の上限とみなせるので,数列 $\{x_m^{(k)}\}$ は解 x に1次収束 ($m = 1$, $C = 1/2$) することを意味する.収束判定のための反復打切条

件として

$$\delta_k = |x_1^{(k)} - x_2^{(k)}| < \epsilon \tag{3.46}$$

を用いると，k 回の反復後における区間幅は $\delta_k = \delta_0/2^k$ であるから，収束するまでの繰返し回数 k は

$$k \geq \log_2 \frac{\delta_0}{\epsilon} \tag{3.47}$$

を満たす最小の整数となる。

3.2 多変数の連立非線形方程式

3.2.1 ニュートン法

n 個の未知変数 $x_1, x_2, \cdots, x_n$ をもつ n 元連立非線形方程式

$$\left.\begin{array}{l} f_1(x_1, x_2, \cdots, x_n) = 0 \\ f_2(x_1, x_2, \cdots, x_n) = 0 \\ \vdots \\ f_n(x_1, x_2, \cdots, x_n) = 0 \end{array}\right\} \tag{3.48}$$

は，n 次元ベクトルを用いれば以下のように簡潔に記述できる。

$$\boldsymbol{f}(\boldsymbol{x}) = \boldsymbol{0}, \qquad \boldsymbol{x} = \begin{bmatrix} x_1 \\ x_2 \\ \vdots \\ x_n \end{bmatrix}, \quad \boldsymbol{f} = \begin{bmatrix} f_1 \\ f_2 \\ \vdots \\ f_n \end{bmatrix} \tag{3.49}$$

いま $\boldsymbol{f}(\boldsymbol{x})$ は 2 回微分可能であると仮定すると，$\boldsymbol{x}^{(k)}$ まわりのテイラー展開より

$$\boldsymbol{f}(\boldsymbol{x}) = \boldsymbol{f}(\boldsymbol{x}^{(k)}) + J_f(\boldsymbol{x}^{(k)})(\boldsymbol{x} - \boldsymbol{x}^{(k)}) + O(\,(\boldsymbol{x} - \boldsymbol{x}^{(k)})^2) \tag{3.50}$$

$$J_f(\boldsymbol{x}^{(k)}) = [(J_f)_{ij}] = \left[\frac{\partial f_i\,(x_1^{(k)}, x_2^{(k)}, \cdots, x_n^{(k)})}{\partial x_j} \right] \tag{3.51}$$

3.2 多変数の連立非線形方程式

が得られる。ここに J_f は $n \times n$ の**ヤコビ行列** (Jacobian matix) であり，行列で表示すると

$$J_f = \begin{bmatrix} \dfrac{\partial f_1}{\partial x_1} & \dfrac{\partial f_1}{\partial x_2} & \cdots & \dfrac{\partial f_1}{\partial x_n} \\ \dfrac{\partial f_2}{\partial x_1} & \dfrac{\partial f_2}{\partial x_2} & & \dfrac{\partial f_2}{\partial x_n} \\ \vdots & & \ddots & \vdots \\ \dfrac{\partial f_n}{\partial x_1} & \dfrac{\partial f_n}{\partial x_2} & \cdots & \dfrac{\partial f_n}{\partial x_n} \end{bmatrix} \tag{3.52}$$

である。1変数スカラー方程式の場合と同様に

$$\widetilde{\boldsymbol{f}}(\boldsymbol{x}) = \boldsymbol{f}(\boldsymbol{x}^{(k)}) + J_f(\boldsymbol{x}^{(k)})(\boldsymbol{x} - \boldsymbol{x}^{(k)}) \tag{3.53}$$

とおき，$\boldsymbol{f}(\boldsymbol{x}) = \boldsymbol{0}$ の根を直接求める代わりに近似的に連立1次方程式 $\widetilde{\boldsymbol{f}}(\boldsymbol{x}) = \boldsymbol{0}$ の根 $\boldsymbol{x}$ を求めて $\boldsymbol{x}^{(k+1)}$ とする。

$$\boldsymbol{x}^{(k+1)} = \boldsymbol{x}^{(k)} - J_f^{-1}(\boldsymbol{x}^{(k)})\,\boldsymbol{f}(\boldsymbol{x}^{(k)}) \tag{3.54}$$

適当な初期値 $\boldsymbol{x}^{(0)}$ から始め，これを k に関して反復して解を求める。

ここでやっかいなのは，式 (3.54) にヤコビ行列の逆行列 $J_f^{-1}(\boldsymbol{x}^{(k)})$ が含まれていることであり，通常は逆行列 J_f^{-1} とベクトル $\boldsymbol{f}$ の積をひとまとめにして求める。反復をすすめる手順は以下のとおりである。

1) $\Delta x^{(k)} = \boldsymbol{x}^{(k+1)} - \boldsymbol{x}^{(k)}$ とおき，連立1次方程式

$$J_f(\boldsymbol{x}^{(k)})\,\Delta x^{(k)} = -\boldsymbol{f}(\boldsymbol{x}^{(k)})$$

の解 $\Delta x^{(k)} \left(= -J_f^{-1}(\boldsymbol{x}^{(k)})\,\boldsymbol{f}(\boldsymbol{x}^{(k)}) \right)$ を求める。

もし連立する方程式数 n が少ない (3 くらいまで) ならば，ヤコビ行列 J_f のサイズ $n \times n$ は小さいので，クラメールの公式 (4.1 節 参照) により直接求めてよい。連立する方程式数 n が多い場合，クラメールの公式では計算時間を浪費するので，つぎの4章で述べる連立1次方程式の数値計算法のいずれかで求める。

3. 非線形方程式の解法

2) 第 k ステップの解 $\boldsymbol{x}^{(k)}$ から第 $k+1$ ステップの解 $\boldsymbol{x}^{(k+1)}$ を下式により求める。

$$\boldsymbol{x}^{(k+1)} = \boldsymbol{x}^{(k)} + \Delta x^{(k)}$$

初期値 $\boldsymbol{x}^{(0)}$ から始め，1), 2) を収束するまで繰り返す。このアルゴリズムはつぎのように書ける。

  $\boldsymbol{x} :=$ 与えられた初期値
  for $k = 0, 1, 2, \cdots$ { 収束するまで繰り返す }
     $J_f(\boldsymbol{x}) \Delta x = -\boldsymbol{f}(\boldsymbol{x})$ を解いて Δx を求める
     $\boldsymbol{x} := \boldsymbol{x} + \Delta x$
  end

収束判定は，先に述べたスカラー方程式の場合 (3.3), (3.4), (3.5) に対応して，解の変化量のノルムが十分小さい正数 ϵ よりも小さくなるとき

$$\|\boldsymbol{x}^{(k+1)} - \boldsymbol{x}^{(k)}\| < \epsilon \tag{3.55}$$

または

$$\frac{\|\boldsymbol{x}^{(k+1)} - \boldsymbol{x}^{(k)}\|}{\|\boldsymbol{x}^{(k+1)}\|} < \epsilon \tag{3.56}$$

あるいは関数 $\boldsymbol{f}(\boldsymbol{x}^{(k)})$ 自身のノルムが $\boldsymbol{0}$ に近づくとき

$$\|\boldsymbol{f}(\boldsymbol{x}^{(k)})\| < \epsilon \tag{3.57}$$

などにより行う。ノルムとしては，1 ノルム，2 ノルムや ∞ ノルム (2.1 節 参照) などがよく用いられる。式 (3.57) が成り立つとき，2.3.2 項より解の誤差をつぎのように見積もることができる。

$$\|\boldsymbol{x}^{(k)} - \boldsymbol{x}\| \leq \epsilon \, \|J_f^{-1}(\boldsymbol{x}^{(k)})\| \tag{3.58}$$

例 3.3 (2 変数のニュートン法)   2 変数 (x, y) に関する連立方程式

$$\left.\begin{array}{l} f(x, y) = 0 \\ g(x, y) = 0 \end{array}\right\} \tag{3.59}$$

を考える。f, g は 2 回微分可能とし，$(x^{(k)}, y^{(k)})$ まわりのテイラー展開

$$\left.\begin{aligned} f(x,y) &= f(x^{(k)}, y^{(k)}) + (x - x^{(k)})\frac{\partial f}{\partial x}(x^{(k)}, y^{(k)}) \\ &\quad + (y - y^{(k)})\frac{\partial f}{\partial y}(x^{(k)}, y^{(k)}) + O\Big(\big((x-x^{(k)}) + (y-y^{(k)})\big)^2\Big) \\ g(x,y) &= g(x^{(k)}, y^{(k)}) + (x - x^{(k)})\frac{\partial g}{\partial x}(x^{(k)}, y^{(k)}) \\ &\quad + (y - y^{(k)})\frac{\partial g}{\partial y}(x^{(k)}, y^{(k)}) + O\Big(\big((x-x^{(k)}) + (y-y^{(k)})\big)^2\Big) \end{aligned}\right\}$$

において，1 階微分項までとった近似式をそれぞれ $\tilde{f}(x,y)$, $\tilde{g}(x,y)$ とおき

$$\begin{bmatrix} \tilde{f}(x,y) \\ \tilde{g}(x,y) \end{bmatrix} \equiv \begin{bmatrix} f(x^{(k)}, y^{(k)}) \\ g(x^{(k)}, y^{(k)}) \end{bmatrix} + \begin{bmatrix} \dfrac{\partial f}{\partial x}(x^{(k)}, y^{(k)}) & \dfrac{\partial f}{\partial y}(x^{(k)}, y^{(k)}) \\ \dfrac{\partial g}{\partial x}(x^{(k)}, y^{(k)}) & \dfrac{\partial g}{\partial y}(x^{(k)}, y^{(k)}) \end{bmatrix} \begin{bmatrix} x - x^{(k)} \\ y - y^{(k)} \end{bmatrix}$$

式 (3.59) を解く代わりに線形化された近似式 $\tilde{f}(x,y) = 0$, $\tilde{g}(x,y) = 0$ を解く。その根 $[x,y]^T$ を $(k+1)$ ステップの解として，ニュートン法

$$\begin{bmatrix} x^{(k+1)} \\ y^{(k+1)} \end{bmatrix} = \begin{bmatrix} x^{(k)} \\ y^{(k)} \end{bmatrix} - \begin{bmatrix} \dfrac{\partial f}{\partial x}(x^{(k)}, y^{(k)}) & \dfrac{\partial f}{\partial y}(x^{(k)}, y^{(k)}) \\ \dfrac{\partial g}{\partial x}(x^{(k)}, y^{(k)}) & \dfrac{\partial g}{\partial y}(x^{(k)}, y^{(k)}) \end{bmatrix}^{-1} \begin{bmatrix} f(x^{(k)}, y^{(k)}) \\ g(x^{(k)}, y^{(k)}) \end{bmatrix}$$

を得る。上式に含まれる逆行列は以下のように求められる。

$$\begin{bmatrix} \dfrac{\partial f}{\partial x} & \dfrac{\partial f}{\partial y} \\ \dfrac{\partial g}{\partial x} & \dfrac{\partial g}{\partial y} \end{bmatrix}^{-1} = 1 \Big/ \left(\dfrac{\partial f}{\partial x}\dfrac{\partial g}{\partial y} - \dfrac{\partial f}{\partial y}\dfrac{\partial g}{\partial x} \right) \begin{bmatrix} \dfrac{\partial g}{\partial y} & -\dfrac{\partial f}{\partial y} \\ -\dfrac{\partial g}{\partial x} & \dfrac{\partial f}{\partial x} \end{bmatrix}$$

適当な初期値 $[x^{(0)}, y^{(0)}]^T$ から始め，これを k に関して反復して解を求める。

3.2.2 反復法の収束に関して

多変数連立非線形方程式 $\boldsymbol{f}(\boldsymbol{x}) = \boldsymbol{0}$ の根を求めるニュートン法 (3.54) もスカラー方程式の場合と同様に，ベクトル関数 $\varphi(\boldsymbol{x})$ を

3. 非線形方程式の解法

$$\varphi(\boldsymbol{x}) = \boldsymbol{x} - J_f^{-1}(\boldsymbol{x})\,\boldsymbol{f}(\boldsymbol{x}) \tag{3.60}$$

と定義すれば，不動点反復法

$$\boldsymbol{x}^{(k+1)} = \varphi(\boldsymbol{x}^{(k)}) \tag{3.61}$$

により表されるので，反復法の考察にはつぎの不動点問題を扱う。

$$\boldsymbol{x} = \varphi(\boldsymbol{x}) \tag{3.62}$$

多変数連立方程式における不動点反復法 (3.61) の収束に関する議論の骨格 (付録 C[1) あるいは文献 4) などを参照) は，基本的には 1 変数スカラー方程式の場合と同じであるが，大小の評価尺度にはノルムが用いられる。

〔1〕 収束条件　スカラー方程式における不動点反復法 (3.20) の収束条件 (3.27) に対応して，反復法 (3.61) が収束するための十分条件はつぎのように表される。

$$\|J_\varphi(\boldsymbol{x})\| < 1 \tag{3.63}$$

ここに $J_\varphi(\boldsymbol{x})$ は $\varphi(\boldsymbol{x})$ のヤコビ行列

$$J_\varphi(\boldsymbol{x}) = [(J_\varphi)_{ij}] = \left[\frac{\partial \varphi_i\,(x_1, x_2, \cdots, x_n)}{\partial x_j}\right] \tag{3.64}$$

である。この収束条件はナチュラルノルムの評価 I(2.13) より，スペクトル半径を用いてつぎのようにも書ける。

$$\rho(J_\varphi(\boldsymbol{x})) < 1 \tag{3.65}$$

〔2〕 適切な初期値の選択　多変数連立方程式の場合においても，1 変数スカラー方程式における関係式 (3.28) と同様の式が導かれる。したがって，ベクトル関数 $\varphi(\boldsymbol{x})$ により写像しても考えている領域の外に出ないためには，初期値としては最初の反復で値があまり変わらないような，十分真の解に近い近似値を選ぶことが必要である。

〔3〕 **ニュートン法の収束速度** 多変数の連立方程式の場合のニュートン法 (3.54) の誤差評価は，スカラー方程式の場合と同様である。いま x_* が $f(x) = 0$ の真の解であるとすれば

$$x_* = x_* - J_f^{-1}(x^{(k)}) f(x_*) \tag{3.66}$$

が成り立っている。ニュートン法の式 (3.54) から式 (3.66) を引けば

$$x^{(k+1)} - x_* = x^{(k)} - x_* - J_f^{-1}(x^{(k)}) \left(f(x^{(k)}) - f(x_*)\right) \tag{3.67}$$

となる。上式にテイラー展開

$$f(x_*) = f(x^{(k)}) + J_f(x^{(k)})(x_* - x^{(k)}) + O(\,(x_* - x^{(k)})^2) \tag{3.68}$$

を代入すれば

$$\begin{aligned} x^{(k+1)} - x_* &= x^{(k)} - x_* - J_f^{-1}(x^{(k)})\bigl(J_f(x^{(k)})(\,x^{(k)} - x_*) \\ &\quad + O(\,(x^{(k)} - x_*)^2)\bigr) \\ &= O(\,(x^{(k)} - x_*)^2) \end{aligned} \tag{3.69}$$

となる。これは，反復が 1 段進んだときの誤差が前段の誤差の 2 乗に比例して小さくなることを意味している。すなわちスカラー方程式の場合にも示されたようにニュートン法は 2 次収束するので，収束は速い。

章 末 問 題

【1】 下記の数値計算において，10^{-6} 程度以下の誤差の収束値を得るには，何回くらい反復を行うべきか。
  (1) ニュートン法において，収束速度の関係式 (3.29) が $C = 1/2$ と見積もられ，初期誤差が 10^{-1} のとき。
  (2) 2 分法において，区間幅の初期値が 1 のとき。

【2】 ニュートン法のフローチャート図 3.2 に従って，1 変数非線形方程式を解くプログラムを作成し，以下の問題の数値解を求めよ。
  (1) $f(x) = x^2 - \sin x - 1 = 0$

(2) n 次方程式 $f(x) = a_0 x^n + a_1 x^{n-1} + \cdots + a_{n-1} x + a_n = 0$

【3】 2変数連立非線形方程式を解くフローチャートを書いてプログラムを作成し

単位円： $\qquad f(x, y) = x^2 + y^2 - 1 = 0$

葉形線 (strophoid)： $g(x, y) = x^2(a+x) - y^2(a-x) = 0$

$$(ただし\ a = 2)$$

の 4 交点を求めよ．その際図 **3.8** を参考に，初期値にはそれぞれの交点に近い値を与えるよう留意せよ．

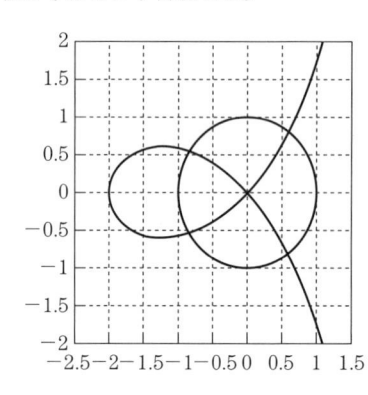

図 **3.8** 円と葉形線との交点

4 連立 1 次方程式の解法

連立 1 次方程式の数値解法は，直接法と反復法に大別される．直接法とは，正確な演算を行えば厳密解を与えるものであり，反復法とは，近似解を初期値として反復により厳密解に収束させるものである．ここでは代表的な直接法として，ガウスの消去法，ガウス・ジョルダン消去法，LU 分解法，三項方程式の解法を，代表的な反復法として，ヤコビ法，ガウス・ザイデル法，SOR 法を示す．

4.1 連立 1 次方程式の解

n 個の未知数 $x_1, x_2, \cdots, x_n$ に関する連立 1 次方程式

$$\sum_{j=1}^{n} a_{ij} x_j = b_i \qquad (i = 1, 2, \cdots, n) \tag{4.1}$$

は以下のように行列表示される．

$$A\boldsymbol{x} = \boldsymbol{b} \tag{4.2}$$

$$A = \begin{bmatrix} a_{11} & a_{12} & \cdots & a_{1n} \\ a_{21} & a_{22} & \cdots & a_{2n} \\ \vdots & \vdots & & \vdots \\ a_{n1} & a_{n2} & \cdots & a_{nn} \end{bmatrix}, \quad \boldsymbol{x} = \begin{bmatrix} x_1 \\ x_2 \\ \vdots \\ x_n \end{bmatrix}, \quad \boldsymbol{b} = \begin{bmatrix} b_1 \\ b_2 \\ \vdots \\ b_n \end{bmatrix} \tag{4.3}$$

係数行列 $A = [a_{ij}]$ が正則であれば，その逆行列 A^{-1} が存在し，解は

$$\boldsymbol{x} = A^{-1} \boldsymbol{b} \tag{4.4}$$

により一意に定められる．逆行列 A^{-1} の (i,j) 成分は，$\Delta_{ji}/|A|$ で与えられる．

$$A^{-1} = \frac{1}{|A|} \begin{bmatrix} \Delta_{11} & \Delta_{21} & \cdots & \Delta_{n1} \\ \Delta_{12} & \Delta_{22} & \cdots & \Delta_{n2} \\ \vdots & & \ddots & \vdots \\ \Delta_{1n} & \Delta_{2n} & \cdots & \Delta_{nn} \end{bmatrix} \tag{4.5}$$

ここに，$|A|$ は A の行列式であり，Δ_{ji} は A における (j,i) 余因子，すなわち行列 A の第 j 行第 i 列を取り去って得られる $(n-1)$ 次行列の行列式に符号 $(-1)^{j+i}$ を付けたものである。これより

$$\boldsymbol{x} = A^{-1}\boldsymbol{b} = \frac{1}{|A|} \begin{bmatrix} \sum_{i=1}^{n} b_i \Delta_{i1} \\ \sum_{i=1}^{n} b_i \Delta_{i2} \\ \vdots \\ \sum_{i=1}^{n} b_i \Delta_{in} \end{bmatrix} \tag{4.6}$$

となり，その第 j 成分における $\sum_{i=1}^{n} b_i \Delta_{ij}$ $(j=1,2,\cdots,n)$ は行列式

$$\begin{vmatrix} a_{11} & \cdots & b_1 & \cdots & a_{1n} \\ \vdots & & \vdots & & \vdots \\ a_{n1} & \cdots & b_n & \cdots & a_{nn} \end{vmatrix} \quad (j\,\text{列}) \tag{4.7}$$

を第 j 列に関して展開した形となっているので，連立 1 次方程式 (4.2) の解はクラメール (Cramer) の公式

$$x_j = \frac{1}{|A|} \begin{vmatrix} a_{11} & \cdots & b_1 & \cdots & a_{1n} \\ \vdots & & \vdots & & \vdots \\ a_{n1} & \cdots & b_n & \cdots & a_{nn} \end{vmatrix} \quad (j\,\text{列}) \tag{4.8}$$

により表される。しかしながら，与えられた連立 1 次方程式の解を公式 (4.8) により直接計算するのは一般に簡単ではない。行列サイズ n が 3 程度より大きい場合，数値計算では本節以降に記す効率のよい方法が用いられる。

なお，2 章では，問題自身の性質により入力誤差が解に及ぼす誤差伝播の程度

を条件数で表した。2.3.3 項で述べたように，問題 (4.2) の条件数 $\mathrm{Cond}(A) = \|A\|\|A^{-1}\|$ が大きい値をもつとき，数値解は入力誤差の影響を被りやすい。入力データ $A, \boldsymbol{b}$ がマシンエプシロン ϵ_{mach} まで正確であれば，連立 1 次方程式の数値解の伝播誤差は $\|\Delta \boldsymbol{x}\|/\|\boldsymbol{x}\| \leq \mathrm{Cond}(A)\epsilon_{mach}$ により見積もられる。

4.2 LU 分 解 法

係数行列 A を**左下三角行列** (lower left triangular matrix) $L = [l_{ij}]$ ($i<j$ に対し $l_{ij}=0$) と**右上三角行列** (upper right triangular matrix) $U = [u_{ij}]$ ($i>j$ に対し $u_{ij}=0$) の積

$$A = LU \tag{4.9}$$

に分解 (図 4.1 (a)) して解を求める方法を **LU 分解法** (LU-factorization method) と呼ぶ。これは $A\boldsymbol{x} = \boldsymbol{b}$，したがって

$$LU\boldsymbol{x} = \boldsymbol{b} \tag{4.10}$$

を解くにあたり，$\boldsymbol{y} = U\boldsymbol{x}$ とおいて

$$L\boldsymbol{y} = \boldsymbol{b} \tag{4.11}$$

(a) 係数行列の LU 分解

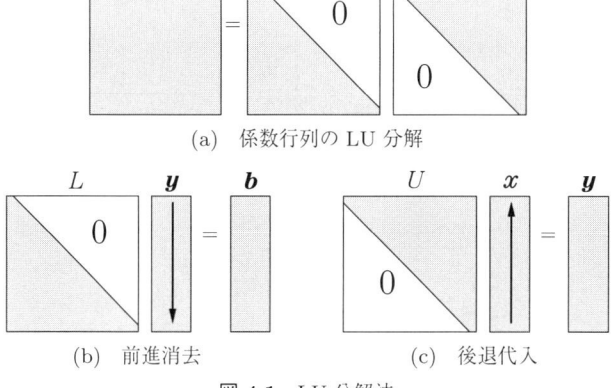

(b) 前進消去　　　(c) 後退代入

図 4.1　LU 分解法

より y を求める**前進消去** (forward substitution, 図 4.1 (b)) と

$$Ux = y \tag{4.12}$$

より x を求める**後退代入** (backward substitution, 図 4.1 (c)) からなる。

LU 分解法は，後の 4.3 節で述べる問題のように A は同一で b だけが異なる方程式を多く解くときに効率的になる。LU 分解を一度行っておけば，あとは代入計算だけで事足りるからである。

〔1〕 **LU 分 解**　係数行列 A を下三角行列と上三角行列の積に LU 分解するにあたって，下三角行列か上三角行列のいずれかの対角成分をすべて 1 とすると計算効率がよい。ここでは上三角行列の対角成分をすべて 1 とする方法を示す。L と U を

$$L = \begin{bmatrix} l_{11} & & & \text{\huge 0} \\ l_{21} & l_{22} & & \\ \vdots & \vdots & \ddots & \\ l_{n1} & l_{n2} & \cdots & l_{nn} \end{bmatrix}, \quad U = \begin{bmatrix} 1 & u_{12} & \cdots & u_{1n} \\ & 1 & \cdots & u_{2n} \\ \text{\huge 0} & & \ddots & \vdots \\ & & & 1 \end{bmatrix}$$

とする。$A = LU$ より，$i = 1, 2, \cdots, n$，$j = 1, 2, \cdots, n$ について次式

$$a_{ij} = \sum_{k=1}^{n} l_{ik} u_{kj} \tag{4.13}$$

が成立する (方程式の数 n^2 個，未知数 l_{ij}, u_{ij} の数 n^2 個)。下三角行列の成分 $l_{ij} (i \geq j$，**図 4.2**) は

$$a_{ij} = \sum_{k=1}^{n} l_{ik} u_{kj} = \sum_{k=1}^{j} l_{ik} u_{kj} = \begin{cases} l_{i1} & (j = 1) \\ \sum_{k=1}^{j-1} l_{ik} u_{kj} + l_{ij} & (j > 1) \end{cases}$$

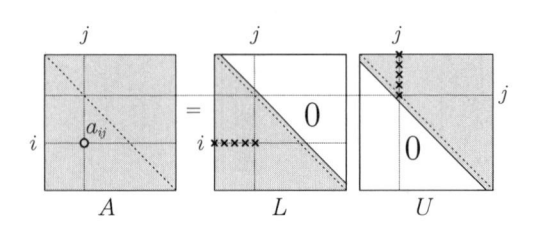

図 4.2　下三角行列の要素 l_{ij} ($i \geq j$)

より
$$l_{ij} = \begin{cases} a_{i1} & (j=1) \\ a_{ij} - \sum_{k=1}^{j-1} l_{ik} u_{kj} & (j>1) \end{cases} \quad (4.14)$$

となり，同様にして上三角行列の成分 $u_{ij}(i<j,$ 図 **4.3**) は

$$a_{ij} = \sum_{k=1}^{n} l_{ik} u_{kj} = \sum_{k=1}^{i} l_{ik} u_{kj} = \begin{cases} l_{11} u_{1j} & (i=1) \\ \sum_{k=1}^{i-1} l_{ik} u_{kj} + l_{ii} u_{ij} & (i>1) \end{cases}$$

より
$$u_{ij} = \begin{cases} a_{1j}/l_{11} & (i=1) \\ \left(a_{ij} - \sum_{k=1}^{i-1} l_{ik} u_{kj}\right)/l_{ii} & (i>1) \end{cases} \quad (4.15)$$

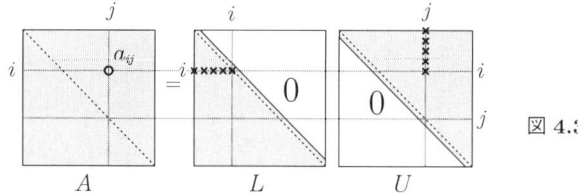

図 **4.3** 上三角行列の要素 $u_{ij}\ (i<j)$

となる。式 (4.14), (4.15) より，行列 A の LU 分解のアルゴリズムはつぎのように表される (図 **4.4**)。

step 1) $k=1$ に対して 1), 2) を行う。

$$1) \quad l_{ik} = a_{ik} \quad (i=1,2,\cdots,n) \quad (4.16\text{a})$$

$$2) \quad u_{kj} = a_{kj}/l_{kk} \quad (j=2,3,\cdots,n) \quad (4.16\text{b})$$

step 2) $k=2,3,\cdots,n$ の各 k ごとに 3), 4) を行う (ただし $k=n$ のときは 3) のみ)。

$$3) \quad l_{ik} = a_{ik} - \sum_{l=1}^{k-1} l_{il} u_{lk} \quad (i=k,k+1,\cdots,n) \quad (4.17\text{a})$$

$$4) \quad u_{kj} = \left(a_{kj} - \sum_{l=1}^{k-1} l_{kl} u_{lj}\right)/l_{kk} \quad (j=k+1,k+2,\cdots,n)$$

$$(4.17\text{b})$$

58　4. 連立1次方程式の解法

(a) アルゴリズムと k　　(b) L の成分 l_{ij} $(i \geqq j)$　　(c) U の成分 u_{ij} $(i < j)$

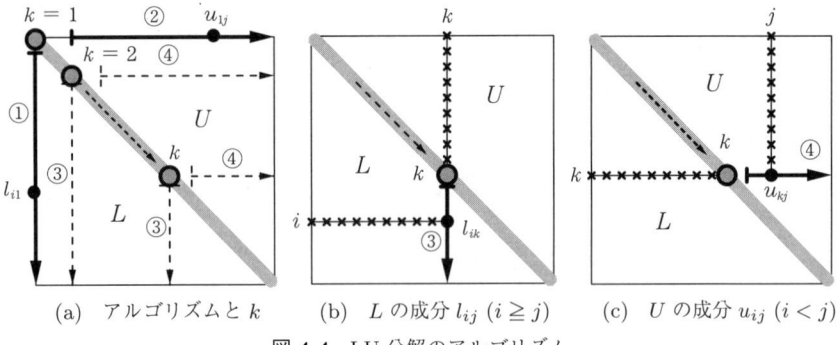

図 4.4　LU 分解のアルゴリズム

〔**2**〕**前 進 消 去**　　前進消去：$L\boldsymbol{y} = \boldsymbol{b} \longrightarrow \boldsymbol{y} = L^{-1}\boldsymbol{b}$ においては

$$\begin{bmatrix} l_{11} & & & \text{\huge 0} \\ l_{21} & l_{22} & & \\ \vdots & \vdots & \ddots & \\ l_{n1} & l_{n2} & \cdots & l_{nn} \end{bmatrix} \begin{bmatrix} y_1 \\ y_2 \\ \vdots \\ y_n \end{bmatrix} = \begin{bmatrix} b_1 \\ b_2 \\ \vdots \\ b_n \end{bmatrix}$$

より

$$\left. \begin{aligned} y_1 &= b_1/l_{11} & (k=1) \\ y_2 &= (b_2 - l_{21}y_1)/l_{22} & \\ &\vdots & \vdots \\ y_k &= \left(b_k - \sum_{l=1}^{k-1} l_{kl}y_l\right)\bigg/l_{kk} & (k=2,3,\cdots,n) \end{aligned} \right\} \quad (4.18)$$

のように前方から順に $y_1, y_2, \cdots, y_n$ が求まる（図 4.1 (b)）。

〔**3**〕**後 退 代 入**　　後退代入：$U\boldsymbol{x} = \boldsymbol{y} \longrightarrow \boldsymbol{x} = U^{-1}\boldsymbol{y}$ においては

$$\begin{bmatrix} 1 & u_{12} & \cdots & u_{1n} \\ & \ddots & & \vdots \\ & & 1 & u_{n-1,n} \\ \text{\huge 0} & & & 1 \end{bmatrix} \begin{bmatrix} x_1 \\ \vdots \\ x_{n-1} \\ x_n \end{bmatrix} = \begin{bmatrix} y_1 \\ \vdots \\ y_{n-1} \\ y_n \end{bmatrix}$$

より

$$\left. \begin{aligned} x_n &= y_n & (k=n) \\ x_{n-1} &= y_{n-1} - u_{n-1,n}x_n & \\ &\vdots & \vdots \\ x_k &= y_k - \sum_{l=k+1}^{n} u_{kl}x_l & (k=n-1, n-2, \cdots, 1) \end{aligned} \right\} \quad (4.19)$$

のように後方から順に $x_n, x_{n-1}, \cdots, x_2, x_1$ が求まる（図 4.1 (c)）。

例題 4.1 下記の連立 1 次方程式の解を，LU 分解法により計算せよ。

$$A\boldsymbol{x} = \boldsymbol{b}, \qquad A = \begin{bmatrix} 2 & 4 & 2 \\ 1 & 3 & 4 \\ 3 & 8 & 11 \end{bmatrix}, \qquad \boldsymbol{b} = \begin{bmatrix} 4 \\ 7 \\ 18 \end{bmatrix} \tag{4.20}$$

【解答】 まず $A = LU$ と分解する。

$$[a_{ij}] = \begin{bmatrix} 2 & 4 & 2 \\ 1 & 3 & 4 \\ 3 & 8 & 11 \end{bmatrix} = \begin{bmatrix} l_{11} & 0 & 0 \\ l_{21} & l_{22} & 0 \\ l_{31} & l_{32} & l_{33} \end{bmatrix} \begin{bmatrix} 1 & u_{12} & u_{13} \\ 0 & 1 & u_{23} \\ 0 & 0 & 1 \end{bmatrix}$$

$$\left.\begin{aligned}
&l_{11} = a_{11} = 2 \\
&l_{21} = a_{21} = 1 \\
&l_{31} = a_{31} = 3 \\
&u_{12} = a_{12}/l_{11} = 4/2 = 2 \\
&u_{13} = a_{13}/l_{11} = 2/2 = 1 \\
&l_{22} = a_{22} - l_{21}u_{12} = 3 - 1 \cdot 2 = 1 \\
&l_{32} = a_{32} - l_{31}u_{12} = 8 - 3 \cdot 2 = 2 \\
&u_{23} = (a_{23} - l_{21}u_{13})/l_{22} = (4 - 1 \cdot 1)/1 = 3 \\
&l_{33} = a_{33} - (l_{31}u_{13} + l_{32}u_{23}) = 11 - (3 \cdot 1 + 2 \cdot 3) = 2
\end{aligned}\right\}$$

より

$$L = \begin{bmatrix} 2 & 0 & 0 \\ 1 & 1 & 0 \\ 3 & 2 & 2 \end{bmatrix}, \qquad U = \begin{bmatrix} 1 & 2 & 1 \\ 0 & 1 & 3 \\ 0 & 0 & 1 \end{bmatrix}$$

が求まる。ここで $LU\boldsymbol{x} = \boldsymbol{b}$ において $U\boldsymbol{x} = \boldsymbol{y}$ とおき，前進消去 $L\boldsymbol{y} = \boldsymbol{b}$ すなわち

$$\begin{bmatrix} 2 & 0 & 0 \\ 1 & 1 & 0 \\ 3 & 2 & 2 \end{bmatrix} \begin{bmatrix} y_1 \\ y_2 \\ y_3 \end{bmatrix} = \begin{bmatrix} 4 \\ 7 \\ 18 \end{bmatrix}$$

より

$$\left.\begin{aligned}
&y_1 = 4/2 = 2 \\
&y_2 = (7 - 1y_1)/1 = 5 \\
&y_3 = (18 - 3y_1 - 2y_2)/2 = 1
\end{aligned}\right\}$$

と $\boldsymbol{y} = [2, 5, 1]^T$ が前方から求まる。後退代入 $U\boldsymbol{x} = \boldsymbol{y}$ すなわち

$$\begin{bmatrix} 1 & 2 & 1 \\ 0 & 1 & 3 \\ 0 & 0 & 1 \end{bmatrix} \begin{bmatrix} x_1 \\ x_2 \\ x_3 \end{bmatrix} = \begin{bmatrix} 2 \\ 5 \\ 1 \end{bmatrix}$$

より

$$\left. \begin{array}{l} x_3 = 1 \\ x_2 = 5 - 3x_3 = 2 \\ x_1 = 2 - 2x_2 - 1x_3 = -3 \end{array} \right\}$$

と $\boldsymbol{x} = [-3, 2, 1]^T$ が後方から求まる。 ◇

4.3 同じ係数行列をもつ何組かの問題を解く場合

同じ係数行列をもつ m 組の連立 1 次方程式

$$A\boldsymbol{x}_1 = \boldsymbol{b}_1, \quad A\boldsymbol{x}_2 = \boldsymbol{b}_2, \quad \cdots, \quad A\boldsymbol{x}_m = \boldsymbol{b}_m \tag{4.21}$$

を同時に解きたいという場合，列ベクトルを m 個並べた n 行 m 列の行列

$$X = [\ \boldsymbol{x}_1\ |\ \boldsymbol{x}_2\ |\ \cdots\ |\ \boldsymbol{x}_m\ ] \tag{4.22a}$$
$$B = [\ \boldsymbol{b}_1\ |\ \boldsymbol{b}_2\ |\ \cdots\ |\ \boldsymbol{b}_m\ ] \tag{4.22b}$$

を考えると，m 組の連立方程式はまとめて

$$AX = B \tag{4.23}$$

と表される (図 **4.5**)。 A が正則であれば解は

$$X = A^{-1}B \tag{4.24}$$

で与えられる。いままで述べてきた方法においては，左辺 a_{ij} の計算はすべて共通に行うことができるので，右辺の計算だけを別個に処理すればよい。

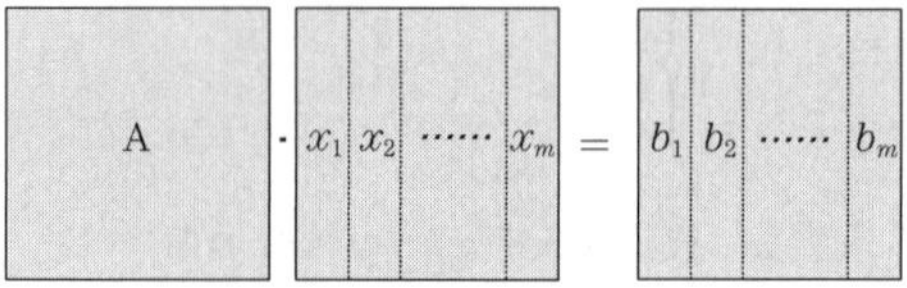

図 **4.5** $AX = B$

特に $n=m$ として $\boldsymbol{b}_1, \boldsymbol{b}_2, \cdots, \boldsymbol{b}_n$ を単位ベクトル $\boldsymbol{e}_1, \boldsymbol{e}_2, \cdots, \boldsymbol{e}_n$ ($\boldsymbol{e}_i$ は単位行列 I の第 i 列のベクトル) にとれば，B は単位行列 I になるので，その解は A の逆行列となる。

$$X = A^{-1}I = A^{-1} \tag{4.25}$$

4.4 補遺：行列解法のプログラム書法

係数行列 A の特性，例えば大型か，対称行列か，**帯行列** (band matrix, 対角周辺成分以外は 0 の行列) か，**疎行列** (sparse matrix, 0 の成分が多い行列) かなどに応じて，効率的なアルゴリズムと配列のもち方がある。ここでは，さほど大きくない行列 A を用いて 4.3 節のように $AX=B$ を解く場合のプログラム書法について記す。行列 A, B を並置して 1 個の配列 A'

$$A' = [A|B] = \begin{bmatrix} a_{11} & a_{12} & \cdots & a_{1n} & b_{11} & b_{12} & \cdots & b_{1m} \\ a_{21} & a_{22} & \cdots & a_{2n} & b_{21} & b_{22} & \cdots & b_{2m} \\ \vdots & \vdots & & \vdots & \vdots & \vdots & & \vdots \\ a_{n1} & a_{n2} & \cdots & a_{nn} & b_{n1} & b_{n2} & \cdots & b_{nm} \end{bmatrix} \tag{4.26}$$

とすると，3.1.2 項でよいとしたシンプルなプログラムを作成できる[7]。A' は n 行 $n+m$ 列の配列であり，$a_{i,n+j} = b_{ij}$ ($j=1, \cdots, m$) として A' の配列成分を改めて a_{ij} と置き直す。

LU 分解 (4.16), (4.17), 前進消去 (4.18), 後退代入 (4.19) において，配列の記憶容量をつぎのように節約する。まず行列 L と U の記憶場所は，自明な値 (L と U の要素 0, および U の対角要素 1) をとる成分を除けば正方行列 1 個分の領域で十分である。しかも L や U の (i,j) 成分の値を求めたときには，対応する位置にある A の (i,j) 成分の値を以後使用しないので，A の領域と重ね合わせることができる。同様に右辺行列 B, $Y(=UX)$, 解行列 X 用の領域も重ねることができる。また配列を (4.26) のように $A' = [A|B]$ とすることにより，LU 分解における U の計算と前進消去における Y の計算を一括処理さ

せることができる. 以上より, LU 分解法のアルゴリズムはつぎのように書け, 実行すると A' の B 部に解 X が入る.

LU 分解と前進消去の同時進行 (原型):

 for $j = 2$ to $n + m$ $\{k=1\}\ \{L : l_{i1} = a_{i1}\}$
   $a_{1j} := a_{1j}/a_{11}$ $\{U : u_{1j} = a_{1j}/l_{11}\}\{Y : y_1 = b_1/l_{11}\}$
 end
 for $k = 2$ to n $\{k = 2, 3, \cdots, n\}$
  for $i = k$ to n $\{L : l_{ik} = a_{ik} - \sum_{l=1}^{k-1} l_{il}u_{lk}\ \}$
   for $l = 1$ to $k - 1$
     $a_{ik} := a_{ik} - a_{il}\,a_{lk}$ 〔注〕 $\sum_{l=1}^{k-1}$ は $\sum_{l=1}^{k-1}$ を意味する.
   end
  end
  for $j = k+1$ to $n+m$ $\{U : u_{kj} = (a_{kj} - \sum_{l=1}^{k-1} l_{kl}u_{lj})/l_{kk}\}$
   for $l=1$ to $k-1$ $\{Y : y_k = (b_k - \sum_{l=1}^{k-1} l_{kl}y_l)/l_{kk}\}$
     $a_{kj} := a_{kj} - a_{kl}\,a_{lj}$
   end
    $a_{kj} := a_{kj}/a_{kk}$
  end
 end

後退代入:

 for $k = n-1, n-2, \cdots, 1$ $\{k = n\}\ \{X : x_n = y_n\}$
  for $j = 1$ to m {右辺ベクトルの数だけ繰り返す}
   for $l = k+1$ to n $\{k \neq n\}\{X : x_k = y_k - \sum_{l=k+1}^{n} u_{kl}x_l\}$
     $a_{k,n+j} := a_{k,n+j} - a_{kl}\,a_{l,n+j}$
   end
  end
 end

なお, 上記アルゴリズムはつぎのように書き換えることができる.

LU 分解と前進消去の同時進行: コンパクトなアルゴリズム[7]

 for $k = 1$ to n
  for $j = k+1$ to $n+m$
    $a_{kj} := a_{kj}/a_{kk}$
   for $i = k+1$ to n
     $a_{ij} := a_{ij} - a_{ik}\,a_{kj}$

```
            end
        end
    end
```
後退代入：コンパクトなアルゴリズム[2)]
```
    for   k = n, n-1, ⋯, 1
        for   j = 1   to   m
            for   i = 1   to   k-1
```
$$a_{i,n+j} := a_{i,n+j} - a_{ik}\,a_{k,n+j}$$
```
            end
        end
    end
```

4.5 ガウスの消去法

4.5.1 ガウスの消去法（基本）

ガウスの消去法 (Gaussian elimination) における基本過程を明示するために，係数 a_{ij} および右辺ベクトル b_i の右肩に添字を付けて，解くべき方程式 (4.2) $A\boldsymbol{x} = \boldsymbol{b}$ を成分ごとに記す。

$$\left.\begin{aligned}
a_{11}^{(1)}x_1 + a_{12}^{(1)}x_2 + \cdots + a_{1n}^{(1)}x_n &= b_1^{(1)} \quad (S1) \\
a_{21}^{(1)}x_1 + a_{22}^{(1)}x_2 + \cdots + a_{2n}^{(1)}x_n &= b_2^{(1)} \quad (S2) \\
a_{31}^{(1)}x_1 + a_{32}^{(1)}x_2 + \cdots + a_{3n}^{(1)}x_n &= b_3^{(1)} \quad (S3) \\
\cdots\cdots\cdots & \quad\quad\quad\quad \vdots \\
a_{n1}^{(1)}x_1 + a_{n2}^{(1)}x_2 + \cdots + a_{nn}^{(1)}x_n &= b_n^{(1)} \quad (Sn)
\end{aligned}\right\} \quad (4.27)$$

消去の第 1 段は，式 $(S2), (S3), \cdots, (Sn)$ の x_1 を含む係数を零にすることである。そのためにまず式 $(S1)$ の $(-a_{21}^{(1)}/a_{11}^{(1)})$ 倍を式 $(S2)$ に加えると

$$\begin{aligned}
0 \cdot x_1 + \bigl(a_{22}^{(1)} - (a_{21}^{(1)}/a_{11}^{(1)})a_{12}^{(1)}\bigr)x_2 + \cdots + \bigl(a_{2n}^{(1)} - (a_{21}^{(1)}/a_{11}^{(1)})a_{1n}^{(1)}\bigr)x_n& \\
= b_2^{(1)} - (a_{21}^{(1)}/a_{11}^{(1)})b_1^{(1)}& \quad (S2)'
\end{aligned}$$

のように式 $(S2)$ の x_1 の係数は零になる。つぎに式 $(S1)$ の $(-a_{31}^{(1)}/a_{11}^{(1)})$ 倍

を式 $(S3)$ に加えると, 式 $(S3)$ の x_1 の係数を零にすることができる. これをさらに式 $(S4)$ から式 (Sn) まで繰り返すと, 方程式は結局つぎの形になる.

$(S1)$ より $\qquad a_{11}^{(1)}x_1 + a_{12}^{(1)}x_2 + \cdots + a_{1n}^{(1)}x_n = b_1^{(1)} \quad (S1)'$

$(S2)-(S1)\times(a_{21}^{(1)}/a_{11}^{(1)})$ より $\qquad 0\cdot x_1 + a_{22}^{(2)}x_2 + \cdots + a_{2n}^{(2)}x_n = b_2^{(2)} \quad (S2)'$

$(S3)-(S1)\times(a_{31}^{(1)}/a_{11}^{(1)})$ より $\qquad 0\cdot x_1 + a_{32}^{(2)}x_2 + \cdots + a_{3n}^{(2)}x_n = b_3^{(2)} \quad (S3)'$

$\qquad\vdots \qquad\qquad\qquad\qquad\qquad\qquad \cdots\cdots\cdots \qquad\qquad \vdots$

$(Sn)-(S1)\times(a_{n1}^{(1)}/a_{11}^{(1)})$ より $\qquad 0\cdot x_1 + a_{n2}^{(2)}x_2 + \cdots + a_{nn}^{(2)}x_n = b_n^{(2)} \quad (Sn)'$

ただし $i = 2, 3, \cdots, n$ に対し

$$a_{ij}^{(2)} = a_{ij}^{(1)} - (a_{i1}^{(1)}/a_{11}^{(1)})a_{1j}^{(1)} \qquad (j = 1, 2, \cdots, n),$$
$$b_i^{(2)} = b_i^{(1)} - (a_{i1}^{(1)}/a_{11}^{(1)})b_1^{(1)}$$

つぎに消去の第 2 段では, 式 $(S3)', (S4)', \cdots, (Sn)'$ の x_2 を含む係数を零にする. このための手順は, 式 $(S1)'$ を除いて, 式 $(S2)', (S3)', \cdots, (Sn)'$ を新たに与えられた方程式のように考えれば第 1 段の消去とまったく同様である. すなわち問題のサイズを一つ小さくして解くわけである.

このようにして第 k 段まで達すると, その最初の状態は

$$\left.\begin{array}{l} a_{11}^{(1)}x_1 + a_{12}^{(1)}x_2 + \cdots\cdots\cdots\cdots + a_{1n}^{(1)}x_n = b_1^{(1)} \\ \qquad a_{22}^{(2)}x_2 + \cdots\cdots\cdots\cdots + a_{2n}^{(2)}x_n = b_2^{(2)} \\ \qquad\qquad\qquad\qquad\qquad\vdots \\ \qquad\qquad a_{kk}^{(k)}x_k + \cdots + a_{kn}^{(k)}x_n = b_k^{(k)} \\ \qquad\qquad\qquad\qquad\qquad\vdots \\ \qquad\qquad a_{nk}^{(k)}x_k + \cdots + a_{nn}^{(k)}x_n = b_n^{(k)} \end{array}\right\} \qquad (4.28)$$

となっているので, $i = k+1, k+2, \cdots, n$ に対しつぎの消去を行えばよい.

$$a_{ij}^{(k+1)} = a_{ij}^{(k)} - (a_{ik}^{(k)}/a_{kk}^{(k)})a_{kj}^{(k)} \qquad (j = k, k+1, \cdots, n) \qquad (4.29\text{a})$$
$$b_i^{(k+1)} = b_i^{(k)} - (a_{ik}^{(k)}/a_{kk}^{(k)})b_k^{(k)} \qquad\qquad\qquad\qquad (4.29\text{b})$$

4.5 ガウスの消去法

こうして第 1 段から始めて $(n-1)$ 段まで終えると，右上三角行列を係数行列とする連立 1 次方程式

$$\left.\begin{aligned}
a_{11}^{(1)}x_1 + a_{12}^{(1)}x_2 + \cdots\cdots + a_{1,n-1}^{(1)}x_{n-1} + a_{1n}^{(1)}x_n &= b_1^{(1)} \\
a_{22}^{(2)}x_2 + \cdots\cdots + a_{2,n-1}^{(2)}x_{n-1} + a_{2n}^{(2)}x_n &= b_2^{(2)} \\
&\vdots \\
a_{n-1,n-1}^{(n-1)}x_{n-1} + a_{n-1,n}^{(n-1)}x_n &= b_{n-1}^{(n-1)} \\
a_{n,n}^{(n)}x_n &= b_n^{(n)}
\end{aligned}\right\} \quad (4.30)$$

が得られる．ここまでの段階を前進消去という．

上式 (4.30) の係数行列は右上三角行列になっているので，後退代入により

$$\left.\begin{aligned}
x_n &= b_n^{(n)}/a_{nn}^{(n)} & (k=n) \\
x_k &= \left(b_k^{(k)} - \sum_{j=k+1}^{n} a_{kj}^{(k)}x_j\right)/a_{kk}^{(k)} & (k=n-1, n-2, \cdots, 1)
\end{aligned}\right\} \quad (4.31)$$

と $k=n, n-1, n-2, \cdots, 1$ の順に後方から x_k が求まる．

A は同一で $\boldsymbol{b}$ だけが異なる方程式をいくつか解くとき，式 (4.26) のように配列 $A' = [A|B]$ をもつと，ガウスの消去法のアルゴリズムはつぎのように書け，これを実行すると行列 A' の B 部に解 X の値が入る．

前進消去 (4.29)：

    for $k = 1$ to $n-1$
        for $i = k+1$ to n
            $w := a_{ik}/a_{kk}$
            for $j=k+1$ to $n+m$ { $j=k$ は $a_{ik}=0$ と自明なので省く}
                $a_{ij} := a_{ij} - w\, a_{kj}$
            end
        end
    end

後退代入 (4.31)：

    for $k = n, n-1, \cdots, 1$
        for $j = 1$ to m { 右辺ベクトルの数だけ繰り返す }
            if $k < n$ then   { $x_k = (b_k^{(k)} - \sum_{l=k+1}^{n} a_{kl}^{(k)}x_l)/a_{kk}^{(k)}$ }
                for $l = k+1$ to n

$$a_{k,n+j} := a_{k,n+j} - a_{kl}\, a_{l,n+j}$$
　　　　　　end
　　　　end
$$a_{k,n+j} := a_{k,n+j}/a_{k,k}$$
　　end
end

なお，後退代入の部分はつぎのように書き換えることができる。

後退代入 (4.31)：コンパクトなアルゴリズム[2)]

　　for　$k = n, n-1, \cdots, 1$
　　　　for　$j = 1$　to　m
　　　　　　$a_{k,n+j} := a_{k,n+j}/a_{k,k}$
　　　　　　for　$i = 1$　to　$k-1$
　　　　　　　　$a_{i,n+j} := a_{i,n+j} - a_{ik}\, a_{k,n+j}$
　　　　　　end
　　　　end
　　end

4.5.2　掃出し法（あるいはガウス・ジョルダン消去法）

消去の第 k 段で現れる $a_{kk}^{(k)}$ をピボット (pivot) という。ガウスの消去法 (基本) では，ピボット $a_{kk}^{(k)}$ を用いて第 k 列の第 k 行より下の部分だけを 0 にした。式 (4.29) に対する「(第 k 段では)$i = k+1, k+2, \cdots, n$ に対しつぎの消去を行う」という指示はこれを意味している。しかしそうする代わりに，非対角成分 $a_{ij}(i \neq j)$ 全部を 0 にして対角成分だけを残すことも考えられる。このため式 (4.29) に対する指示を「(第 k 段では)$i = 1, \cdots, k-1, k+1, \cdots, n$ に対してつぎの消去を行う」に代える (図 4.6)。これが**掃出し法** (sweep-out method) ある

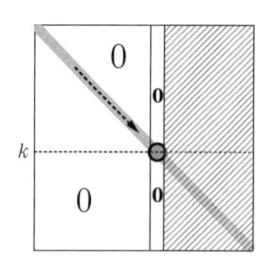

図 4.6　ガウス・ジョルダン消去法の係数行列

いはガウス・ジョルダン消去法 (Gauss-Jordan elimination) と呼ばれるものであり，第 1 段から始めて第 n 段まで行うと，

$$\left.\begin{array}{rl} a_{11}^{(1)}x_1 & = b_1^{(n+1)} \\ a_{22}^{(2)}x_2 & = b_2^{(n+1)} \\ \ddots & \vdots \\ a_{n-1,n-1}^{(n-1)}x_{n-1} & = b_{n-1}^{(n+1)} \\ a_{nn}^{(n)}x_n & = b_n^{(n)} \end{array}\right\} \quad (4.32)$$

となる。得られた右辺ベクトルの要素を対応する対角要素で割ればだたちに解ベクトル $\boldsymbol{x}=(x_k)$ $(k=1,2,\cdots,n)$ が求められる。

演算数の少ないよいプログラム (3.1.2 項 参照) にするために，第 k 段では，最初に第 k 行の式全体を a_{kk} で割って対角要素を 1 にすると，これ以後 a_{kk} で割る必要はなくなる。つまり第 k 段の最初に

$$a_{kj}^{(k+1)} = a_{kj}^{(k)}/a_{kk}^{(k)} \qquad (j=k,k+1,\cdots,n) \tag{4.33a}$$

$$b_k^{(k+1)} = b_k^{(k)}/a_{kk}^{(k)} \tag{4.33b}$$

を行ってから，$i=1,\cdots,k-1,k+1,\cdots,n$ に対しつぎの消去を行うことにする。

$$a_{ij}^{(k+1)} = a_{ij}^{(k)} - a_{ik}^{(k)}a_{kj}^{(k+1)} \qquad (j=k,k+1,\cdots,n) \tag{4.34a}$$

$$b_i^{(k+1)} = b_i^{(k)} - a_{ik}^{(k)}b_k^{(k+1)} \tag{4.34b}$$

以上を第 1 段から第 n 段まで繰り返すと，係数行列 A は単位行列になるので右辺ベクトルが解となっている。

A が同一の問題を何組か解くとき，式 (4.26) のように配列 $A'=[A|B]$ をもつと，掃出し法 (4.33), (4.34) のアルゴリズムはつぎのように書ける。

```
for   k = 1  to   n
    w := 1/a_{kk}
    for   j = k   to   n+m
        a_{kj} := w a_{kj}
```

4. 連立1次方程式の解法

```
        end
    for  i = 1  to  n
        if  i ≠ k  then
            w := a_ik
            for  j = k  to  n + m
                a_ij := a_ij − w a_kj
            end
        end
    end
end
```

このアルゴリズムを実行すると，つぎのように A' の A 部には単位行列，A' の B 部には解 X の値が入る．

$$A' = \begin{bmatrix} 1 & 0 & \cdots & 0 & x_{11} & x_{12} & \cdots & x_{1m} \\ 0 & 1 & \cdots & 0 & x_{21} & x_{22} & \cdots & x_{2m} \\ \vdots & \vdots & \ddots & \vdots & \vdots & \vdots & & \vdots \\ 0 & 0 & \cdots & 1 & x_{n1} & x_{n2} & \cdots & x_{nm} \end{bmatrix} \tag{4.35}$$

例題 4.2 つぎの連立1次方程式を掃出し法により計算せよ．

$$AX = B, \quad A = \begin{bmatrix} 2 & 4 & 2 \\ 1 & 3 & 4 \\ 3 & 8 & 11 \end{bmatrix}, \quad B = \begin{bmatrix} 1 & 0 & 0 & 4 \\ 0 & 1 & 0 & 7 \\ 0 & 0 & 1 & 18 \end{bmatrix} \tag{4.36}$$

この問題の左辺係数行列は，例題 4.1 における式 (4.20) と同じで，右辺行列は単位行列と式 (4.20) の右辺ベクトルからなっている．

【解答】 式 (4.26) の配列 $A' = [A|B]$ を用いて問題を記すと

$$A' = \left[\begin{array}{ccc|cccc} 2 & 4 & 2 & 1 & 0 & 0 & 4 \\ 1 & 3 & 4 & 0 & 1 & 0 & 7 \\ 3 & 8 & 11 & 0 & 0 & 1 & 18 \end{array} \right]$$

となる．まず A 部の $(1,1)$ 対角成分を 1 にするために，第 1 行を 2 で割り

$$\left[\begin{array}{ccc|cccc} 1 & 2 & 1 & 1/2 & 0 & 0 & 2 \\ 1 & 3 & 4 & 0 & 1 & 0 & 7 \\ 3 & 8 & 11 & 0 & 0 & 1 & 18 \end{array} \right]$$

第 1 行を用いて，他の行の第 1 列の成分を 0 にすると

$$\left[\begin{array}{ccc|cccc} 1 & 2 & 1 & 1/2 & 0 & 0 & 2 \\ 0 & 1 & 3 & -1/2 & 1 & 0 & 5 \\ 0 & 2 & 8 & -3/2 & 0 & 1 & 12 \end{array}\right]$$

となる。A 部の $(2,2)$ 対角要素は 1 であり，第 2 行を用いて他の行の第 2 列の成分を 0 にすると

$$\left[\begin{array}{ccc|cccc} 1 & 0 & -5 & 3/2 & -2 & 0 & -8 \\ 0 & 1 & 3 & -1/2 & 1 & 0 & 5 \\ 0 & 0 & 2 & -1/2 & -2 & 1 & 2 \end{array}\right]$$

となる。最後に第 3 行を 2 で割って A 部の $(3,3)$ 対角要素を 1 にし

$$\left[\begin{array}{ccc|cccc} 1 & 0 & -5 & 3/2 & -2 & 0 & -8 \\ 0 & 1 & 3 & -1/2 & 1 & 0 & 5 \\ 0 & 0 & 1 & -1/4 & -1 & 1/2 & 1 \end{array}\right]$$

第 3 行を用いて他の行の第 3 列の成分を 0 にすると

$$\left[\begin{array}{ccc|cccc} 1 & 0 & 0 & 1/4 & -7 & 5/2 & -3 \\ 0 & 1 & 0 & 1/4 & 4 & -3/2 & 2 \\ 0 & 0 & 1 & -1/4 & -1 & 1/2 & 1 \end{array}\right]$$

が得られる。上記行列の B 部が問題 (4.36) の解である。特に B 部の第 1〜3 列には A の逆行列が入り，第 4 列 $[-3,2,1]^T$ は問題 (4.20) の解が入っていることに留意のこと。   ◇

さて，ここまで述べてきた解法の演算回数を**表 4.1** にまとめる。ただし右辺ベクトルの数 m は小さいとした。m が n と同程度のときは，後退代入の演算回数が $O(n^3)$ となるのでどの解法の演算量もあまり変わらなくなる。このため，掃出し法は $m<<n$ では演算量が他に比べて多いけれども，$m=n$ の逆行列計算によく用いられる[8]。

表 4.1 連立 1 次方程式の直接解法の演算回数

算法	加減算	乗除算
LU 分解法	$n^3/3$	$n^3/3$
ガウスの消去法	$n^3/3$	$n^3/3$
掃出し法	$n^3/2$	$n^3/2$

4.6 ガウスの消去法と LU 分解

4.6.1 ガウスの消去法の行列・ベクトル表示

前節で成分の右肩に添字を付けたのに対応させて，ここでは行列やベクトルを識別するのに右肩に添字を付け，$A^{(1)} = A$, $\boldsymbol{b}^{(1)} = \boldsymbol{b}$ とする．ガウスの消去法(原型)の前進消去における第 k 段の最初の状態 (4.28) を

$$A^{(k)}\boldsymbol{x} = \boldsymbol{b}^{(k)} \tag{4.37}$$

と記す．第 k 段の操作 (4.29) は

$$M_k \equiv \begin{bmatrix} 1 & & & & & & \\ \vdots & \ddots & & & \text{\huge 0} & & \\ 0 & \cdots & 1 & & & & \\ 0 & \cdots & -m_{k+1,k} & 1 & & & \\ \vdots & \ddots & \vdots & \vdots & \ddots & & \\ 0 & \cdots & -m_{n,k} & 0 & \cdots & 1 \end{bmatrix}, \quad m_{ik} = \frac{a_{ik}^{(k)}}{a_{kk}^{(k)}} \tag{4.38}$$

を式 (4.37) に左から乗じたもの

$$M_k A^{(k)} \boldsymbol{x} = M_k \boldsymbol{b}^{(k)} \tag{4.39}$$

に相当する．このため M_k を基本消去行列あるいはガウス変換と呼ぶ．このとき

$$A^{(k+1)} = M_k A^{(k)}, \quad \boldsymbol{b}^{(k+1)} = M_k \boldsymbol{b}^{(k)} \tag{4.40}$$

であり，この操作を $k=1$ 段から始めて最終の $k=n-1$ 段まで行うと，係数行列は右上三角行列となる．

$$A^{(n)} \boldsymbol{x} = \boldsymbol{b}^{(n)} \tag{4.41}$$

$$\left. \begin{aligned} A^{(n)} &= M_{n-1} M_{n-2} \cdots M_1 A = U \\ \boldsymbol{b}^{(n)} &= M_{n-1} M_{n-2} \cdots M_1 \boldsymbol{b} \end{aligned} \right\} \tag{4.42}$$

いま $M = M_{n-1} M_{n-2} \cdots M_1$ とおくと

$$M^{-1} = M_1^{-1} M_2^{-1} \cdots M_{n-1}^{-1} \tag{4.43}$$

となる。ここに

$$M_k^{-1} = \begin{bmatrix} 1 & & & & & & \\ \vdots & \ddots & & & \huge{0} & & \\ 0 & \cdots & 1 & & & & \\ 0 & \cdots & m_{k+1,k} & 1 & & & \\ \vdots & \ddots & \vdots & \vdots & \ddots & & \\ 0 & \cdots & m_{n,k} & 0 & \cdots & 1 \end{bmatrix} \tag{4.44}$$

であることは容易に確かめられ, これより M^{-1} は

$$M^{-1} = \begin{bmatrix} 1 & & & & \\ m_{21} & 1 & & \huge{0} & \\ m_{31} & m_{32} & \ddots & & \\ \vdots & \vdots & & 1 & \\ m_{n1} & m_{n2} & \cdots & m_{n,n-1} & 1 \end{bmatrix} \tag{4.45}$$

と計算され, これは対角成分がすべて 1 である左下三角行列であるので, $L \equiv M^{-1}$ とおく。式 (4.42) より

$$A = M^{-1} U = LU \tag{4.46}$$

となる。つまり行列 A はガウスの消去法により左下三角行列 L と右上三角行列 U の積に分解される。この LU 分解は, 4.2 節 [1] において記述した LU 分解で左下三角行列の対角成分をすべて 1 にしたものと同一のものになる。

例題 4.3 式 (4.44) および式 (4.45) が成立することを示せ。

【解答】 式 (4.38) は $M_k = I - \boldsymbol{m}_k \boldsymbol{e}_k^T$ と書ける[2]。ただし

$$\boldsymbol{m}_k = [0, \cdots, 0, m_{k+1,k}, \cdots, m_{n,k}]^T$$

であり, $\boldsymbol{e}_k$ は単位行列 I の第 k 列のベクトル (第 k 要素が 1 で他のすべての要素は 0) である。式 (4.44) $M_k^{-1} = I + \boldsymbol{m}_k \boldsymbol{e}_k^T$ であることは, $\boldsymbol{e}_k^T \boldsymbol{m}_k = 0$ を使えば

$$M_k M_k^{-1} = (I - \boldsymbol{m}_k \boldsymbol{e}_k^T)(I + \boldsymbol{m}_k \boldsymbol{e}_k^T)$$
$$= I - \boldsymbol{m}_k \boldsymbol{e}_k^T + \boldsymbol{m}_k \boldsymbol{e}_k^T - \boldsymbol{m}_k \boldsymbol{e}_k^T \boldsymbol{m}_k \boldsymbol{e}_k^T = I$$

と確かめられる。$j < k$ とすると，$\boldsymbol{e}_j^T \boldsymbol{m}_k = 0$ より

$$M_j^{-1} M_k^{-1} = I + \boldsymbol{m}_j \boldsymbol{e}_j^T + \boldsymbol{m}_k \boldsymbol{e}_k^T + \boldsymbol{m}_j \boldsymbol{e}_j^T \boldsymbol{m}_k \boldsymbol{e}_k^T = I + \boldsymbol{m}_j \boldsymbol{e}_j^T + \boldsymbol{m}_k \boldsymbol{e}_k^T$$

が得られ，この行列の積は行列を重ねて書いたものに等しい。このように $j \leq k$ のとき $\boldsymbol{e}_j^T \boldsymbol{m}_k = 0$ なる関係をつぎつぎに用いると

$$M^{-1} = M_1^{-1} M_2^{-1} \cdots M_{n-1}^{-1} = I + \boldsymbol{m}_1 \boldsymbol{e}_1^T + \boldsymbol{m}_2 \boldsymbol{e}_2^T + \cdots + \boldsymbol{m}_{n-1} \boldsymbol{e}_{n-1}^T$$

が導かれるが，これは式 (4.45) そのものである。 ◇

ガウスの消去法による LU 分解では，ガウスの消去法 (基本) のアルゴリズムにおける $w := a_{ik}/a_{kk}$ が式 (4.45) $L = M^{-1}$ の成分となるので，これを然るべき配列に記憶させればよい。つぎに示す LU 分解のアルゴリズムでは，L と U の記憶場所を A と重ね合わせている。

    for $k = 1$ to $n - 1$
        for $i = k + 1$ to n
          $a_{ik} := a_{ik}/a_{kk}$ $\{L$ (ただし対角成分 1 を除く)$\}$
          for $j = k + 1$ to n
             $a_{ij} := a_{ij} - a_{ik} a_{kj}$ $\{U\}$
          end
        end
    end

掃出し法により式 (4.32) を得るための第 k 段の操作は，行列 (4.38) の代わりに

$$M_k \equiv \begin{bmatrix} 1 & \cdots & 0 & -m_{1,k} & 0 & \cdots & 0 \\ \vdots & \ddots & \vdots & \vdots & \vdots & \ddots & \vdots \\ 0 & & 1 & -m_{k-1,k} & 0 & \cdots & 0 \\ 0 & \cdots & 0 & 1 & 0 & \cdots & 0 \\ 0 & \cdots & 0 & -m_{k+1,k} & 1 & \cdots & 0 \\ \vdots & \ddots & \vdots & \vdots & \vdots & \ddots & \vdots \\ 0 & \cdots & 0 & -m_{n,k} & 0 & \cdots & 1 \end{bmatrix}, \quad m_{ik} = \frac{a_{ik}^{(k)}}{a_{kk}^{(k)}} \quad (4.47)$$

を用いることに相当する。もとの式 $A\boldsymbol{x} = \boldsymbol{b}$ に M_k を $k = 1$ から $k = n$ まで乗じていくと，係数行列は対角行列 Λ になる。

$$A^{(n+1)}\boldsymbol{x} = \boldsymbol{b}^{(n+1)} \tag{4.48}$$

$$\left.\begin{aligned} A^{(n+1)} &= M_n M_{n-1} \cdots M_1 A = \Lambda \\ \boldsymbol{b}^{(n+1)} &= M_n M_{n-1} \cdots M_1 \boldsymbol{b} \end{aligned}\right\} \tag{4.49}$$

4.6.2 ピボット選択

もし消去のある段階でピボット $a_{kk}^{(k)}$ が0になると,式 (4.29) すなわち式 (4.39) の実行が不可能になりつぎの段階へ進ませられなくなる。あるいは0でなくとも0に非常に近い数であると,計算誤差が大きくなり得る。この事態を避けるために, k 段目の最初の状態 (4.28) すなわち式 (4.37) において, $a_{k,k}^{(k)}, a_{k+1,k}^{(k)}, \cdots, a_{n,k}^{(k)}$ のうちで絶対値最大のものがピボットになるように方程式の入換えを行う。これを**部分ピボット選択** (partial pivoting) という。例えば $a_{rk}^{(k)}$ ($k \leqq r \leqq n$) が最大絶対値をもつのであれば, k 行と r 行の方程式を入れ換え,同時に右辺ベクトルの同じ行も入れ換える。行を入れ換えても未知数 $x_1, x_2, \cdots, x_n$ の順番は変わらない。こうして k 段目の消去が実行可能となる。

このピボット選択は,置換行列 P の作用で表すことができる。置換行列とは各行と各列に1の成分をただ一つもち,他の成分はすべて0の正方行列である。その逆行列はその転置行列,すなわち $P^{-1} = P^T$ である。特に行列あるいはベクトルの i 行と j 行を交換するときには,単位行列の第 i 行と第 j 行を入れ換えて置換行列 P とし

$$P = \begin{bmatrix} 1 & & & \vdots & & & \vdots & & & \\ & \ddots & & \vdots & & & \vdots & & \Large{0} & \\ & & 1 & \vdots & & & \vdots & & & \\ \cdots & \cdots & \cdots & 0 & \cdots & \cdots & 1 & & & \\ & & & \vdots & 1 & & \vdots & & & \\ & & & \vdots & & \ddots & \vdots & & & \\ & & & \vdots & & & 1 & \vdots & & \\ \cdots & \cdots & \cdots & 1 & \cdots & \cdots & 0 & \cdots & \cdots & \\ & & & \vdots & & & \vdots & 1 & & \\ & \Large{0} & & \vdots & & & \vdots & & \ddots & \\ & & & \vdots & & & \vdots & & & 1 \end{bmatrix} \begin{matrix} \\ \\ \\ (i\,\text{行}) \\ \\ \\ \\ (j\,\text{行}) \\ \\ \\ \end{matrix} \tag{4.50}$$

(i 列)　　(j 列)

これを左から乗じればよい。

消去の第 k 段においてピボット選択を行う置換行列を P_k とすると，前進消去の各段階でピボット選択を行うガウスの消去法は式 (4.41)，(4.42) の代わりに

$$A^{(n)}\boldsymbol{x} = \boldsymbol{b}^{(n)} \tag{4.51}$$

$$\left.\begin{array}{l}A^{(n)} = M_{n-1}P_{n-1}M_{n-2}P_{n-2}\cdots M_1 P_1 A = U \\ \boldsymbol{b}^{(n)} = M_{n-1}P_{n-1}M_{n-2}P_{n-2}\cdots M_1 P_1 \boldsymbol{b}\end{array}\right\} \tag{4.52}$$

と書ける。$M = M_{n-1}P_{n-1}M_{n-2}P_{n-2}\cdots M_1 P_1$ とおけば，ここでも $A = M^{-1}U$ である。ピボット選択を行わない場合には M^{-1} は左下三角行列であったが，この場合そうとは限らない。行った全置換

$$P = P_{n-1}P_{n-2}\cdots P_1 \tag{4.53}$$

をもとの行列 A に作用させた行列は，ピボット選択を必要としないので

$$PA = LU \tag{4.54}$$

と左下三角行列と右上三角行列の積に分解される。このとき $L = PM^{-1}$ であり

$$PA\boldsymbol{x} = LU\boldsymbol{x} = P\boldsymbol{b} \tag{4.55}$$

より，初めに $L\boldsymbol{y}=P\boldsymbol{b}$ を解き，つぎに $U\boldsymbol{x}=\boldsymbol{y}$ から解 $\boldsymbol{x}$ を得ればよい[2]。

ピボット選択付 LU 分解法では，全置換 P に相当する情報を記憶させておくと，LU 分解のみを再利用できる。つぎに示すアルゴリズムでは配列 $A' = [A|B]$ を使用し，ピボット選択付 LU 分解と前進消去を同時進行させている。後退代入は 4.5.1 項で示したものを使えばよい。p_i は置換情報であり，最終的に i 番目となる方程式は，初めにおいて何番目の式であったかを表す。

```
for  i = 1, 2, ···, n
     p_i = i
end
for  k = 1  to  n − 1
     i = k, k+1, ···, n に対し |a_rk| ≧ |a_ik| となる r を探す
     if  r ≠ k  then   {k 行と r 行の p, L, A, B の値を入れ換える }
          p_k と p_r の値を入れ換える
          k 行の a_kj と r 行の a_rj の値を入れ換える (j = 1, 2, ···, n+m)
```

```
        end
        for  i = k+1  to  n
            a_ik := a_ik/a_kk              {L}
            for  j = k+1  to  n+m
                a_ij := a_ij - a_ik a_kj   {U と Y}
            end
        end
    end
```

例 4.1 (ピボット選択付きガウス消去法) 例題 4.1 における式 (4.20)

$$A\boldsymbol{x} = \begin{bmatrix} 2 & 4 & 2 \\ 1 & 3 & 4 \\ 3 & 8 & 11 \end{bmatrix} \begin{bmatrix} x_1 \\ x_2 \\ x_3 \end{bmatrix} = \begin{bmatrix} 4 \\ 7 \\ 18 \end{bmatrix} = \boldsymbol{b}$$

を,ピボット選択を行いながらガウスの消去法により解いてみよう.行列 A の第 1 列における最大値は $(3,1)$ 成分の 3 であるから,1 行と 3 行を置換する行列

$$P_1 = \begin{bmatrix} 0 & 0 & 1 \\ 0 & 1 & 0 \\ 1 & 0 & 0 \end{bmatrix}$$

をもとの方程式の両辺に左から作用させると

$$P_1 A\boldsymbol{x} = \begin{bmatrix} 3 & 8 & 11 \\ 1 & 3 & 4 \\ 2 & 4 & 2 \end{bmatrix} \begin{bmatrix} x_1 \\ x_2 \\ x_3 \end{bmatrix} = \begin{bmatrix} 18 \\ 7 \\ 4 \end{bmatrix} = P_1 \boldsymbol{b}$$

となる.第 1 列目の非対角成分が 0 になるよう,つぎの消去行列

$$M_1 = \begin{bmatrix} 1 & 0 & 0 \\ -1/3 & 1 & 0 \\ -2/3 & 0 & 1 \end{bmatrix}$$

を作用させると

$$M_1 P_1 A\boldsymbol{x} = \begin{bmatrix} 3 & 8 & 11 \\ 0 & 1/3 & 1/3 \\ 0 & -4/3 & -16/3 \end{bmatrix} \begin{bmatrix} x_1 \\ x_2 \\ x_3 \end{bmatrix} = \begin{bmatrix} 18 \\ 1 \\ -8 \end{bmatrix} = M_1 P_1 \boldsymbol{b}$$

となる。第2列における対角成分かそれより下の成分の絶対値最大値は $(3,2)$ 成分の $4/3$ であるから，2行と3行を置換する行列

$$P_2 = \begin{bmatrix} 1 & 0 & 0 \\ 0 & 0 & 1 \\ 0 & 1 & 0 \end{bmatrix}$$

を作用させると

$$P_2 M_1 P_1 A \boldsymbol{x} = \begin{bmatrix} 3 & 8 & 11 \\ 0 & -4/3 & -16/3 \\ 0 & 1/3 & 1/3 \end{bmatrix} \begin{bmatrix} x_1 \\ x_2 \\ x_3 \end{bmatrix} = \begin{bmatrix} 18 \\ -8 \\ 1 \end{bmatrix} = P_2 M_1 P_1 \boldsymbol{b}$$

となる。第2列目の対角成分より下の成分が0になるよう，つぎの消去行列

$$M_2 = \begin{bmatrix} 1 & 0 & 0 \\ 0 & 1 & 0 \\ 0 & 1/4 & 1 \end{bmatrix}$$

を作用させると，係数行列は右上三角行列

$$U\boldsymbol{x} = M_2 P_2 M_1 P_1 A \boldsymbol{x}$$

$$= \begin{bmatrix} 3 & 8 & 11 \\ 0 & -4/3 & -16/3 \\ 0 & 0 & -1 \end{bmatrix} \begin{bmatrix} x_1 \\ x_2 \\ x_3 \end{bmatrix} = \begin{bmatrix} 18 \\ -8 \\ -1 \end{bmatrix} = M_2 P_2 M_1 P_1 \boldsymbol{b}$$

となるので，つぎに示す後退代入により解 $\boldsymbol{x} = [-3, 2, 1]^T$ が得られる。

$$\left. \begin{aligned} x_3 &= (-1)/(-1) & &= 1 \\ x_2 &= (-8 - (-16/3) \cdot 1)/(-4/3) & &= 2 \\ x_1 &= (18 - 11 \cdot 1 - 8 \cdot 2)/3 & &= -3 \end{aligned} \right\}$$

LU分解を得るために，$M^{-1} = (M_2 P_2 M_1 P_1)^{-1}$ を計算してみよう。ピボット選択を行わない場合には，M^{-1} は左下三角行列となるが，ピボット選択を行う場合はどうであろうか。

$$M^{-1} = (M_2 P_2 M_1 P_1)^{-1} = P_1^T M_1^{-1} P_2^T M_2^{-1}$$

$$= \begin{bmatrix} 0 & 0 & 1 \\ 0 & 1 & 0 \\ 1 & 0 & 0 \end{bmatrix} \begin{bmatrix} 1 & 0 & 0 \\ 1/3 & 1 & 0 \\ 2/3 & 0 & 1 \end{bmatrix} \begin{bmatrix} 1 & 0 & 0 \\ 0 & 0 & 1 \\ 0 & 1 & 0 \end{bmatrix} \begin{bmatrix} 1 & 0 & 0 \\ 0 & 1 & 0 \\ 0 & -1/4 & 1 \end{bmatrix} = \begin{bmatrix} 2/3 & 1 & 0 \\ 1/3 & -1/4 & 1 \\ 1 & 0 & 0 \end{bmatrix}$$

と計算され，M^{-1} は完全な下三角行列ではないが

$$A = \begin{bmatrix} 2 & 4 & 2 \\ 1 & 3 & 4 \\ 3 & 8 & 11 \end{bmatrix} = \begin{bmatrix} 2/3 & 1 & 0 \\ 1/3 & -1/4 & 1 \\ 1 & 0 & 0 \end{bmatrix} \begin{bmatrix} 3 & 8 & 11 \\ 0 & -4/3 & -16/3 \\ 0 & 0 & -1 \end{bmatrix} = M^{-1}U$$

と，$A = M^{-1}U$ が成立している．さて，作用させた全置換は

$$P = P_2 P_1 = \begin{bmatrix} 1 & 0 & 0 \\ 0 & 0 & 1 \\ 0 & 1 & 0 \end{bmatrix} \begin{bmatrix} 0 & 0 & 1 \\ 0 & 1 & 0 \\ 1 & 0 & 0 \end{bmatrix} = \begin{bmatrix} 0 & 0 & 1 \\ 1 & 0 & 0 \\ 0 & 1 & 0 \end{bmatrix}$$

であるから，M^{-1} に置換 P を作用させると

$$PM^{-1} = \begin{bmatrix} 0 & 0 & 1 \\ 1 & 0 & 0 \\ 0 & 1 & 0 \end{bmatrix} \begin{bmatrix} 2/3 & 1 & 0 \\ 1/3 & -1/4 & 1 \\ 1 & 0 & 0 \end{bmatrix} = \begin{bmatrix} 1 & 0 & 0 \\ 2/3 & 1 & 0 \\ 1/3 & -1/4 & 1 \end{bmatrix} = L$$

と左下三角行列になり，置換された行列 PA はつぎのように LU 分解される．

$$PA = \begin{bmatrix} 0 & 0 & 1 \\ 1 & 0 & 0 \\ 0 & 1 & 0 \end{bmatrix} \begin{bmatrix} 2 & 4 & 2 \\ 1 & 3 & 4 \\ 3 & 8 & 11 \end{bmatrix} = \begin{bmatrix} 1 & 0 & 0 \\ 2/3 & 1 & 0 \\ 1/3 & -1/4 & 1 \end{bmatrix} \begin{bmatrix} 3 & 8 & 11 \\ 0 & -4/3 & -16/3 \\ 0 & 0 & -1 \end{bmatrix} = LU$$

以上，行のみを交換する部分ピボット選択について述べたが，さらに精度を高める方法として**完全ピボット選択** (complete pivoting) がある．これは残りの小行列から絶対値最大の成分を探して行と列の両方を交換するものである．しかし最大値の探査に計算時間がかかることと，列の交換は未知数 x_i の順番の交換を伴うことなどから，完全ピボットはあまり使われない．

なお，4.2 節で記述した LU 分解法はピボット選択を適用できないが，ガウスの消去法に基づく LU 分解ではピボット選択が可能となる．どのような場合にピボット選択が必要 (あるいは不要) になるかの尺度として，係数行列が正値[†]であれば a_{kk} が精度に悪影響を及ぼすほど 0 に近くならないことが保証されているので，ピボット選択は通常省略される[8]，というものがある．

[†] 実数対称行列 A の 2 次形式が正の値をとる，すなわち任意のベクトル $\boldsymbol{x} \neq \boldsymbol{0}$ に対し $\boldsymbol{x}^T A \boldsymbol{x} > 0$ となるとき，A は正値であるという．

4.7 三項方程式の解法

連立 1 次方程式の特別な場合

$$c_i x_{i-1} + a_i x_i + b_i x_{i+1} = d_i \qquad (i = 1, 2, \cdots, n) \tag{4.56}$$

を三項方程式と呼ぶ。ただしここでは，未知数は $x_1, x_2, \cdots, x_n$ の n 個とするので，$c_1 = b_n = 0$ とする。このとき上式はつぎのように行列表示される。

$$A\boldsymbol{x} = \boldsymbol{d} \tag{4.57}$$

$$A = \begin{bmatrix} a_1 & b_1 & & & & 0 \\ c_2 & a_2 & b_2 & & & \\ & \ddots & \ddots & \ddots & & \\ & & \ddots & \ddots & \ddots & \\ & & & c_{n-1} & a_{n-1} & b_{n-1} \\ 0 & & & & c_n & a_n \end{bmatrix}, \quad \boldsymbol{x} = \begin{bmatrix} x_1 \\ x_2 \\ \vdots \\ \vdots \\ x_{n-1} \\ x_n \end{bmatrix}, \quad \boldsymbol{d} = \begin{bmatrix} d_1 \\ d_2 \\ \vdots \\ \vdots \\ d_{n-1} \\ d_n \end{bmatrix}$$

この係数行列 A は**三重対角行列** (tridiagonal matrix) と呼ばれる。LU 分解法を適用した三項方程式の効率的な解法をつぎに示す。

【LU 分解】 まず係数行列 A を下三角行列と上三角行列の積に分解しよう。

$$A = LU \tag{4.58}$$

$$L = \begin{bmatrix} m_1 & & & & & 0 \\ l_1 & m_2 & & & & \\ & \ddots & \ddots & & & \\ & & l_{i-1} & m_i & & \\ & & & \ddots & \ddots & \\ 0 & & & & l_{n-1} & m_n \end{bmatrix}, \quad U = \begin{bmatrix} 1 & k_1 & & & & 0 \\ & 1 & \ddots & & & \\ & & \ddots & k_{i-1} & & \\ & & & 1 & k_i & \\ & & & & \ddots & \ddots \\ 0 & & & & & 1 \end{bmatrix}$$

とすると，L と U の積は

4.7 三項方程式の解法

$$A = LU = \begin{bmatrix} m_1 & m_1k_1 & & & & & \\ l_1 & l_1k_1+m_2 & m_2k_2 & & & & \\ & \ddots & \ddots & \ddots & & & \\ & & l_{i-1} & l_{i-1}k_{i-1}+m_i & m_ik_i & & \\ & & & & \ddots & \ddots & \ddots \\ & & & & & l_{n-1} & l_{n-1}k_{n-1}+m_n \end{bmatrix}$$

と計算されるので，1 列目と 1 行目に着目すると

$$a_1 = m_1, \quad c_2 = l_1, \quad b_1 = m_1k_1$$

となり，第 i 列と第 i 行に着目すると

$$a_i = l_{i-1}k_{i-1} + m_i, \quad c_{i+1} = l_i, \quad b_i = m_ik_i$$

となる。以上よりつぎのように LU 分解の成分が求まる。

1) $i = 1$ に対して
$$m_1 = a_1, \quad l_1 = c_2, \quad k_1 = b_1/m_1 \tag{4.59}$$

2) $i = 2, 3, \cdots, n$ に対して
$$\left.\begin{array}{l} m_i = a_i - l_{i-1}k_{i-1} \\ l_i = c_{i+1} \\ k_i = b_i/m_i \end{array}\right\} \tag{4.60}$$

【前進消去】

$A\boldsymbol{x} = \boldsymbol{d}$，したがって $LU\boldsymbol{x} = \boldsymbol{d}$ を解くにあたり，$\boldsymbol{h} = U\boldsymbol{x}$ とおき $L\boldsymbol{h} = \boldsymbol{d}$ から $\boldsymbol{h}(= L^{-1}\boldsymbol{d})$ を求める。

1) $i = 1$ に対して
$$m_1 h_1 = d_1 \implies h_1 = d_1/m_1 \tag{4.61}$$

2) $i = 2, 3, \cdots, n$ に対して
$$l_{i-1}h_{i-1} + m_i h_i = d_i \implies h_i = (d_i - l_{i-1}h_{i-1})/m_i \tag{4.62}$$

のように前方から順に $h_1, h_2, \cdots, h_n$ が求まる。

step 1) LU 分解と前進消去の同時進行

式 (4.59), (4.60), 式 (4.61), (4.62) より, LU 分解と前進消去はつぎのようにして同時に進行させればよい。

1) $i = 1$ に対して
$$m_1 = a_1, \quad h_1 = d_1/m_1, \quad k_1 = b_1/m_1 \tag{4.63}$$

2) $i = 2, 3, \cdots, n$ に対して
$$\left.\begin{array}{l} m_i = a_i - c_i k_{i-1} \\ h_i = (d_i - c_i h_{i-1})/m_i \\ k_i = b_i/m_i \end{array}\right\} \tag{4.64}$$

step 2) 後退代入

最後に $U\boldsymbol{x} = \boldsymbol{h}$ より $\boldsymbol{x}(= U^{-1}\boldsymbol{h})$ を求める。

3) $i = n$ に対して
$$x_n = h_n \tag{4.65}$$

4) $i = n-1, n-2, \cdots, 1$ に対して
$$x_i + k_i x_{i+1} = h_i \implies x_i = h_i - k_i x_{i+1} \tag{4.66}$$

のように後方から順に $x_n, x_{n-1}, \cdots, x_1$ が求まる。

以上のような手法は, A が三重対角行列のみならず五重対角行列や帯行列 (帯の外の要素は 0) の場合にも適用できる。例えば, 有限要素法による構造計算においては, L, U は帯行列で表せるので記憶容量を節約できる。このため LU 分解法は, 構造計算のような大規模な連立方程式を解くのに使用されてきた。

4.8 反 復 法

方程式 $A\boldsymbol{x} = \boldsymbol{b}$ をそれと同値な形 $\boldsymbol{x} = \varphi(\boldsymbol{x})$ に変形し, 適当な初期値 $\boldsymbol{x}^{(0)}$ から出発して逐次代入 $\boldsymbol{x}^{(k+1)} = \varphi(\boldsymbol{x}^{(k)})$ を行い解を求める方法が**反復法** (iterative method) である。これから 3 種類の反復法を示すために, 行列 A を対角成分のみからなる対角行列 D, 左下三角行列 E, 右上三角行列 F の和に分解する。

$$A = D + E + F \tag{4.67}$$

$$D = \begin{bmatrix} a_{11} & & & \text{\huge 0} \\ & a_{22} & & \\ & & \ddots & \\ \text{\huge 0} & & & a_{nn} \end{bmatrix},$$

$$E = \begin{bmatrix} 0 & & & & \text{\huge 0} \\ a_{21} & 0 & & & \\ a_{31} & a_{32} & 0 & & \\ \vdots & \vdots & & \ddots & \\ a_{n1} & a_{n2} & \cdots & \cdots & 0 \end{bmatrix}, \quad F = \begin{bmatrix} 0 & a_{12} & a_{13} & \cdots & a_{1n} \\ & 0 & a_{23} & \cdots & a_{2n} \\ & & 0 & & \vdots \\ & & & \ddots & \vdots \\ \text{\huge 0} & & & & 0 \end{bmatrix}$$

4.8.1 ヤコビ法

非対角成分に相当する項をすべて右辺に移項した形で反復を行う方法をヤコビ法 (Jacobi method) という。

$$\left.\begin{aligned} x_1^{(k+1)} &= a_{11}^{-1}\bigl(b_1 - (a_{12}x_2^{(k)} + a_{13}x_3^{(k)} + \cdots + a_{1n}x_n^{(k)})\bigr) \\ x_2^{(k+1)} &= a_{22}^{-1}\bigl(b_2 - (a_{21}x_1^{(k)} + a_{23}x_3^{(k)} + \cdots + a_{2n}x_n^{(k)})\bigr) \\ &\vdots \\ x_i^{(k+1)} &= a_{ii}^{-1}\bigl(b_i - (a_{i1}x_1^{(k)} + \cdots + a_{i,i-1}x_{i-1}^{(k)} \\ &\qquad\qquad\qquad + a_{i,i+1}x_{i+1}^{(k)} + \cdots + a_{in}x_n^{(k)})\bigr) \\ &\vdots \\ x_n^{(k+1)} &= a_{nn}^{-1}\bigl(b_n - (a_{n1}x_1^{(k)} + a_{n2}x_2^{(k)} + \cdots + a_{n,n-1}x_{n-1}^{(k)})\bigr) \end{aligned}\right\} \tag{4.68}$$

これを行列で表記すればつぎのようになる。

$$\boldsymbol{x}^{(k+1)} = D^{-1}(\boldsymbol{b} - (E+F)\boldsymbol{x}^{(k)})$$

すなわち

$$\boldsymbol{x}^{(k+1)} = -D^{-1}(E+F)\boldsymbol{x}^{(k)} + D^{-1}\boldsymbol{b} \tag{4.69}$$

4.8.2 ガウス・ザイデル法

ヤコビ法における $x_1, x_2, \cdots, x_n$ に各段階で得られている最新の値を用いる

ようにしたものが**ガウス・ザイデル法** (Gauss-Seidel method) である．

$$\left.\begin{aligned}
x_1^{(k+1)} &= a_{11}^{-1}\bigl(b_1 - (a_{12}x_2^{(k)} + a_{13}x_3^{(k)} + \cdots + a_{1n}x_n^{(k)})\bigr) \\
x_2^{(k+1)} &= a_{22}^{-1}\bigl(b_2 - (a_{21}x_1^{(k+1)} + a_{23}x_3^{(k)} + \cdots + a_{2n}x_n^{(k)})\bigr) \\
&\vdots \\
x_i^{(k+1)} &= a_{ii}^{-1}\bigl(b_i - (a_{i1}x_1^{(k+1)} + \cdots + a_{i,i-1}x_{i-1}^{(k+1)} \\
&\qquad\qquad\qquad + a_{i,i+1}x_{i+1}^{(k)} + \cdots + a_{in}x_n^{(k)})\bigr) \\
&\vdots \\
x_n^{(k+1)} &= a_{nn}^{-1}\bigl(b_n - (a_{n1}x_1^{(k+1)} + a_{n2}x_2^{(k+1)} + \cdots + a_{n,n-1}x_{n-1}^{(k+1)})\bigr)
\end{aligned}\right\} \quad (4.70)$$

このアルゴリズムでは，新しい値が計算されるとただちにもとの値と置き換えられるので，ヤコビ法と比較して記憶場所が節約できる．

これを行列で表記すればつぎのようになる．

$$\boldsymbol{x}^{(k+1)} = D^{-1}(\boldsymbol{b} - E\boldsymbol{x}^{(k+1)} - F\boldsymbol{x}^{(k)})$$

すなわち

$$\boldsymbol{x}^{(k+1)} = -(D+E)^{-1}F\boldsymbol{x}^{(k)} + (D+E)^{-1}\boldsymbol{b} \qquad (4.71)$$

4.8.3 SOR 法（加速緩和法）

ガウス・ザイデル法の収束を加速するために，第 k 段から第 $(k+1)$ 段に進めるとき，計算された値 $x_i^{(k+1)}$ をそのまま採用せずに，ガウス・ザイデル法で本来修正される量 $x_i^{(k+1)} - x_i^{(k)}$ に 1 より大きい加速パラメータ ω を乗じてこの修正量を拡大し，第 k 段の値 $x_i^{(k)}$ に加えるのが **SOR 法** (successive over-relaxation) である．

$$\left.\begin{aligned}
\tilde{x}_i^{(k+1)} &= a_{ii}^{-1}\bigl(b_i - (a_{i1}x_1^{(k+1)} + \cdots + a_{i,i-1}x_{i-1}^{(k+1)} \\
&\qquad\qquad + a_{i,i+1}x_{i+1}^{(k)} + \cdots + a_{in}x_n^{(k)})\bigr) \\
x_i^{(k+1)} &= x_i^{(k)} + \omega(\tilde{x}_i^{(k+1)} - x_i^{(k)})
\end{aligned}\right\} \quad (4.72)$$

上式を行列で表記すると

$$\left.\begin{aligned}\tilde{\boldsymbol{x}}^{(k+1)} &= D^{-1}(\boldsymbol{b} - E\boldsymbol{x}^{(k+1)} - F\boldsymbol{x}^{(k)}) \\ \boldsymbol{x}^{(k+1)} &= \boldsymbol{x}^{(k)} + \omega(\tilde{\boldsymbol{x}}^{(k+1)} - \boldsymbol{x}^{(k)})\end{aligned}\right\}$$

となり，この2式から $\tilde{\boldsymbol{x}}^{(k+1)}$ を消去すれば次式を得る。

$$\boldsymbol{x}^{(k+1)} = (I + \omega D^{-1}E)^{-1}\bigl((1-\omega)I - \omega D^{-1}F\bigr)\boldsymbol{x}^{(k)} + \omega(D + \omega E)^{-1}\boldsymbol{b} \tag{4.73}$$

4.8.4 収束判定のための反復打切り条件

解が収束するときは解の変化 $\boldsymbol{x}^{(k+1)} - \boldsymbol{x}^{(k)}$ は限りなく $\boldsymbol{0}$ に近づいていくはずである。数値計算は適当な初期値 $\boldsymbol{x}^{(0)}$ から始め，収束判定は，解の変化量のノルムが与えられた微小値 ϵ より小さくなったとき

$$\|\boldsymbol{x}^{(k+1)} - \boldsymbol{x}^{(k)}\| < \epsilon \tag{4.74}$$

あるいは

$$\frac{\|\boldsymbol{x}^{(k+1)} - \boldsymbol{x}^{(k)}\|}{\|\boldsymbol{x}^{(k+1)}\|} < \epsilon \tag{4.75}$$

などにより行い，$\boldsymbol{x}^{(k+1)}$ を解の近似値とする。ベクトルノルムには，1ノルム，2ノルム，∞ノルム（2.1節 参照）などがよく用いられる。

4.9 反復法の収束

上記3種類の反復法はいずれも

$$\boldsymbol{x}^{(k+1)} = M\boldsymbol{x}^{(k)} + N\boldsymbol{b} \tag{4.76}$$

の形に表現されており，しかも

$$\boldsymbol{x}^{(k+1)} = \boldsymbol{x}^{(k)} = \boldsymbol{x} \tag{4.77}$$

とおけばもとの方程式 $A\boldsymbol{x} = \boldsymbol{b}$ と同値である。行列 M を反復行列という。各反復法における M は以下のとおりである。

ヤコビ法 $\quad M_J = -D^{-1}(E+F)$ (4.78a)

ガウス・ザイデル法 $\quad M_G = -(D+E)^{-1}F$ (4.78b)

SOR法 $\quad M_S = (I+\omega D^{-1}E)^{-1}\bigl((1-\omega)I - \omega D^{-1}F\bigr)$

(4.78c)

反復法の観点においては

$$\varphi(\boldsymbol{x}) \equiv M\boldsymbol{x} + N\boldsymbol{b} \tag{4.79}$$

とおくと，反復法 (4.76) は不動点反復法

$$\boldsymbol{x}^{(k+1)} = \varphi(\boldsymbol{x}^{(k)}) \tag{4.80}$$

の形に表され，収束するとすれば，方程式

$$\boldsymbol{x} = \varphi(\boldsymbol{x}) \tag{4.81}$$

の解，すなわち不動点に収束する。

4.9.1 収束条件

反復法 (4.76) が真の解 $\boldsymbol{x}$ に収束するとすれば

$$\boldsymbol{x} = M\boldsymbol{x} + N\boldsymbol{b} \tag{4.82}$$

を満足するので，引き算により

$$\boldsymbol{x}^{(k+1)} - \boldsymbol{x} = M(\boldsymbol{x}^{(k)} - \boldsymbol{x}) \tag{4.83}$$

が得られる。結局

$$\begin{aligned}
\boldsymbol{x}^{(k)} - \boldsymbol{x} &= M(\boldsymbol{x}^{(k-1)} - \boldsymbol{x}) = M^2(\boldsymbol{x}^{(k-2)} - \boldsymbol{x}) \\
&= \cdots = M^k(\boldsymbol{x}^{(0)} - \boldsymbol{x})
\end{aligned} \tag{4.84}$$

となるので，ノルムをとると

$$\|\boldsymbol{x}^{(k)} - \boldsymbol{x}\| \leq \|M\|^k \|\boldsymbol{x}^{(0)} - \boldsymbol{x}\| \tag{4.85}$$

となる。これより $\|M\| < 1$ ならば真の解に収束することがわかるが，これは

収束のための十分条件であって必要条件ではない. ここで扱う対象は線形方程式であるがゆえに, 収束のための必要十分条件がつぎのように導き出される.

定理 4.1

反復法 $\boldsymbol{x}^{(k+1)} = M\boldsymbol{x}^{(k)} + N\boldsymbol{b}$ が真の解 $\boldsymbol{x}$ に収束するための必要十分条件は, 反復行列 M のすべての固有値が $|\lambda_i| < 1$, すなわち, $\rho(M) < 1$ となることである.

証明 〔必要条件〕 初期誤差 $\boldsymbol{x}^{(0)} - \boldsymbol{x}$ として M の固有値 λ_i に属する固有ベクトル $\boldsymbol{v}_i$ をとると, 式 (4.84) より

$$\|\boldsymbol{x}^{(k)} - \boldsymbol{x}\| = \|M^k \boldsymbol{v}_i\| = |\lambda|^k \|\boldsymbol{v}_i\| \tag{4.86}$$

となるので, 誤差 $\boldsymbol{x}^{(k)} - \boldsymbol{x}$ が 0 に収束するためには, M のすべての固有値が $|\lambda_i| < 1$ となる必要がある.

〔十分条件〕 $\rho(M) < 1$ ならば, $\rho(M) + \epsilon < 1$ を満たす ϵ が存在する. 2.1 節におけるナチュラルノルムの評価 II より「$\|M\|_\alpha \leq \rho(M) + \epsilon$ を満たすノルム $\|\cdot\|_\alpha$ が存在」するので, $\|M\|_\alpha < 1$ となる. 式 (4.85) においてこのノルムを用いれば, ベクトル列 $\{\boldsymbol{x}^{(k)}\}$ は真の解 $\boldsymbol{x}$ に収束する. ♠

4.9.2 反復法が収束する例

〔1〕 **ヤコビ法とガウス・ザイデル法** 行列 A が対角優位であるとき, すなわち

$$|a_{ii}| > \sum_{\substack{j=1 \\ j \neq i}}^{n} |a_{ij}| \qquad (i = 1, 2, \cdots, n) \tag{4.87}$$

あるいは

$$|a_{jj}| > \sum_{\substack{i=1 \\ i \neq j}}^{n} |a_{ij}| \qquad (j = 1, 2, \cdots, n) \tag{4.88}$$

のとき, ヤコビ法とガウス・ザイデル法の反復行列 M_J, M_G の固有値の絶対値はすべて 1 より小さくなる (証明は文献 4) などを参照) ので, 解は必ず収束する.

〔2〕 **ガウス・ザイデル法**　行列 A および D が正値対称行列であるとき，ガウス・ザイデル法の反復行列 M_G の固有値の絶対値はすべて 1 より小さくなる (証明は文献 4) などを参照) ので，解は必ず収束する．

〔3〕 **SOR 法**　行列 A が正値対称行列でかつ行列 $D+\omega E$ が正則であるとき，加速パラメータ ω が $0<\omega<2$ であれば，SOR 法の反復行列 M_S の固有値の絶対値はすべて 1 より小さくなる (証明は文献 9) を参照) ので，解は必ず収束する．$D+\omega E$ はよほど運が悪くない限り正則であるので，A が正値対称行列で ω が $0<\omega<2$ であれば，SOR 法はほぼ確実に収束することになる．$\omega=1$ はガウス・ザイデル法であり，$0<\omega<1$ では収束は減速するので，通常は $1<\omega<2$ を用いる．

最も速く収束解に達するように加速パラメータ ω の最適値を求めるためには，誤差に関する評価 (4.86) より，反復行列 M_S のスペクトル半径 $\rho(M_S)$ を最小にするように ω を決めることになる．これが可能である例については，文献 4),8) などを参照のこと．

一般的には ω の最適値を理論的にあらかじめ定めることは不可能に近い．文献などで述べられている加速パラメータ ω の経験的な最適値は，問題によってはほとんど 1 に近いものから 2 に近いものまでさまざまである．

章　末　問　題

【1】 4.2 節で示した LU 分解法は，上三角行列の対角成分をすべて 1 とするものである．下三角行列の対角成分をすべて 1 とする方法を同様にして導き，解を求めるまでのプロセスを 4.4 節で示したようなアルゴリズムで記せ．また，そのようにして導いた LU 分解は，4.6.1 項で示したガウスの消去法による LU 分解と同一のものであることを確かめよ．

【2】 ヤコビ法，ガウス・ザイデル法，SOR 法のプログラムを作成せよ．テスト問題として，いずれの方法でも収束する連立一次方程式を設定せよ．まず SOR 法における加速パラメータの最適値を数値実験により求めよ．つぎに，各方法の収束に至るまでの回数を比較検討せよ．

5 行列の固有値問題

$n \times n$ 正方行列 A が与えられたとき，n 次元ベクトル $\boldsymbol{x}$ への線形変換を考える．行列 A を作用させてもベクトル $\boldsymbol{x} \neq \boldsymbol{0}$ の方向が変わらないとき，次式を満足するベクトル $\boldsymbol{x}$ とスカラー λ が存在する．

$$A\boldsymbol{x} = \lambda \boldsymbol{x} \tag{5.1}$$

このとき，λ を A の**固有値** (eigenvalue)，$\boldsymbol{x}$ を固有値 λ に対する**固有ベクトル** (eigenvector) といい，式 (5.1) から行列の固有値と固有ベクトルを求めることを**固有値問題** (eigenvalue problem) を解くという．ここでは固有値と固有ベクトルを数値計算により求める方法について述べる．

例 5.1（固有値問題の例） 図 5.1 に示したような**質点・ばね系** (mass-spring system) の水平運動を考える．i 番目の質点の質量を m_i とし，その水平変位 s_i は平衡位置から測るものとし，j 番目のばねのばね定数を k_j とする．この系の運動方程式はつぎのように書ける．

$$\left. \begin{array}{l} m_1 s_1'' = -k_1 s_1 + k_2(s_2 - s_1) \\ m_2 s_2'' = k_2(s_1 - s_2) - k_3 s_2 \end{array} \right\}$$

運動方程式はベクトル・行列表示で

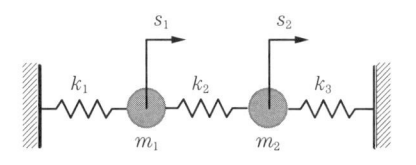

図 5.1 質点・ばね系 1

$$Ms'' = -Ks$$

$$s = \begin{bmatrix} s_1 \\ s_2 \end{bmatrix}, \quad M = \begin{bmatrix} m_1 & 0 \\ 0 & m_2 \end{bmatrix}, \quad K = \begin{bmatrix} k_1+k_2 & -k_2 \\ -k_2 & k_2+k_3 \end{bmatrix}$$

と記述される。ここに s は変位ベクトル，M は**質量行列** (mass matrix)，K は**剛性行列** (stiffness matrix) と呼ばれるものである。系は固有角振動数 ω の調和運動をしているとすれば，解 s は振幅を $x = [x_1, x_2]^T$ として

$$\left. \begin{array}{l} s_1(t) = x_1\, e^{i\omega t} \\ s_2(t) = x_2\, e^{i\omega t} \end{array} \right\} \quad \text{すなわち} \quad s = x\, e^{i\omega t}$$

と表され，特に x を振動モードという。これを運動方程式に代入すると

一般固有値問題： $Kx = \omega^2 Mx$

となるので，結局

標準固有値問題： $Ax = \lambda x$

を得る。ここに $A = M^{-1}K$ であり，$\lambda = \omega^2$ である。

5.1 特性方程式と固有値問題

式 (5.1) は x に関する斉一次方程式

$$(A - \lambda I)x = 0 \tag{5.2}$$

の形に書ける。もし行列 $A - \lambda I$ が正則であるならば，唯一解 $x = 0$ をもつ。したがって $x \neq 0$ なる解をもつためには，$A - \lambda I$ が正則でないこと，すなわちその行列式が零となること

$$|A - \lambda I| = 0$$

が必要十分であり，固有値 λ は特性方程式

$$p(\lambda) = |\lambda I - A| = \begin{vmatrix} \lambda - a_{11} & -a_{12} & \cdots & -a_{1n} \\ -a_{21} & \lambda - a_{22} & \cdots & -a_{2n} \\ \vdots & \vdots & \ddots & \vdots \\ -a_{n1} & -a_{n2} & \cdots & \lambda - a_{nn} \end{vmatrix} = 0 \quad (5.3)$$

の根で与えられる。この特性方程式は λ に関する n 次の多項式（特性多項式）

$$p(\lambda) = \lambda^n - p_1 \lambda^{n-1} + p_2 \lambda^{n-2} - \cdots + (-1)^n p_n \quad (5.4)$$

で表されるので，その n 個の根は，行列 A の要素がすべて実数であっても複素数を含むことがあり，また重根を含むこともある。特性多項式は理論的には重要であるが，小さくないサイズの行列の固有値を実際に計算するためには有効ではない。特性多項式 (5.4) への展開は労力を要するうえに，その係数 $p_1, \cdots, p_n$ は行列 A の成分の擾乱の影響を受けやすいので，その根の精度は保証されず，さらに高次多項式の根の計算もまた労力を要するからである。

次節以降に，適切な数値計算により固有値問題を解く方法について記述する。

5.2　固有値問題の数値解法についての概観

固有値問題の数値解法には，解くべき問題の特徴，例えば，行列の成分は実数か複素数か，行列は対称か否か，行列のサイズは小さいか大きいかあるいは零成分が多いか，すべての固有値が必要なのかあるいは最大固有値や最小固有値のみでよいのか，などに応じてさまざまなアルゴリズムがある。

ヤコビ法は，実数対称行列を相似変換により対角行列に収束させ，すべての固有値および固有ベクトルを求める方法である。古典的な方法であり計算時間を要するが，いまでも 10 次以下の小さい行列には有用である[10]。

ハウスホルダー変換は，同じく相似変換を繰り返すことにより，A が実数対称行列の場合は三重対角行列（$|i - j| > 1$ に対し $a_{ij} = 0$）に近づけ，A が実数非対称行列の場合は**ヘッセンベルグ行列** (Hessenberg matrix; $i - j > 1$ に対し $a_{ij} = 0$) に近づけていく方法である。このとき固有値と固有ベクトルは

求めやすくなっている。また実数対称行列を三重対角化する方法の一つに**ランチョス反復法** (Lanczos iteration) がある。対称な実数三重対角行列に関して固有値を求める方法に **2 分法** (bisection) がある。

QR 法は比較的最近の方法であり，複素数を成分にもつ一般の非対称行列 A の固有値問題も扱うことができ，数百次くらいまでのサイズの行列に実用的に適用される。A をユニタリ行列（A が実数係数の場合は直交行列）Q と右上三角行列 R の積 $A = QR$ に分解し，Q を用いて A の相似変換を行い，これを繰り返すことにより右上三角行列に収束させていく手法である。三角行列の対角成分は固有値となっているので，すべての固有値が求まる。あらかじめハウスホルダー変換により三重対角行列やヘッセンベルグ行列に変換してから QR 法を用いるのが効率的である。固有ベクトルは通常別の方法で計算される。

特定の固有値と固有ベクトルを求める方法には，絶対値最大の固有値と対応する固有ベクトルを求めるべき乗法，絶対値最小の固有値と対応する固有ベクトルを求める逆反復法がある。逆反復法により，ある固有値の近似値が与えられた場合その固有値と対応する固有ベクトルを求めることもできる。計算時間を要さないので，これらは数百次以上の大きい行列にも適用しうる。

ここでは，すべての固有値を求める方法としてヤコビ法と QR 法を，特定の固有値と固有ベクトルを簡単に求める方法としてべき乗法と逆反復法を扱う。

5.3 固有値問題の性質

固有値問題への準備として，まず $n \times n$ 正方行列についての諸定義を述べる。行列 A が実数成分からなる場合，A の成分の行と列をすべて入れ換えた行列を A の**転置行列** (transpose of matrix) といい，$A^T = (a_{ij}^T)$ で表す。成分表示では $a_{ij}^T = a_{ji}$ となる。$A = A^T$ であるとき A を**対称行列** (symmetric matrix) と呼ぶ。次式を満足する行列を**直交行列** (orthogonal matrix) と呼ぶ。

$$A^T A = A A^T = I \tag{5.5}$$

行列 A の第 i 列からなる列ベクトルを a_i とすると

$$A = [a_1|a_2|\cdots|a_n] \tag{5.6}$$

と書けるので，$A^T A = I$ は，ベクトルの組 $a_1,\cdots,a_n$ が正規直交系であること

$$(a_i, a_j) = \delta_{ij} = \begin{cases} 1 & (i = j \text{ のとき}) \\ 0 & (i \neq j \text{ のとき}) \end{cases} \tag{5.7}$$

を示している。ここに δ_{ij} は**クロネッカーのデルタ**と呼ばれるものである。各列ベクトルの大きさは

$$\|a_i\|_2 = \sqrt{(a_i, a_i)} = 1 \tag{5.8}$$

より 2 ノルムで測ると 1 である。任意の正則行列を P とするとき，つぎの変換を行列 A に対する**相似変換**という。

$$\tilde{A} = P^{-1} A P \tag{5.9}$$

P が直交行列のときの相似変換を**直交変換**といい，$P^{-1} = P^T$ より以下のように表せる。

$$\tilde{A} = P^T A P \tag{5.10}$$

つぎに，固有値と固有ベクトルの性質についての基本事項を記そう[5]。

性質 1

　x が行列 A の固有ベクトルならば，任意のスカラー α 倍した αx も固有ベクトルである。

| 証明 | $Ax = \lambda x$ の両辺を α 倍すれば $A(\alpha x) = \lambda(\alpha x)$ を得ることから明らか。このため通常，固有ベクトルはなんらかのノルムが 1 になるよう正規化される。　♠

性質 2　行列 A が対角行列ならば，対角要素 a_{ii} $(i=1,2,\cdots,n)$ は固有値であり，第 i 要素が 1 で他のすべての要素は 0 である単位ベクトル e_i は対応する固有ベクトルである。

| 証明 |　$Ae_i = a_{ii}e_i$ より明らか。　♠

性質 3　行列 A が三角行列ならば，対角要素 a_{ii} $(i=1,2,\cdots,n)$ はその固有値である。

| 証明 |　$|A - \lambda I| = (a_{11} - \lambda)(a_{22} - \lambda)\cdots(a_{nn} - \lambda)$ より明らか。　♠

性質 4　行列 $A - \mu I$ は行列 A と同一の固有ベクトルをもち，その固有値は A の固有値から μ だけ減じたものとなる。

| 証明 |　$Ax = \lambda x$ のとき，$(A - \mu I)x = (\lambda - \mu)x$ となる。　♠

性質 5　相似変換に関して固有値は不変であり，固有ベクトルは変化するものの変換関係は明確である。

| 証明 |　A, $\tilde{A} = P^{-1}AP$ の固有ベクトルをそれぞれ x, y とし，$\tilde{A}$ に関する固有値問題を考える。

$$(P^{-1}AP)y = \lambda y \iff A(Py) = \lambda(Py)$$
$$\iff Ax = \lambda x (\text{ただし } x = Py)$$

より A, $\tilde{A}$ は同じ固有値 λ を持ち，固有ベクトルに関しては $x = Py$ の関係がある。　♠

性質 6
直交変換により対称性は保存される。

証明 行列 A が対称であれば，
$$\tilde{A}^T = (P^T A P)^T = P^T A (P^T)^T = P^T A P = \tilde{A}$$
となるので，行列 $\tilde{A}$ も対称である。 ♠

性質 7
P_1, P_2 が直交行列ならば，その積 $P_1 P_2$ も直交行列である。

証明 P_1, P_2 は直交行列，すなわち $P_1^T P_1 = I, P_2^T P_2 = I$ であるとき，
$$(P_1 P_2)^T (P_1 P_2) = P_2^T P_1^T P_1 P_2 = P_2^T P_2 = I$$
が成り立つので，$P_1 P_2$ は直交行列である。 ♠

性質 8
実数対称行列の固有値は実数である。

証明 実数対称行列 A の固有値を複素数 λ とする。

$A\boldsymbol{x} = \lambda \boldsymbol{x}$ の複素共役をとると $A\bar{\boldsymbol{x}} = \bar{\lambda}\bar{\boldsymbol{x}}$

より λ の共役複素数 $\bar{\lambda}$ も固有値となり，その固有ベクトルは $\bar{\boldsymbol{x}}$ である。$A\boldsymbol{x} = \lambda\boldsymbol{x}$ の両辺に左から $\bar{\boldsymbol{x}}^T$ を掛け，$A\bar{\boldsymbol{x}} = \bar{\lambda}\bar{\boldsymbol{x}}$ の両辺に左から $\boldsymbol{x}^T$ を掛けると

$$\bar{\boldsymbol{x}}^T A \boldsymbol{x} = \lambda \bar{\boldsymbol{x}}^T \boldsymbol{x}, \quad \boldsymbol{x}^T A \bar{\boldsymbol{x}} = \bar{\lambda} \boldsymbol{x}^T \bar{\boldsymbol{x}}$$

となる。$\bar{\boldsymbol{x}}^T A \boldsymbol{x} = \boldsymbol{x}^T A \bar{\boldsymbol{x}}$，$\bar{\boldsymbol{x}}^T \boldsymbol{x} = \boldsymbol{x}^T \bar{\boldsymbol{x}}$ より $\lambda = \bar{\lambda}$ を得るので，固有値は実数である。 ♠

5.4 ヤ コ ビ 法

実数対称行列のすべての固有値（実数）を計算するための古典的な解法に，ヤコビ法 (Jacobi method) がある。これは 2 次元の回転に相当する相似変換を繰り返しながら対角行列へと近づける方法である。行列の固有値は相似変換に関して不変であるから，得られた対角行列の固有値 (対角要素) が与えられた行列の固有値である。

まず $A = [a_{ij}]$ が 2×2 実数対称行列の場合を考える[5]。回転行列

$$P = \begin{bmatrix} \cos\theta & -\sin\theta \\ \sin\theta & \cos\theta \end{bmatrix} \tag{5.11}$$

は $P^T P = I$ を満たす直交行列であるので，P による A の相似変換 $P^{-1}AP$ は直交変換 $P^T AP$ である。

$$\begin{aligned}\tilde{A} &= P^T A P \\ &= \begin{bmatrix} \cos\theta & \sin\theta \\ -\sin\theta & \cos\theta \end{bmatrix} \begin{bmatrix} a_{11} & a_{12} \\ a_{12} & a_{22} \end{bmatrix} \begin{bmatrix} \cos\theta & -\sin\theta \\ \sin\theta & \cos\theta \end{bmatrix}\end{aligned} \tag{5.12}$$

より，$\tilde{A}$ の成分 $\tilde{a}_{ij}$ は以下のようになる。

$$\left.\begin{aligned} \tilde{a}_{11} &= a_{11}\cos^2\theta + 2a_{12}\cos\theta\sin\theta + a_{22}\sin^2\theta \\ \tilde{a}_{12} &= \tilde{a}_{21} = (a_{22} - a_{11})\cos\theta\sin\theta + a_{12}(\cos^2\theta - \sin^2\theta) \\ \tilde{a}_{22} &= a_{11}\sin^2\theta - 2a_{12}\cos\theta\sin\theta + a_{22}\cos^2\theta \end{aligned}\right\} \tag{5.13}$$

三角関数の倍角公式および半角公式を用いると，上式はつぎのように書き表せる。

$$\left.\begin{aligned} \tilde{a}_{11} &= \frac{1}{2}(a_{11} + a_{22}) + \frac{1}{2}(a_{11} - a_{22})\cos 2\theta + a_{12}\sin 2\theta \\ \tilde{a}_{12} &= \tilde{a}_{21} = -\frac{1}{2}(a_{11} - a_{22})\sin 2\theta + a_{12}\cos 2\theta \\ \tilde{a}_{22} &= \frac{1}{2}(a_{11} + a_{22}) - \frac{1}{2}(a_{11} - a_{22})\cos 2\theta - a_{12}\sin 2\theta \end{aligned}\right\} \tag{5.14}$$

この行列を対角行列とするためには,非対角成分 $\tilde{a}_{12}$ が零になるように θ を定めればよい。これより

$$\cot 2\theta = \frac{a_{11} - a_{22}}{2a_{12}} \tag{5.15}$$

となり,この θ を用いると $\tilde{A} = P^T A P$ は対角行列

$$\Lambda = \begin{bmatrix} \lambda_1 & 0 \\ 0 & \lambda_2 \end{bmatrix}$$

になる。行列 P の第 $1, 2$ 列からなる列ベクトルを $\boldsymbol{p}_1, \boldsymbol{p}_2$ とすると

$$P^T A P = \Lambda \implies AP = P\Lambda \implies A\,[\boldsymbol{p}_1|\boldsymbol{p}_2] = [\boldsymbol{p}_1|\boldsymbol{p}_2]\,\Lambda$$

より

$$\left.\begin{aligned} A\boldsymbol{p}_1 &= \lambda_1 \boldsymbol{p}_1 \\ A\boldsymbol{p}_2 &= \lambda_2 \boldsymbol{p}_2 \end{aligned}\right\}$$

つまり A の固有値は得られた対角行列の対角成分に等しく,行列 P を列ベクトルに分割したものが固有ベクトルとなっている。

さて A が $n \times n$ 実数対称行列のときは,零でない一つの非対角成分 $\tilde{a}_{ij}$ が零になるよう回転行列 P をつぎのように定める。

$$P = \begin{bmatrix} 1 & & & \vdots & & \vdots & & & \huge{0} \\ & \ddots & & \vdots & & \vdots & & & \\ & & 1 & \vdots & & \vdots & & & \\ \cdots & \cdots & \cdots & \cos\theta & \cdots & -\sin\theta & \cdots & \cdots & \\ & & & & 1 & & & & \\ & & & \vdots & \ddots & \vdots & & & \\ & & & & & 1 & & & \\ \cdots & \cdots & \cdots & \sin\theta & \cdots & \cos\theta & \cdots & \cdots & \\ & & & \vdots & & \vdots & 1 & & \\ & & & \vdots & & \vdots & & \ddots & \\ \huge{0} & & & & & & & & 1 \end{bmatrix} \begin{matrix} \\ \\ \\ (i\,\text{行}) \\ \\ \\ \\ (j\,\text{行}) \\ \\ \\ \end{matrix} \tag{5.16}$$

(i 列) (j 列)

ここに陽に書かれていない成分は 0 である。P が直交行列であることは直接積

をとることにより $P^T P = I$ と確かめることができる。したがって P による A の相似変換 $P^{-1}AP$ は直交変換 $P^T AP$ となる。この相似変換によって変化するのは i, j の行と列だけで, 他の成分は不変である。$\tilde{A} = P^T AP$ の成分 $\tilde{a}_{ij}$ は

$$\left.\begin{aligned}
&\tilde{a}_{ii} = \frac{1}{2}(a_{ii}+a_{jj}) + \frac{1}{2}(a_{ii}-a_{jj})\cos 2\theta + a_{ij}\sin 2\theta \\
&\tilde{a}_{jj} = \frac{1}{2}(a_{ii}+a_{jj}) - \frac{1}{2}(a_{ii}-a_{jj})\cos 2\theta - a_{ij}\sin 2\theta \\
&\tilde{a}_{ij} = \tilde{a}_{ji} = -\frac{1}{2}(a_{ii}-a_{jj})\sin 2\theta + a_{ij}\cos 2\theta = 0 \\
&\tilde{a}_{ik} = \tilde{a}_{ki} = a_{ik}\cos\theta + a_{jk}\sin\theta \\
&\qquad\qquad (k=1,2,\cdots,n,\ \text{ただし}\ k\neq i,j) \\
&\tilde{a}_{jk} = \tilde{a}_{kj} = -a_{ik}\sin\theta + a_{jk}\cos\theta \\
&\qquad\qquad (k=1,2,\cdots,n,\ \text{ただし}\ k\neq i,j) \\
&\tilde{a}_{kl} = a_{kl} \qquad (k,l=1,2,\cdots,n,\ \text{ただし}\ k,l\neq i,j)
\end{aligned}\right\} \quad (5.17)$$

となる。この変換の目的は (i,j) 成分 $\tilde{a}_{ij}$ (および (j,i) 成分 $\tilde{a}_{ji}$) を零にすることであるから

$$\cot 2\theta = \frac{a_{ii}-a_{jj}}{2\,a_{ij}} \tag{5.18}$$

を満たすよう θ を定めればよい。ただし実際の数値計算においては, θ を求めることなく, a_{ii}, a_{jj}, a_{ij} から直接 $\cos 2\theta, \sin 2\theta, \cos\theta, \sin\theta$ を計算してしまう。直交変換に関して対称性は保存されるので, この変換を繰り返すことができる。

消去する成分 a_{ij} のとり方はいく通りか考えられる。あらかじめ定めた ϵ より絶対値の大きい非対角要素を順々にとっていく方法や, 非対角要素全体のうちで絶対値最大のものを選ぶ方法などがある。後者のほうが収束性では勝るが, 絶対値最大の非対角要素を選ぶのに時間がかかるという欠点があるので, 一長一短であろう。なお回転変換を繰り返すことによりすでに 0 にした成分が 0 でなくなる。しかし非対角要素の 2 乗和は減少していくので, この変換の繰返しにより非対角成分は 0 に収束し (証明は次項参照のこと), 対角行列に近づいていく。数値計算においては, つぎの収束判定条件を満たすとき収束したとする。

$$\max_{i,j\ (i\neq j)} |a_{ij}| < \epsilon \tag{5.19}$$

5.4.1 ヤコビ法の収束

直交行列 P に関して

$$\tilde{A}^T\tilde{A} = (P^TAP)^T(P^TAP) = P^TA^TAP = P^{-1}(A^TA)P \tag{5.20}$$

が成立するので，$\tilde{A}^T\tilde{A}$ は A^TA の相似変換となっていることがわかる．一般に相似変換に関して対角成分の和は保存される (付録 B[1)] 参照) ので，$\tilde{A}^T\tilde{A}$ の対角和 と A^TA の対角和を等置して

$$\sum_k\sum_l \tilde{a}_{kl}^2 = \sum_k\sum_l a_{kl}^2 \tag{5.21}$$

を得る．これは直交変換により行列の全成分の 2 乗和は不変であることを示している．また式 (5.17) より

$$\tilde{a}_{ii}^2 + 2\tilde{a}_{ij}^2 + \tilde{a}_{jj}^2 = a_{ii}^2 + 2a_{ij}^2 + a_{jj}^2$$

が導かれるが，これは $\tilde{a}_{ij}^2 = 0$ とする変換であるから

$$\tilde{a}_{ii}^2 + \tilde{a}_{jj}^2 = a_{ii}^2 + 2a_{ij}^2 + a_{jj}^2 \tag{5.22}$$

となり，対角成分の 2 乗和は増加することを示している．要素 $(i,i),(jj)$ 以外の対角成分は不変なので，$\tilde{a}_{kk}^2 = a_{kk}^2$ (ただし $k \neq i,j$) である．以上より，非対角成分の 2 乗和の減少は

$$\begin{aligned}\sum_k\sum_{l\neq k}\tilde{a}_{kl}^2 &= \sum_k\sum_l \tilde{a}_{kl}^2 - \Big(\sum_{k\neq i,j}\tilde{a}_{kk}^2 + \tilde{a}_{ii}^2 + \tilde{a}_{jj}^2\Big) \\ &= \sum_k\sum_l a_{kl}^2 - \Big(\sum_{k\neq i,j} a_{kk}^2 + a_{ii}^2 + 2a_{ij}^2 + a_{jj}^2\Big) \\ &= \sum_k\sum_{l\neq k} a_{kl}^2 - 2a_{ij}^2 \end{aligned} \tag{5.23}$$

により見積もることができる．つまり，非対角要素の 2 乗和は $2a_{ij}^2$ だけ減少することになる．したがってこの変換を繰り返すことにより，非対角成分は減少して 0 に収束する．

5.4.2 固有値と固有ベクトル

与えられた行列 $A_1 = A$ から始める相似変換（直交変換）に番号を付けて

$$A_{m+1} = P_m^T A_m P_m \qquad (m = 1, 2, \cdots) \tag{5.24}$$

とおくと

$$A_{m+1} = \left(P_m^T \left(\cdots \left(P_2^T \left(P_1^T A P_1 \right) P_2 \right) \cdots \right) P_m \right)$$
$$= (P_1 P_2 \cdots P_m)^T \, A \, (P_1 P_2 \cdots P_m) \tag{5.25}$$

となる。そこで

$$U_m = P_1 P_2 \cdots P_m \tag{5.26}$$

$$U = \lim_{m \to \infty} U_m \tag{5.27}$$

とおけば、A_m は対角行列

$$\Lambda = \begin{bmatrix} \lambda_1 & & & 0 \\ & \lambda_2 & & \\ & & \ddots & \\ 0 & & & \lambda_n \end{bmatrix} \tag{5.28}$$

に収束していくことから

$$U^T A U = \Lambda \tag{5.29}$$

となる。行列の固有値は相似変換に関して不変であるから、Λ の固有値、すなわち対角成分 $\lambda_1, \lambda_2, \cdots, \lambda_n$ が行列 A の固有値である。相似変換 (5.29) は

$$AU = U\Lambda \tag{5.30}$$

とも表される。行列 U の第 k 列からなる列ベクトルを $\boldsymbol{u}_k$ とすると

$$A\,[\boldsymbol{u}_1|\boldsymbol{u}_2|\cdots|\boldsymbol{u}_n] = [\boldsymbol{u}_1|\boldsymbol{u}_2|\cdots|\boldsymbol{u}_n]\,\Lambda \quad \text{より} \quad A\boldsymbol{u}_k = \lambda_k \boldsymbol{u}_k \tag{5.31}$$

が成立する。つまり U の第 k 列のベクトル $\boldsymbol{u}_k$ が固有値 λ_k に対応する固有ベクトルである。直交行列の積からなる U も直交行列であるから、各固有ベクトルの大きさは 2 ノルムで $\|\boldsymbol{u}_k\|_2 = 1$ と正規化されたものになっている（5.3 節参照）。

5.4 ヤコビ法

5.4.3 数値計算におけるアルゴリズム

$A_1 = A$ から始める変換 $A_{m+1} = P_m^T A_m P_m$ (5.24) において P_m として式 (5.16) を用いると，A_{m+1} の成分は式 (5.17)，(5.18) から求められる。他方 U に関しては，式 (5.26)，(5.27) より，$U_0 = I$ (単位行列) から始めて A の変換 (5.24) ごとに

$$U_m = U_{m-1} P_m \tag{5.32}$$

を求めていけばよい。U_{m-1} の成分を u_{kl} とすると，U_m の成分 $\tilde{u}_{kl}$ は

$$\left.\begin{array}{l} \tilde{u}_{ki} = u_{ki} \cos\theta + u_{kj} \sin\theta \quad (k=1,2,\cdots,n) \\ \tilde{u}_{kj} = -u_{ki} \sin\theta + u_{kj} \cos\theta \quad (k=1,2,\cdots,n) \\ \tilde{u}_{kl} = u_{kl} \quad (k,l=1,2,\cdots,n, \text{ただし } l \neq i,j) \end{array}\right\} \tag{5.33}$$

となる。収束判定式 (5.19) を満たすとき，A_{m+1} は近似的に対角行列 Λ になっているのでその対角成分 λ_i を固有値とし，U_m は U の近似となっているのでその列ベクトル $\boldsymbol{u}_i$ を対応する固有ベクトルとする。

行列 A_m の成分を $a_{ij}^{(m)}$ と記すと，ヤコビ法のアルゴリズムの主要部はつぎのように書ける。収束時には，A_{m+1} の対角成分が固有値，U_m の各列ベクトルが固有ベクトルになっている。

```
A₁ = A (与えられた行列)
U₀ = I (単位行列)
for   m = 1, 2, ···              { 収束条件 (5.19) を満たすまで繰り返す }
    for   i = 1   to   n − 1          {A の対角要素を除いた
        for   j = i + 1   to   n − 1           上三角部分を走査 }
            if  |a_{ij}^{(m)}| ≧ ε  then
                θ = (1/2) cot⁻¹((a_{ii}^{(m)} − a_{jj}^{(m)})/(2a_{ij}^{(m)}))   (5.18)
                A_{m+1} = P_m^T A_m P_m                                         (5.17)
                U_m = U_{m-1} P_m                                               (5.33)
            end
        end
    end
end
```

5.5 QR 法

QR 法 (QR iteration) は一般の複素行列の固有値の計算法として導入されたが，現在では実数行列にも有効な手法として用いられている．本節では煩雑さを避けるため，行列 A を $n \times n$ 実数正方行列とする．Q を直交行列，R を右上三角行列とすると，つぎのように，A を Q と R との積で表すことを A の **QR 分解** (QR factorization) という．

$$A = QR \tag{5.34}$$

A が正則ならば，この分解は一意的に定まり，R の対角成分はすべて正となる[4]．
QR 法は，$A_1 = A$ から出発し以下の操作を繰り返すものである．

1) A_k を QR 分解する．

$$A_k = Q_k R_k \tag{5.35}$$

2) Q_k を用いて A_k の相似変換 (この場合直交変換) を行い A_{k+1} とする．実際には $R_k Q_k$ を計算すればよい．

$$A_{k+1} = R_k Q_k = Q_k^T A_k Q_k \left(= (Q_1 Q_2 \cdots Q_k)^T A_1 (Q_1 Q_2 \cdots Q_k) \right) \tag{5.36}$$

$k \to \infty$ とすると A_{k+1} は右上三角行列に収束していく[4]．行列の固有値は相似変換に関して不変であるから，得られた三角行列の固有値 (対角成分) が与えられた行列 A の固有値となる．右上三角行列の対角成分には，A の固有値が絶対値の大きいほうから順に並んでいる[4]．なお，直交変換に関して対称性は保存されるので，A が実数対称行列ならば A_{k+1} は対角行列に収束する．

5.5.1 原点移動による収束の加速

ここで行列 A は正則行列でその固有値はすべて相異なるものとし，絶対値の

大きい順に $\lambda_1, \cdots, \lambda_n$ とする。A_k の第 (i,j) 成分（ただし $i > j$）は固有値の比 $|\lambda_i/\lambda_j|$ に依存して 0 に近づいていく。A_k の (n,n) 成分に着目すると，最小固有値 λ_n に近い値であろうから，この近似値を μ_k とおいて行列 $A_k - \mu_k I$ を考えると，その固有値は $\lambda_1 - \mu_k, \lambda_2 - \mu_k, \cdots, \lambda_n - \mu_k$ となり（5.3 節 参照），$\lambda_n - \mu_k$ の絶対値は著しく小さくなっているはずである。A の代わりに $A_k - \mu_k I$ に QR 法を適用すると，第 n 行の対角要素以外の (n, j) 成分の収束の速さは $|(\lambda_n - \mu_k)/(\lambda_j - \mu_k)|$ に比例するので，非常に速く 0 に近づくことになる[4]。この操作を**原点移動**という。

以上の考察から，収束を加速するために原点移動を行った行列 $A_k - \mu_k I$ に QR 法を適用すると，そのアルゴリズムは

$$A_k - \mu_k I = Q_k R_k \tag{5.37}$$

$$A_{k+1} = R_k Q_k + \mu_k I \tag{5.38}$$

と書ける。この例でもわかるように，まず第 n 行の非対角成分が急速に 0 に近づいて十分小さくなれば，第 (n,n) 成分は固有値 λ_n とみなすことができる。つぎに，A_k の第 n 行と第 n 列を除いた $(n-1) \times (n-1)$ 小行列を考え，これを繰り返す。このように固有値が 1 個決定されるごとに行列の次数を下げて計算を進めていけば，すべての固有値を求めることができる。

5.5.2 QR 分 解

残る問題は行列 A の QR 分解（式 (5.34)）である。行列の QR 分解には，

1. グラム・シュミットの直交化 (Gram-Schmidt orthogonalization)
2. ハウスホルダー変換[†] (Householder transformation, 鏡映変換)
3. ギブンズ変換[†] (Givens rotation, 平面回転変換)

などがあるが，ここでは基本的なグラム・シュミットの直交化についてまず述べる。ただしこの方法は A が正則である場合にのみ有効である。つぎに，最近

[†] ハウスホルダー変換やギブンズ変換を一般化すると，三重対角行列やヘッセンベルグ行列への相似変換にも用いられる。本項の〔2〕の最後部参照のこと。

よく用いられるハウスホルダー変換について説明する．これは計算効率の点でも有効な方法である．

〔1〕 **グラム・シュミットの直交化**　　正方行列 A を列ベクトル $a_1, a_2, \cdots a_n$ の並びとみなすと，A が正則であるならば，これらのベクトルは1次独立である．$a_1, a_2, \cdots, a_n$ からグラム・シュミットの直交化により正規直交系 $q_1, q_2, \cdots, q_n$ (5.3節 参照) を構成してみよう．まず a_1 を正規化して q_1 とする．

$$q_1 = \frac{a_1}{\|a_1\|_2} \tag{5.39}$$

つぎに a_2 から q_1 方向の正射影を引いたベクトル

$$u_2 = a_2 - (a_2, q_1)q_1 \tag{5.40}$$

は q_1 と直交するので，これを正規化して q_2 とする (図 **5.2** (a))．

$$q_2 = \frac{u_2}{\|u_2\|_2} \tag{5.41}$$

さらに，a_3 から q_1, q_2 方向の正射影を引いたベクトルは q_1, q_2 と直交するので，これを正規化して q_3 とする (図 5.2 (b))．

$$u_3 = a_3 - (a_3, q_1)q_1 - (a_3, q_2)q_2 \tag{5.42}$$

$$q_3 = \frac{u_3}{\|u_3\|_2} \tag{5.43}$$

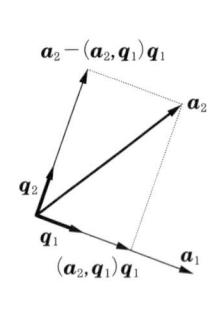

(a) q_1 と q_2 の構築 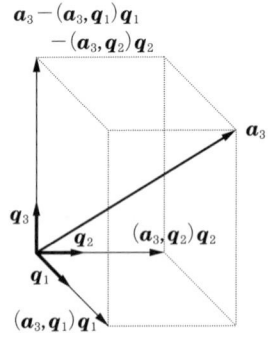　　　(b) q_3 の構築

図 **5.2**　グラム・シュミットの直交化

以上のように，$k=1$ から始め，

$$\boldsymbol{q}_1 = \frac{\boldsymbol{a}_1}{r_{11}} \qquad r_{11} = \|\boldsymbol{a}_1\|_2 = \sqrt{(\boldsymbol{a}_1, \boldsymbol{a}_1)} \tag{5.44}$$

以下同様に $k=2,3,\cdots,n$ について，新しいベクトル $\boldsymbol{q}_1, \boldsymbol{q}_2, \cdots, \boldsymbol{q}_n$

$$\left.\begin{aligned}\boldsymbol{u}_k &= \boldsymbol{a}_k - \sum_{i=1}^{k-1} r_{ik} \boldsymbol{q}_i \qquad r_{ik} = (\boldsymbol{a}_k, \boldsymbol{q}_i) \\ \boldsymbol{q}_k &= \frac{\boldsymbol{u}_k}{r_{kk}} \qquad\qquad\qquad r_{kk} = \|\boldsymbol{u}_k\|_2 = \sqrt{(\boldsymbol{u}_k, \boldsymbol{u}_k)}\end{aligned}\right\} \tag{5.45}$$

を作ると，これらは正規直交系をなしている．

ここで $\boldsymbol{q}_1, \boldsymbol{q}_2, \cdots, \boldsymbol{q}_n$ を並べてできる $n \times n$ 正方行列 Q

$$Q = [\boldsymbol{q}_1 \mid \boldsymbol{q}_2 \mid \cdots \mid \boldsymbol{q}_n] \tag{5.46}$$

は $\{\boldsymbol{q}_k\}$ が正規直交系をなしているので，直交行列 ($Q^T Q = QQ^T = I$) である．式 (5.44), (5.45) においては $i \leqq k$ に対して r_{ik} が定義されており，ここで $i > k$ に対して $r_{ik} = 0$ とすると，行列 $R = [r_{ik}]$ は対角成分がすべて正である右上三角行列となる．式 (5.45) より

$$\boldsymbol{a}_k = \boldsymbol{u}_k + \sum_{i=1}^{k-1} r_{ik} \boldsymbol{q}_i = r_{kk} \boldsymbol{q}_k + \sum_{i=1}^{k-1} r_{ik} \boldsymbol{q}_i = \sum_{i=1}^{k} r_{ik} \boldsymbol{q}_i$$

と書けるので

$$\begin{bmatrix} \boldsymbol{a}_1 \mid \boldsymbol{a}_2 \mid \boldsymbol{a}_3 \mid \cdots\cdots \end{bmatrix} = \begin{bmatrix} \boldsymbol{q}_1 \mid \boldsymbol{q}_2 \mid \boldsymbol{q}_3 \mid \cdots\cdots \end{bmatrix} \begin{bmatrix} r_{11} & r_{12} & r_{13} & \cdots \\ & r_{22} & r_{23} & \\ & & r_{33} & \\ \text{\huge 0} & & & \ddots \end{bmatrix}$$

が成立し，$A = QR$ と A は直交行列 Q と右上三角行列 R との積に QR 分解されることが示された．QR 分解のアルゴリズムをつぎに示す．

```
for  k = 1  to  n
      q_k = a_k
      for  i = 1  to  k-1
            r_ik = (a_k, q_i)
            q_k = q_k - r_ik q_i
      end
```

$$r_{kk} = \|\boldsymbol{q}_k\|_2$$
$$\boldsymbol{q}_k = \boldsymbol{q}_k / r_{kk}$$
  end

〔2〕 **ハウスホルダー変換**　ハウスホルダー変換は最近よく用いられており，計算効率の点でも有効な方法である．ハウスホルダー変換とは，もとの $(n \times n)$ 行列を $A_1 = A$ として直交行列 H_k をつぎつぎに左から乗じて

$$A_{k+1} = H_k A_k = H_k H_{k-1} \cdots H_1 A \tag{5.47}$$

を形成していき，右上三角行列 $A_{n+1} = R$ を得る方法である．H_k は**基本鏡映変換** (elementary reflector) あるいは**ハウスホルダー変換** (Householder transformation) と呼ばれ，列ベクトル $\boldsymbol{v}_k$ を用いてつぎの行列で表される．

$$H_k = I - 2\boldsymbol{u}_k \boldsymbol{u}_k^T \tag{5.48a}$$
$$\boldsymbol{u}_k = \frac{\boldsymbol{v}_k}{\|\boldsymbol{v}_k\|_2} \tag{5.48b}$$

このとき $\|\boldsymbol{u}_k\|_2 = 1$ であり，H_k は対称行列 ($H_k^T = H_k$) である．さらに H_k が直交行列であることはつぎのように確認できる．

$$H_k^T H_k = (I - 2\boldsymbol{u}_k\boldsymbol{u}_k^T)(I - 2\boldsymbol{u}_k\boldsymbol{u}_k^T) = I - 4\boldsymbol{u}_k\boldsymbol{u}_k^T + 4\boldsymbol{u}_k(\boldsymbol{u}_k^T\boldsymbol{u}_k)\boldsymbol{u}_k^T = I$$

この変換はつぎの性質を有する．

性質 1

相異なる二つの列ベクトル $\boldsymbol{a}, \boldsymbol{b}$ は大きさが等しい，すなわち $\|\boldsymbol{a}\|_2 = \|\boldsymbol{b}\|_2$ とすると

$$H\boldsymbol{a} = (I - 2\boldsymbol{u}\boldsymbol{u}^T)\boldsymbol{a} = \boldsymbol{b} \qquad (\|\boldsymbol{u}\|_2 = 1) \tag{5.49}$$

を満たす $\boldsymbol{u}$ は，符号を除けばつぎに示すものに限られる．

$$\left. \begin{array}{l} \boldsymbol{u} = \dfrac{\boldsymbol{v}}{\|\boldsymbol{v}\|_2} \\ \boldsymbol{v} = \boldsymbol{a} - \boldsymbol{b} \end{array} \right\} \tag{5.50}$$

証明

$$a - b = a - (I - 2uu^T)a = 2uu^T a = 2u\left(u^T a\right)$$

より u は $a-b$ に平行であり，$a-b$ に平行で $\|u\|_2 = 1$ を満たすベクトルは式 (5.50) に限られる。

参考までに記すと

$$\left(a-b,\ \frac{a+b}{2}\right) = \frac{(a,a)-(b,b)}{2} = \frac{\|a\|_2^2 - \|b\|_2^2}{2} = 0$$

より，$a-b$ と $(a+b)/2$ は直交する。これより a と b は，図 5.3 に示すように，原点と中点 $(a+b)/2$ を通り $u=(a-b)/\|a-b\|_2$ に垂直な平面に関して対称な位置にあることがわかる。H が基本鏡映変換とも呼ばれるのはそのためである。

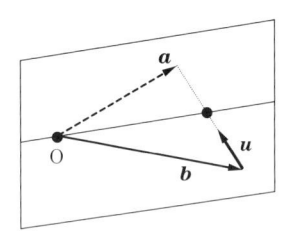

図 5.3 鏡映変換

♠

ここから変換の過程を明示するために，A の成分 a_{ij} の右肩に添字を付ける。変換の第 1 段では，行列 A_1 の第 1 列ベクトル

$$a_1 = \left[a_{11}^{(1)}, a_{21}^{(1)}, \cdots, a_{n1}^{(1)}\right]^T \tag{5.51}$$

の第 1 成分以外を 0 にする。すなわち

$$H_1 a_1 = \alpha_1 [1, 0, \cdots, 0]^T = \alpha_1 e_1 \tag{5.52}$$

が成立するように α_1 と v_1 を定めるには，性質 1 より

$$\|a_1\|_2 = \|\alpha_1 e_1\|_2 = |\alpha_1| \tag{5.53}$$

$$v_1 = a_1 - \alpha_1 e_1 \tag{5.54}$$

ととればよい。式 (5.53) より $\alpha_1 = \pm\|a_1\|_2$ であるが，桁落ちが起きないように符号を選び

$$\alpha_1 = -\mathrm{sign}\left(a_{11}^{(1)}\right) \|\boldsymbol{a}_1\|_2 \tag{5.55}$$

とする。第1段の変換の結果はつぎのように書ける。

$$H_1 A_1 = \begin{bmatrix} \alpha_1 & a_{12}^{(2)} & a_{13}^{(2)} & \cdots & a_{1n}^{(2)} \\ 0 & a_{22}^{(2)} & a_{23}^{(2)} & \cdots & a_{2n}^{(2)} \\ \vdots & \vdots & \vdots & \ddots & \vdots \\ 0 & a_{n2}^{(2)} & a_{n3}^{(2)} & \cdots & a_{nn}^{(2)} \end{bmatrix} = A_2 \tag{5.56}$$

つぎに変換の第2段では，A_2 の第1列は変えずに第2列の第2成分 $a_{22}^{(2)}$ より下を0にする。このための手順は，A_2 の第1行と第1列を除いた小行列を考えると，第1段の変換とまったく同様である。表記上は，行列 A_2 の第2列ベクトルの第1成分を0とおいて

$$\boldsymbol{a}_2 = \left[0, a_{22}^{(2)}, \cdots, a_{n2}^{(2)}\right]^T \tag{5.57}$$

とし

$$H_2 \boldsymbol{a}_2 = \alpha_2 [0, 1, 0, \cdots, 0]^T = \alpha_2 \boldsymbol{e}_2 \tag{5.58}$$

が成立するように α_2 と $\boldsymbol{v}_2$ を定めることになり

$$\boldsymbol{v}_2 = \boldsymbol{a}_2 - \alpha_2 \boldsymbol{e}_2 \tag{5.59}$$

$$\alpha_2 = -\mathrm{sign}\left(a_{22}^{(2)}\right) \|\boldsymbol{a}_2\|_2 \tag{5.60}$$

ととって $A_3 = H_2 A_2$ を求めればよい。このとき，第1行と第1列は変化しない。

このようにして第 k 段まで達すると，その最初の状態は

$$A_k = \begin{bmatrix} \alpha_1 & a_{12}^{(2)} & a_{13}^{(2)} & \cdots & & \cdots & a_{1n}^{(2)} \\ & \alpha_2 & a_{23}^{(3)} & \cdots & & \cdots & a_{2n}^{(3)} \\ & & \ddots & & & & \vdots \\ & & & \alpha_{k-1} & a_{k-1,k}^{(k)} & \cdots & a_{k-1,n}^{(k)} \\ & & & & a_{kk}^{(k)} & \cdots & a_{kn}^{(k)} \\ & & \mathbf{0} & & \vdots & & \vdots \\ & & & & a_{nk}^{(k)} & \cdots & a_{nn}^{(k)} \end{bmatrix} \tag{5.61}$$

となっているので，行列 A_k の第 k 列ベクトルの第 $k-1$ 成分までを 0 とおいて

$$\bm{a}_k = \left[0, \cdots, 0, a_{kk}^{(k)}, \cdots, a_{nk}^{(k)}\right]^T \tag{5.62}$$

とし

$$H_k \bm{a}_k = \alpha_k \bm{e}_k \tag{5.63}$$

が成立するように α_k と $\bm{v}_k$ を定めると，次式を得る．

$$\bm{v}_k = \bm{a}_k - \alpha_k \bm{e}_k \tag{5.64}$$

$$\alpha_k = -sign\left(a_{kk}^{(k)}\right) \|\bm{a}_k\|_2 \tag{5.65}$$

これを用いて第 k 段の変換

$$A_{k+1} = H_k A_k \tag{5.66}$$

を行えばよい．この変換により変化するのは，k 行 k 列以降の小行列である．

こうして式 (5.64)，(5.65) で定まる変換 (5.66) を $k=1$ 段から始めて $k=n$ 段まで終えると，右上三角行列

$$A_{n+1} = \begin{bmatrix} \alpha_1 & a_{12}^{(2)} & a_{13}^{(2)} & \cdots & a_{1n}^{(2)} \\ & \alpha_2 & a_{23}^{(3)} & \cdots & a_{2n}^{(3)} \\ & & \ddots & & \vdots \\ & \bm{0} & & \alpha_{n-1} & a_{n-1,n}^{(n)} \\ & & & & \alpha_n \end{bmatrix} = R \tag{5.67}$$

となり，つぎの形に書ける．

$$A_{n+1} = H_n H_{n-1} \cdots H_1 A = R \tag{5.68}$$

各 H_k は直交行列なのでその積 $H_n H_{n-1} \cdots H_1$ も直交行列である．ここで

$$Q^T = H_n H_{n-1} \cdots H_1 \quad \text{あるいは} \quad Q = H_1^T H_2^T \cdots H_n^T \tag{5.69}$$

とおけば

$$A = QR \tag{5.70}$$

と QR 分解が得られる。

基本鏡映変換 H_k を任意のベクトル $\boldsymbol{a}$ に作用させるとき

$$H_k\boldsymbol{a} = (I-2\boldsymbol{u}_k\boldsymbol{u}_k^T)\boldsymbol{a} = \left(I-2\frac{\boldsymbol{v}_k\boldsymbol{v}_k^T}{\boldsymbol{v}_k^T\boldsymbol{v}_k}\right)\boldsymbol{a} = \boldsymbol{a}-\left(2\frac{\boldsymbol{v}_k^T\boldsymbol{a}}{\boldsymbol{v}_k^T\boldsymbol{v}_k}\right)\boldsymbol{v}_k \quad (5.71)$$

より計算すれば，通常の行列・ベクトル演算よりも効率がよくなる。H を行列に作用させる場合は，行列の列ベクトルごとに計算すればよい。以上より，QR 分解のアルゴリズムはつぎのように書ける。

$$
\begin{aligned}
&\text{for} \quad k=1 \quad \text{to} \quad n \qquad\qquad \{\alpha_k'=-\alpha_k=\operatorname{sign}(a_{kk}^{(k)})\|\boldsymbol{a}_k\|_2\}\\
&\quad \alpha_k' := \operatorname{sign}(a_{kk})\sqrt{a_{kk}^2+a_{k+1,k}^2+\cdots+a_{nk}^2}\\
&\quad \boldsymbol{v}_k := [0,\cdots,0,\ a_{kk}+\alpha_k',\ a_{k+1,k},\cdots,a_{nk}]^T \quad \{\boldsymbol{v}_k=\boldsymbol{a}_k-\alpha_k\boldsymbol{e}_k\}\\
&\quad \beta_k := \boldsymbol{v}_k^T\boldsymbol{v}_k\\
&\quad \text{for} \quad j=k \quad \text{to} \quad n\\
&\quad\quad \gamma_j := \boldsymbol{v}_k^T\boldsymbol{a}_j\\
&\quad\quad \boldsymbol{a}_j := \boldsymbol{a}_j - (2\gamma_j/\beta_k)\boldsymbol{v}_k\\
&\quad \text{end}\\
&\text{end}
\end{aligned}
$$

上のアルゴリズムにおいて，$\boldsymbol{a}_j$ の初期値を行列 A の第 j 列ベクトルにとれば，式 (5.68) より右上三角行列が得られ，初期値を行列 I の第 j 列ベクトルにとれば，式 (5.69) より Q^T が得られる。

ここでの QR 分解により上三角行列を得る過程は 4 章で述べたガウスの消去法と酷似している。QR 分解により連立一次方程式を解くと，ガウスの消去法と比べてはるかに高い精度が得られる[8]。

なお，ここでは対角成分より下が 0 になるよう変換したが，対角成分の直下よりも下が 0 になるように変換 H_k を構成することもできる。このような H_k により A の直交変換 $H_k^T A H_k$ を逐次行うと，A が対称ならば三重対角行列，A が非対称ならばヘッセンベルグ行列が得られ，固有値は求めやすくなる (相似変換に関して固有値は不変)。

5.6 べき乗法

絶対値最大の固有値と対応する固有ベクトルを求める方法にべき乗法 (power iteration) がある。これは適当な初期ベクトル $x^{(0)} \neq 0$ から始めて

$$x^{(k)} = Ax^{(k-1)} \tag{5.72}$$

により反復を繰り返していくアルゴリズムである。

A の固有値 λ_i はすべて相異なり

$$|\lambda_1| > |\lambda_2| > \cdots > |\lambda_n| \tag{5.73}$$

とする。λ_i に対応する固有ベクトルを u_i とし，初期ベクトル $x^{(0)}$ をたがいに1次独立な固有ベクトル u_i の1次結合

$$x^{(0)} = c_1 u_1 + c_2 u_2 + \cdots + c_n u_n \tag{5.74}$$

で表すと

$$\begin{aligned} x^{(k)} &= Ax^{(k-1)} = A^2 x^{(k-2)} = \cdots = A^k x^{(0)} \\ &= A^k \sum_{i=1}^n c_i u_i = \sum_{i=1}^n c_i A^k u_i = \sum_{i=1}^n \lambda_i^k c_i u_i \\ &= \lambda_1^k \left(c_1 u_1 + \left(\frac{\lambda_2}{\lambda_1}\right)^k c_2 u_2 + \cdots + \left(\frac{\lambda_n}{\lambda_1}\right)^k c_n u_n \right) \end{aligned} \tag{5.75}$$

を得る。$i > 1$ に対し $|\lambda_i/\lambda_1| < 1$ であるから，$k \to \infty$ のとき $(\lambda_i/\lambda_1)^k \to 0$ となり，$x^{(k)}$ は以下のように λ_1 に属する固有ベクトルに収束する。

$$x^{(k)} \longrightarrow \lambda_1^k c_1 u_1 \tag{5.76}$$

また

$$\frac{{x^{(k)}}^T x^{(k)}}{{x^{(k)}}^T x^{(k-1)}} \longrightarrow \lambda_1 \tag{5.77}$$

が成立するので,固有値 λ_1 を求めることができる。

式 (5.75) からわかるように,反復 (5.72) は $\lambda_1 > 1$ の場合にはオーバーフローを引き起こし,$\lambda_1 < 1$ の場合にはアンダーフローを引き起こす。したがって実際の数値計算においては,各反復ごとにノルムが 1 になるように固有ベクトルを正規化し,以下のアルゴリズムで反復を行うべきである。

$$
\begin{aligned}
&\boldsymbol{x} := \text{与えられた初期ベクトル} (\neq \boldsymbol{0}) \\
&\text{for} \quad k = 1, 2, \cdots \\
&\quad \boldsymbol{y} := A\boldsymbol{x} \\
&\quad \boldsymbol{x} := \boldsymbol{y}/\|\boldsymbol{y}\| \\
&\text{end}
\end{aligned}
$$

このとき $\boldsymbol{x}, \boldsymbol{y}$ はつぎのものに収束する。

$$
\left.\begin{aligned}
\boldsymbol{x} &\longrightarrow \frac{\boldsymbol{u}_1}{\|\boldsymbol{u}_1\|} \\
\|\boldsymbol{y}\| &\longrightarrow |\lambda_1|
\end{aligned}\right\} \tag{5.78}
$$

5.7 逆 反 復 法

前節では絶対値最大の固有値を求める方法について述べたが,ここでは絶対値最小の固有値と対応する固有ベクトルを求める方法として,**逆反復法** (inverse iteration) について述べる。$A\boldsymbol{x} = \lambda\boldsymbol{x}$ より

$$
A^{-1}\boldsymbol{x} = \frac{1}{\lambda}\boldsymbol{x} \tag{5.79}
$$

が得られるので,A^{-1} の固有値は A の固有値の逆数であり,A と同一の固有ベクトルをもつことがわかる。したがって,前述のべき乗法により,A^{-1} の絶対値最大の固有値と対応する固有ベクトルを求めると,それと逆数関係にある A の絶対値最小の固有値と対応する固有ベクトルを求めたことになる。

この手法を拡張すれば,A のある固有値 λ_s とその固有ベクトル $\boldsymbol{u}_s$ を求めることが可能となる。λ_s の近似値 μ_s が既知であれば,適当な初期ベクトル $\boldsymbol{x}_0$ から出発して行列 $(A - \mu_s I)^{-1}$ にべき乗法

$$
\boldsymbol{x}^{(k)} = (A - \mu_s I)^{-1}\boldsymbol{x}^{(k-1)} \tag{5.80}
$$

を適用すればよい。

λ_s と u_s は $Au_s = \lambda_s u_s$ を満たしており，$(A - \mu_s I)u_s = (\lambda_s - \mu_s)u_s$ より

$$(A - \mu_s I)^{-1} u_s = \frac{1}{\lambda_s - \mu_s} u_s \tag{5.81}$$

が成り立つので，$(A - \mu_s I)^{-1}$ と A の固有ベクトルは等しい。近似値 μ_s が λ_s に十分近ければ，$1/(\lambda_s - \mu_s)$ は行列 $(A - \mu_s I)^{-1}$ の絶対値最大の固有値となる。

$$\left|\frac{1}{\lambda_s - \mu_s}\right| > \left|\frac{1}{\lambda_i - \mu_s}\right| \qquad (i \neq s) \tag{5.82}$$

したがって，反復 (5.80) により

$$x^{(k)} \longrightarrow u_s \tag{5.83}$$

すなわち固有ベクトルが得られ

$$\frac{x^{(k)T} x^{(k)}}{x^{(k)T} x^{(k-1)}} \longrightarrow \frac{1}{\lambda_s - \mu_s} \tag{5.84}$$

より固有値 λ_s が得られる。式 (5.80) における逆行列を求めるのは実用的ではないので，実際の計算では式 (5.80) と同値な連立 1 次方程式

$$(A - \mu_s I) x^{(k)} = x^{(k-1)} \tag{5.85}$$

を LU 分解法などで解くことにより反復が進められる。

べき乗法の節でも述べたように，オーバーフローあるいはアンダーフローを避けるために，各反復ごとにノルムが 1 になるように固有ベクトルを正規化し，反復 (5.80) を以下のアルゴリズムにより行う。

  $x :=$ 与えられた初期ベクトル $(\neq \mathbf{0})$
  for $k = 1, 2, \cdots$
    $(A - \mu I) y = x$ を解いて y を求める
    $x := y/\|y\|$
  end

このとき x, y はつぎのものに収束する。

$$x \longrightarrow \frac{u_s}{\|u_s\|}, \quad \|y\| \longrightarrow \left|\frac{1}{\lambda_s - \mu_s}\right| \tag{5.86}$$

章 末 問 題

【1】 例 5.1 の固有値問題において, $m_1 = m_2 = m$, $k_1 = k_2 = k_3 = k$ とする。
(1) このとき, 標準固有値問題における行列 $A = M^{-1}K$ を求めよ。
(2) 固有値 λ_i と角振動数 ω_i, 各固有値に対応する固有ベクトル $\boldsymbol{x}_i$ (おのおの 2 個ずつ存在する) をつぎの 2 種類の方法により手計算で求めよ。
- 特性方程式を用いる方法
- ヤコビ法
(3) 上記の方法で求められた結果は同等であることを確認せよ (特に固有ベクトルに留意せよ)。

【2】 図 5.4 に示される質点・ばね系の垂直運動を考える。
(1) 例 5.1 のように, 運動方程式を行列・ベクトル表示せよ。ただし重力は無視せよ。
(2) 一般固有値問題, および標準固有値問題の形に書き表せ。
(3) $m_1, m_2, m_3, k_1, k_2, k_3$ に適当な値, 例えば $m_1 = 1, m_2 = 2, m_3 = 3$, $k_1 = k_2 = k_3 = 1$ など, を適切な単位で設定し, 3 個の固有角振動数と振動モードを QR 法, べき乗法, 逆反復法などで数値計算により求めよ。

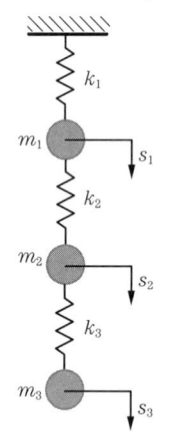

図 5.4 質点・ばね系 2

6 関数近似：補間と補外

この章では，データ点 $(x_1, y_1), (x_2, y_2), \cdots, (x_n, y_n)$ が与えられているとき，そのデータ点を連続につないで，その間にある点の値を求めたり (補間あるいは内挿という)，その外側にある点の値を求めたり (補外あるいは外挿という) することを考える。これはつぎのような問題として表現できる：

「離散的な n 個の点 $x_1, x_2, \cdots, x_n$ において，関数 $f(x)$ の値 $y_i = f(x_i)$ ($i = 1, 2, \cdots, n$) が与えられているとき，これらの点以外の点における $f(x)$ の値を目的に応じて十分な精度で近似する方法を見いだせ。」

ここで n 個の 1 次独立な関数 $\psi_0(x), \psi_1(x), \cdots, \psi_{n-1}(x)$ の系を考えよう。関数が 1 次独立であるとは，それらの 1 次結合

$$c_0 \psi_0(x) + c_1 \psi_1(x) + \cdots + c_{n-1} \psi_{n-1}(x)$$

が $c_0 = c_1 = \cdots = c_{n-1} = 0$ 以外のいかなる $c_0, c_1, \cdots, c_{n-1}$ の値に対しても恒等的に 0 になることがないということである。$\psi_j(x)$ ($j = 0, 1, \cdots, n-1$) を **基底関数** (basis function) といい，それらの 1 次結合は関数の集合を形成する。

$$F_n(x) = c_0 \psi_0(x) + c_1 \psi_1(x) + \cdots + c_{n-1} \psi_{n-1}(x) \tag{6.1}$$

により補間関数を表すことにする。$F_n(x)$ はデータ (x_i, y_i) を補間する (図 **6.1**) ことから

$$F_n(x_i) = c_0 \psi_0(x_i) + c_1 \psi_1(x_i) + \cdots + c_{n-1} \psi_{n-1}(x_i)$$
$$= y_i \tag{6.2}$$

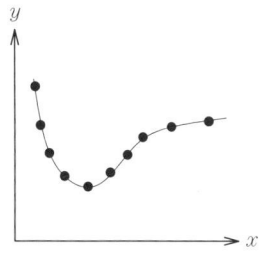

図 **6.1** データ点と補間関数

が $i = 1, 2, \cdots, n$ に対して成立するので，係数 $c_0, c_1, \cdots, c_{n-1}$ はつぎの連立一次方程式

$$Ac = y \tag{6.3}$$

$$A = \begin{bmatrix} \psi_0(x_1) & \psi_1(x_1) & \cdots & \psi_{n-1}(x_1) \\ \psi_0(x_2) & \psi_1(x_2) & \cdots & \psi_{n-1}(x_2) \\ \vdots & \vdots & & \vdots \\ \psi_0(x_n) & \psi_1(x_n) & \cdots & \psi_{n-1}(x_n) \end{bmatrix}, \quad c = \begin{bmatrix} c_0 \\ c_1 \\ \vdots \\ c_{n-1} \end{bmatrix}, \quad y = \begin{bmatrix} y_1 \\ y_2 \\ \vdots \\ y_n \end{bmatrix}$$

から定めることができる．ここに A は (i, j) 要素に $\psi_j(x_i)$ をもつ $n \times n$ 正方行列，$y = [y_i]^T$ は与えられたデータ値からなるベクトル，$c = [c_i]^T$ は求めるべき係数からなるベクトルである．

しかしながら，上式から直接 c_i を求めるのは，効率が悪いうえに次節で示すように誤差が大きくなりがちである．本章では，効率よく十分な精度で補間を行う方法を示す．

6.1 多項式補間法

ここでは補間関数を多項式で表す場合を考える．**多項式補間法** (polynomial interpolation) を表す最も自然な方法は，**単項関数** (monomial)

$$\psi_j(x) = x^j \tag{6.4}$$

を基底にとって補間関数を

$$F_n(x) = c_0 + c_1 x + \cdots + c_{n-1} x^{n-1} \tag{6.5}$$

と表すものである．この多項式がデータ (x_i, y_i) $(i = 1, 2, \cdots, n)$ を補間することから，係数 c_i は方程式 (6.3)，すなわち

$$Ac = \begin{bmatrix} 1 & x_1 & \cdots & x_1^{n-1} \\ 1 & x_2 & \cdots & x_2^{n-1} \\ \vdots & \vdots & & \vdots \\ 1 & x_n & \cdots & x_n^{n-1} \end{bmatrix} \begin{bmatrix} c_0 \\ c_1 \\ \vdots \\ c_{n-1} \end{bmatrix} = \begin{bmatrix} y_1 \\ y_2 \\ \vdots \\ y_n \end{bmatrix} = \boldsymbol{y} \tag{6.6}$$

を満たさねばならない。x_i がすべて異なる値であるならば行列 A は正則であるので c_i の値は求まり，補間関数 (6.5) が定まる。しかしながら，連立一次方程式 (6.6) を解く手間を要するうえに，高次の多項式を扱う場合行列 A は悪条件になり伝播誤差を招きがちである。これは図 **6.2** に示したように，**単項基底関数** (monomial basis functions) x^j は高次になるほど似た分布になるので，行列 A の列は 1 次独立性から遠ざかり，特異に近づくためである[2]。そのため多項式補間は通常次節以下に示す方法で行われる。

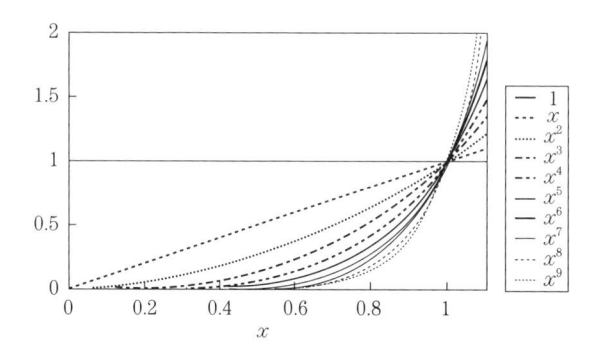

図 6.2 単項基底関数

6.1.1 ラグランジュ補間法

独立変数に対応するたがいに異なる点 $x_1, x_2, \cdots, x_n$ とそれらの点における関数値 $f(x_1), f(x_2), \cdots, f(x_n)$ が与えられていると仮定する。問題は，$k = 1, 2, \cdots, n$ に対して $F_n(x_k) = f(x_k)$ となるようなたかだか $n-1$ 次の補間多項式 $F_n(x)$ を見いだすことである。この補間関数は

$$F_n(x) = f(x_1) L_1^{(n-1)}(x) + f(x_2) L_2^{(n-1)}(x) + \cdots$$
$$+ f(x_n) L_n^{(n-1)}(x)$$
$$= \sum_{k=1}^{n} f(x_k) L_k^{(n-1)}(x) \tag{6.7}$$

と書ける。ここで $L_k^{(n-1)}(x)$ は x に関して $n-1$ 次の多項式であり，つぎの条件から決定されるものである。

$$L_k^{(n-1)}(x_l) = \delta_{kl} = \begin{cases} 1 & (l = k) \\ 0 & (l \neq k) \end{cases} \tag{6.8}$$

この条件を満足する多項式は**ラグランジュ基底関数** (Lagrange basis functions) と呼ばれ，一意的に次式で与えられる。

$$L_k^{(n-1)}(x) = \frac{(x-x_1)(x-x_2)\cdots(x-x_{k-1})(x-x_{k+1})\cdots(x-x_n)}{(x_k-x_1)(x_k-x_2)\cdots(x_k-x_{k-1})(x_k-x_{k+1})\cdots(x_k-x_n)} \tag{6.9}$$

式 (6.7), (6.9) を**ラグランジュ補間法** (Lagrange interpolation) という。これにより，単項基底による補間式 (6.5) の係数を式 (6.6) から求める場合とは異なり，データ点が与えられるとそれらを補間する多項式はただちに定められる。ただし，x に対する補間値 $F_n(x)$ を計算するのに，単項基底を用いる式 (6.5) に比べてラグランジュ基底 (6.9) を用いる公式 (6.7) は計算時間が多くなる。これを軽減するために以下に導く式を使うことがある。n 次の多項式

$$\pi_n(x) = (x-x_1)(x-x_2)\cdots(x-x_n) \tag{6.10}$$

を導入し，その 1 階導関数

$$\pi_n'(x) = \sum_{i=1}^{n}(x-x_1)(x-x_2)\cdots(x-x_i)'\cdots(x-x_n)$$
$$= \sum_{i=1}^{n}(x-x_1)(x-x_2)\cdots(x-x_{i-1})(x-x_{i+1})\cdots(x-x_n)$$

に x_k を代入したもの

6.1 多項式補間法   117

$$\pi'_n(x_k) = (x_k-x_1)(x_k-x_2)\cdots(x_k-x_{k-1})(x_k-x_{k+1})\cdots(x_k-x_n) \tag{6.11}$$

を使えば，式 (6.9) は

$$L_k^{(n-1)}(x) = \frac{\pi_n(x)}{(x-x_k)\pi'_n(x_k)} \tag{6.12}$$

と書ける。これを式 (6.7) に代入すれば，ラグランジュの補間公式は $\pi_n(x)$ がくくり出された形で表せる。

$$F_n(x) = \pi_n(x) \sum_{k=1}^{n} \frac{f(x_k)}{(x-x_k)\pi'_n(x_k)} \tag{6.13}$$

例 6.1　(3次多項式 ($n=4$) の場合)　式 (6.7) によるラグランジュ補間は以下のように表わされる。

$$F_4(x) = f(x_1)L_1^{(3)}(x) + f(x_2)L_2^{(3)}(x) + f(x_3)L_3^{(3)}(x) + f(x_4)L_4^{(3)}(x)$$

$$\left.\begin{array}{l} L_1^{(3)}(x) = (x-x_2)(x-x_3)(x-x_4)/(x_1-x_2)(x_1-x_3)(x_1-x_4) \\ L_2^{(3)}(x) = (x-x_1)(x-x_3)(x-x_4)/(x_2-x_1)(x_2-x_3)(x_2-x_4) \\ L_3^{(3)}(x) = (x-x_1)(x-x_2)(x-x_4)/(x_3-x_1)(x_3-x_2)(x_3-x_4) \\ L_4^{(3)}(x) = (x-x_1)(x-x_2)(x-x_3)/(x_4-x_1)(x_4-x_2)(x_4-x_3) \end{array}\right\}$$

等間隔に4点が与えられた場合のラグランジュ基底関数 $L_1^{(3)}(x) \sim L_4^{(3)}(x)$ を図 **6.3** に示す。図中の各基底は以下の条件を満たしていることがわかる。

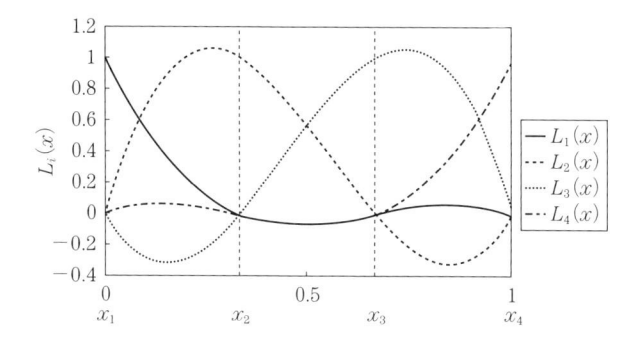

図 **6.3**　ラグランジュ基底関数 ($n=4$)

$$\left.\begin{array}{llll}L_1^{(3)}(x_1)=1, & L_2^{(3)}(x_1)=0, & L_3^{(3)}(x_1)=0, & L_4^{(3)}(x_1)=0 \\ L_1^{(3)}(x_2)=0, & L_2^{(3)}(x_2)=1, & L_3^{(3)}(x_2)=0, & L_4^{(3)}(x_2)=0 \\ L_1^{(3)}(x_3)=0, & L_2^{(3)}(x_3)=0, & L_3^{(3)}(x_3)=1, & L_4^{(3)}(x_3)=0 \\ L_1^{(3)}(x_4)=0, & L_2^{(3)}(x_4)=0, & L_3^{(3)}(x_4)=0, & L_4^{(3)}(x_4)=1\end{array}\right\}$$

ラグランジュ補間は式 (6.13) の形にも書ける。

$$F_4(x) = \pi_4(x)\left(\frac{f(x_1)}{(x-x_1)\pi_4'(x_1)} + \frac{f(x_2)}{(x-x_2)\pi_4'(x_2)}\right.$$
$$\left. + \frac{f(x_3)}{(x-x_3)\pi_4'(x_3)} + \frac{f(x_4)}{(x-x_4)\pi_4'(x_4)}\right)$$

$$\left.\begin{array}{lllll}\pi_4(x) &= (x-x_1) & (x-x_2) & (x-x_3) & (x-x_4) \\ \pi_4'(x_1) = & & (x_1-x_2) & (x_1-x_3) & (x_1-x_4) \\ \pi_4'(x_2) = (x_2-x_1) & & (x_2-x_3) & (x_2-x_4) \\ \pi_4'(x_3) = (x_3-x_1) & (x_3-x_2) & & (x_3-x_4) \\ \pi_4'(x_4) = (x_4-x_1) & (x_4-x_2) & (x_4-x_3)\end{array}\right\}$$

6.1.2 ニュートン補間法

ラグランジュ補間法は，n 個の点を補間するたかだか $n-1$ 次の多項式を定めるものであるが，同じ補間多項式を，データ点を零点にもつ多項式列（**ニュートン基底関数**, Newton basis functions）

$$\pi_0(x) = 1$$
$$\pi_1(x) = (x - x_1)$$
$$\vdots$$
$$\pi_{n-1}(x) = (x-x_1)(x-x_2)\cdots(x-x_{n-1})$$

に関して展開した形，すなわち**ニュートン補間法** (Newton interpolation)

$$F_n(x) = f[x_1] + (x-x_1)f[x_1,x_2] + (x-x_1)(x-x_2)f[x_1,x_2,x_3] + \cdots$$
$$+ (x-x_1)(x-x_2)\cdots(x-x_{n-1})f[x_1,x_2,\cdots,x_n] \quad (6.14)$$
$$= F_{n-1}(x) + (x-x_1)(x-x_2)\cdots(x-x_{n-1})f[x_1,x_2,\cdots,x_n]$$
$$(6.15)$$

の形式で表せる。ここに，係数 $f[x_1], f[x_1, x_2], \cdots$ は，以下の漸化式

$$0 \text{階差分商}: f[x_1] = f(x_1) \tag{6.16}$$

$$1 \text{階差分商}: f[x_1, x_2] = \frac{f[x_2] - f[x_1]}{x_2 - x_1} \tag{6.17}$$

$$2 \text{階差分商}: f[x_1, x_2, x_3] = \frac{f[x_2, x_3] - f[x_1, x_2]}{x_3 - x_1} \tag{6.18}$$

$$\vdots$$

$$n-1 \text{階差分商}: f[x_1, x_2, \cdots, x_n] = \frac{f[x_2, \cdots, x_n] - f[x_1, \cdots, x_{n-1}]}{x_n - x_1} \tag{6.19}$$

により定義される $f(x)$ の差分商である。

ニュートンの補間公式 (6.14) が，与えられたデータ点をしかと補間している，すなわち

$$F_n(x_k) = f(x_k) \qquad (k = 1, 2, \cdots, n) \tag{6.20}$$

を満たすことは，式 (6.14) に順次 $x = x_k$ を代入していくことによって確かめられる。まず x_1 を代入すると

$$F_n(x_1) = f[x_1] = f(x_1) \tag{6.21}$$

となる。つぎに x_2 を代入すると

$$\begin{aligned} F_n(x_2) &= f[x_1] + (x_2 - x_1)f[x_1, x_2] \\ &= f[x_1] + (f[x_2] - f[x_1]) = f(x_2) \end{aligned} \tag{6.22}$$

となる。さらに x_3 を代入すると

$$\begin{aligned} F_n(x_3) &= f[x_1] + (x_3 - x_1)f[x_1, x_2] + (x_3 - x_1)(x_3 - x_2)f[x_1, x_2, x_3] \\ &= f[x_1] + (x_2 - x_1)(f[x_1, x_2]) + (x_3 - x_2)f[x_2, x_3] \\ &= f[x_1] + (f[x_2] - f[x_1]) + (f[x_3] - f[x_2]) = f(x_3) \end{aligned} \tag{6.23}$$

となる，というようにこの操作を続けていけばよい[5]。

ニュートン補間法の正当性はラグランジュ補間法と同様，加えていくデータ点の順番によらない。n 個のデータ点は固定しておいてそれに新たに 1 個のデータ点を付加するとき，ラグランジュ補間法ではすべての項が変化するのに対して，ニュートン補間法では式 (6.15) に示されるように単に一つの項が付加されるだけである。ニュートン補間法のこのような特徴は，多項式補間の誤差評価を行うのに適している。

なお等間隔に 4 点が与えられた場合におけるニュートン基底関数 $\pi_0(x) \sim \pi_4(x)$ を図 **6.4** に示す。

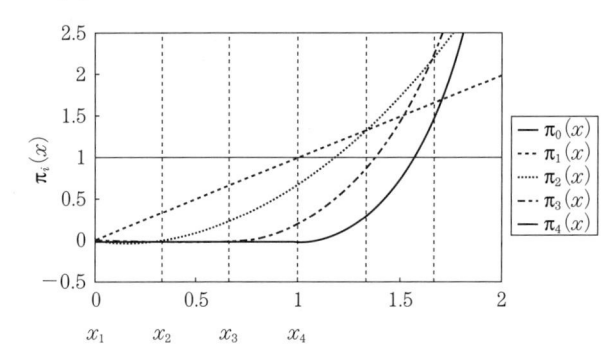

図 **6.4** ニュートン基底関数 ($n = 4$)

6.1.3 直交多項式補間

直交多項式 (orthogonal polynomial) は基底関数として重要であり，補間法のみならず，最小二乗法や数値積分にも多く用いられる。

〔1〕 **直交多項式系**　区間 $[a, b]$ 上で定義された関数 $p_j(x), p_k(x)$ の内積を，重み関数（密度関数とも呼ばれる）$w(x)$ を含めて以下のように定義する。

$$(p_j, p_k)_w = \int_a^b p_j(x) p_k(x) w(x) dx \tag{6.24}$$

重み関数 $w(x)$ は，区間 $[a, b]$ で連続で有限個の点で 0 になることを除けば正である。関数 $p_j(x)$ と $p_k(x)$ が以下の関係式を満たすとき，直交するという。

$$(p_j, p_k)_w = \lambda_j \delta_{jk} = \begin{cases} \lambda_j & (j = k) \\ 0 & (j \neq k) \end{cases} \tag{6.25}$$

多項式の列 $\{p_i(x)\}$ が直交関係を満たすとき,これを直交多項式系といい,特に $\lambda_j = 1$ のとき正規直交多項式系という。各 $p_i(x)$ は i 次直交多項式であり,多項式の集合が与えられると,原理的にはグラム・シュミットの直交化のプロセス(5.5.2項〔1〕に示したベクトルの直交化と同様のプロセス)により,$p_0(x), p_1(x), p_2(x), \cdots$ の順に構成していくことができる。

任意の関数 $f(x)$ を直交多項式系により展開するとき

$$f(x) = c_0 p_0(x) + c_1 p_1(x) + \cdots + c_i p_i(x) + \cdots \tag{6.26}$$

$f(x)$ と $p_i(x)$ との内積

$$(f, p_i)_w = \Big(\sum_{j=0}^{\infty} c_j p_j, p_i\Big)_w = c_i (p_i, p_i)_w = c_i \lambda_i$$

から,係数 c_i はただちに求まる。

$$c_i = \frac{(f, p_i)_w}{\lambda_i} \tag{6.27}$$

〔2〕 **選点直交多項式系** 以上の事柄に相当する関係は,離散的な系にも成り立つ。n 個の相異なるデータ点 $x_1, x_2, \cdots, x_n$ における j 次多項式 $p_j(x)$ の値を第 i 成分にもつベクトルを $\boldsymbol{p}_j = [\, p_j(x_i) \,]^T$ と表し,重み $w_i > 0$ ($i = 1, 2, \cdots, n$) を含めて内積を以下のように定義する。

$$(\boldsymbol{p}_j, \boldsymbol{p}_k)_w \equiv \sum_{i=1}^{n} w_i p_j(x_i) p_k(x_i) \tag{6.28}$$

ベクトル $\boldsymbol{p}_0, \cdots, \boldsymbol{p}_{n-1}$ がたがいに直交するとき,すなわち

$$(\boldsymbol{p}_j, \boldsymbol{p}_k)_w = \lambda_j \delta_{jk} \tag{6.29}$$

のとき,多項式系 $p_0(x), p_1(x), \cdots, p_{n-1}(x)$ は選点 $\{x_j\}$ に関してたがいに直交するといい,これらを**選点直交多項式系**という。選点直交多項式を基底関数にとって補間関数を表してみよう。

$$F_n(x) = c_0 p_0(x) + c_1 p_1(x) + \cdots + c_{n-1} p_{n-1}(x) \tag{6.30}$$

この関数が x_i において $f(x_i)$ を補間するならば,$f(x_i)$ を第 i 成分にもつベクトルを $\boldsymbol{f} = [\,f(x_i)\,]^T$ とおいて

$$c_0 \boldsymbol{p}_0 + c_1 \boldsymbol{p}_1 + \cdots + c_{n-1} \boldsymbol{p}_{n-1} = \boldsymbol{f}$$

なる関係式が成り立つので,$\boldsymbol{f}$ と $\boldsymbol{p}_i$ との内積

$$(\boldsymbol{f},\,\boldsymbol{p}_i)_w = \Big(\sum_{j=0}^{n-1} c_j \boldsymbol{p}_j,\,\boldsymbol{p}_i\Big)_w = c_i(\boldsymbol{p}_i,\boldsymbol{p}_i)_w = c_i \lambda_i$$

から係数 c_i は以下のように求まる。

$$c_i = \frac{1}{\lambda_i}(\boldsymbol{f},\,\boldsymbol{p}_i)_w = \frac{1}{\lambda_i}\sum_{k=1}^{n} w_k f(x_k) p_i(x_k) \tag{6.31}$$

ここでベクトル $\boldsymbol{p}_j$ を第 $j+1$ 列ベクトルとする $(n \times n)$ 行列を P,λ_j を対角成分とする対角行列を Λ,w_j を対角成分とする対角行列を W

$$P = \begin{bmatrix} p_0(x_1) & p_1(x_1) & \cdots & p_{n-1}(x_1) \\ p_0(x_2) & p_1(x_2) & \cdots & p_{n-1}(x_2) \\ \vdots & \vdots & & \vdots \\ p_0(x_n) & p_1(x_n) & \cdots & p_{n-1}(x_n) \end{bmatrix},$$

$$W = \begin{bmatrix} w_1 & & & 0 \\ & w_2 & & \\ & & \ddots & \\ 0 & & & w_n \end{bmatrix},\quad \Lambda = \begin{bmatrix} \lambda_0 & & & 0 \\ & \lambda_1 & & \\ & & \ddots & \\ 0 & & & \lambda_{n-1} \end{bmatrix}$$

とすると,選点直交性 (6.29) は

$$P^T W P = \Lambda$$

と表せるので,$\Lambda^{-1} = (P^T W P)^{-1} = (WP)^{-1}(P^T)^{-1}$ より

$$WP\Lambda^{-1}P^T = I \quad \text{(単位行列)}$$

が導かれ,つぎの関係が成り立つことがわかる。

$$w_k \sum_{i=0}^{n-1} \frac{1}{\lambda_i} p_i(x_k) p_i(x_l) = \delta_{kl} \tag{6.32}$$

6.1 多項式補間

〔**3**〕 **直交多項式の選点直交性**　さて，直交多項式は以下の性質をもつ[4)]。

(1) 区間 $[a,b]$ 上で定義される n 次直交多項式 $p_n(x)$ $(n \geq 1)$ の零点はすべて相異なる実数の単根で，しかも区間 (a,b) の中に存在する。

(2) n 次直交多項式 $p_n(x)$ の零点 $x_1, \cdots, x_n$ に関して，$n-1$ 次以下の直交多項式 $p_j(x)$ $(j = 0, 1, \cdots, n-1)$ は選点直交多項式系 (6.29)

$$(\boldsymbol{p}_j, \boldsymbol{p}_k)_w \equiv \sum_{i=1}^n w_i p_j(x_i) p_k(x_i) = \lambda_j \delta_{jk} \tag{6.33}$$

となっている。ここに λ_j は関数の直交関係 (6.25) から

$$\lambda_j = \int_a^b (p_j(x))^2 w(x) dx \tag{6.34}$$

と定まり，w_j は選点直交性より導かれる式 (6.32) から定まるものである。

$$w_j = 1 \left/ \sum_{i=0}^{n-1} \frac{(p_i(x_j))^2}{\lambda_i} \right. \tag{6.35}$$

〔**4**〕 **直交多項式補間とラグランジュ補間**　以上のように直交多項式を用いて定められる選点直交多項式補間 (6.30), (6.31) を**直交多項式補間**という。これが，同じく多項式によるラグランジュ補間とどのように結び付いているのか調べよう。$(n-1)$ 次多項式までの選点直交関係 (6.32) と $(n-1)$ 次ラグランジュ基底関数 (6.9) であるための条件 (6.8) を比較すると，ラグランジュ基底関数は

$$L_k^{(n-1)}(x) = w_k \sum_{i=0}^{n-1} \frac{1}{\lambda_i} p_i(x_k) p_i(x) \tag{6.36}$$

とも表せることがわかる。これより，直交多項式補間 (6.30), (6.31) はつぎのようにラグランジュ補間公式の形に書ける。

$$\begin{aligned} F_n(x) &= \sum_{i=0}^{n-1} c_i p_i(x) = \sum_{i=0}^{n-1} \Big(\frac{1}{\lambda_i} \sum_{k=1}^n w_k f(x_k) p_i(x_k) \Big) p_i(x) \\ &= \sum_{k=1}^n f(x_k) \Big(w_k \sum_{i=0}^{n-1} \frac{1}{\lambda_i} p_i(x_k) p_i(x) \Big) \\ &= \sum_{k=1}^n f(x_k) L_k^{(n-1)}(x) \end{aligned} \tag{6.37}$$

つまり, n 次の直交多項式 $p_n(x)$ の零点 $x_1, \cdots, x_n$ において $f(x_1), \cdots, f(x_n)$ が与えられているとき, それらの点を $n-1$ 次以下の直交多項式により補間する式は $n-1$ 次ラグランジュ補間公式に等しい ことがわかる.

〔5〕 **直交多項式の漸化式と具体例** 本来の直交多項式系, および選点直交多項式系には以下の形の3項漸化式

$$p_{k+1}(x) = (\alpha_{k+1} x + \beta_{k+1}) p_k(x) - \gamma_{k+1} p_{k-1}(x) \tag{6.38}$$

が存在するので, 関数形を求めるのに有効である. ここでよく知られた直交多項式系を**表 6.1** にまとめ, 2,3 の多項式系の具体的な形を以下に記す.

表 **6.1** 直交多項式系

名称	記号	区間	$w(x)$	λ_n
ルジャンドル (Legendre) 多項式	$P_k(x)$	$[-1,1]$	1	$2/(2n+1)$
チェビシェフ (Chebyshev) 多項式	$T_k(x)$	$[-1,1]$	$(1-x^2)^{-1/2}$	$\pi/2$ ただし $\lambda_0 = \pi$
ラゲール (Laguerre) 多項式	$L_k(x)$	$[0,\infty)$	e^{-x}	1
エルミート (Hermite) 多項式	$H_k(x)$	$(-\infty,\infty)$	e^{-x^2}	$\sqrt{\pi} 2^n n!$

1. ルジャンドル多項式 (Legendre polynomials)

k 次ルジャンドル多項式 $P_k(x)$ は区間 $[-1,1]$ 上で

$$P_k(x) = \frac{1}{2^k k!} \frac{d^k}{dx^k}(x^2 - 1)^k \tag{6.39}$$

により与えられ, 以下の漸化式を満たす.

$$(k+1) P_{k+1}(x) = (2k+1) x P_k(x) - k P_{k-1}(x) \tag{6.40}$$

ルジャンドル多項式の最初の数項を以下に記し, 併せて図 **6.5** に示す.

$$\left. \begin{array}{ll} P_0(x) &= 1 \\ P_1(x) &= x \\ P_2(x) &= (3x^2 - 1)/2 \\ P_3(x) &= (5x^3 - 3x)/2 \\ P_4(x) &= (35x^4 - 30x^2 + 3)/8 \\ P_5(x) &= (63x^5 - 70x^3 + 15x)/8 \\ \vdots & \end{array} \right\} \tag{6.41}$$

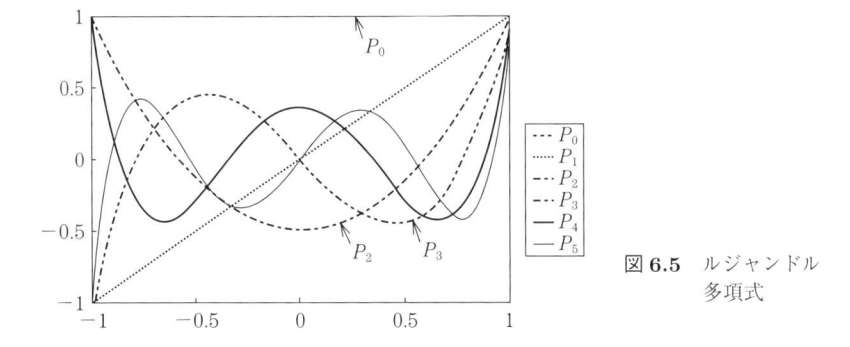

図 6.5 ルジャンドル多項式

ルジャンドル多項式は重みが 1 であるため，ガウス型数値積分によく用いられる。

2. チェビシェフ多項式 (Chebyshev polynomials)

k 次第 1 種チェビシェフ多項式 $T_k(x)$ は区間 $[-1, 1]$ 上で

$$T_k(x) = \cos\left(k\,\cos^{-1}(x)\right) \tag{6.42}$$

により与えられる。これを多項式として表現するには三角関係式を用いることになるが，より簡単に求めるには，$T_0(x) = 1$, $T_1(x) = x$ から出発して式 (6.42) から導かれる 3 項漸化式を用いればよい。

$$T_{k+1}(x) = 2\,x\,T_k(x) - T_{k-1}(x) \tag{6.43}$$

チェビシェフ多項式の最初の数項を以下に記し，併せて図 **6.6** に示す。

$$\left.\begin{aligned}
T_0(x) &= 1 \\
T_1(x) &= x \\
T_2(x) &= 2x^2 - 1 \\
T_3(x) &= 4x^3 - 3x \\
T_4(x) &= 8x^4 - 8x^2 + 1 \\
T_5(x) &= 16x^5 - 20x^3 + 5x \\
&\vdots
\end{aligned}\right\} \tag{6.44}$$

チェビシェフ多項式の特徴は，T_k の最高次 x^k の係数は 2^{k-1} であり T_k の極値が $1, -1, 1, -1, \cdots$ のように同じ大きさで振動することである。この

図 6.6 チェビシェフ多項式

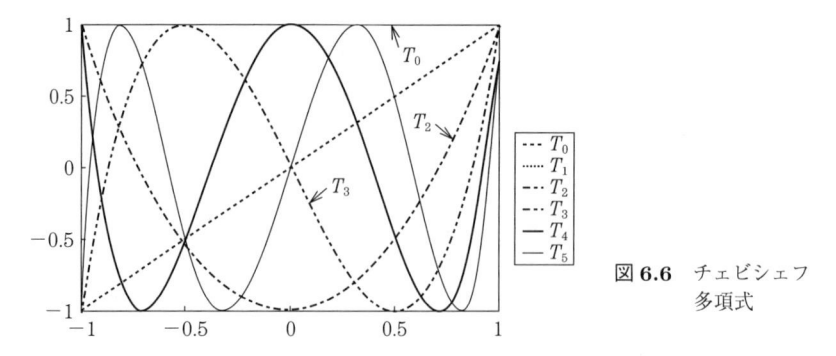

ためチェビシェフ補間 (チェビシェフ多項式を用いた補間) では誤差分布が均一になり，最大誤差を最小に抑える傾向がある (付録 D[1)] 参照)。式 (6.37) で調べたように，チェビシェフ補間は 1 だけ次数の高いチェビシェフ多項式の根をラグランジュ補間における補間点にとるものと同等であり，k 次チェビシェフ多項式 T_k(6.42) の k 個の零点は

$$x_i = \cos\left(\frac{(2i-1)\pi}{2k}\right) \qquad (i = 1, 2, \cdots, k) \tag{6.45}$$

端点も含めた $k+1$ 個の極値は

$$x_i = \cos\left(\frac{i\pi}{k}\right) \qquad (i = 0, 1, 2, \cdots, k) \tag{6.46}$$

において与えられる。これらはいずれもチェビシェフ点と呼ばれる。チェビシェフ点は区間 $[-1, 1]$ の中央付近では疎，区間の端付近では密に分布する。

6.2 反復1次補間法

1 次補間を反復して多項式補間を構成していく方法を**反復 1 次補間法** (successive linear interpolation) という。これには補間法と補外法がある。

6.2.1 ネヴィル補間法

ラグランジュ補間法やニュートン補間法と同じく多項式補間の一つにネヴィ

ル補間法 (Neville interpolation) がある．2 点 $(x_j, f(x_j))$, $(x_k, f(x_k))$ を補間する直線の式は

$$\frac{y - f(x_j)}{x - x_j} = \frac{f(x_k) - f(x_j)}{x_k - x_j}$$

で表される (図 **6.7**) ので，これから得られる 1 次補間法

$$y = \frac{(x_k - x)f(x_j) - (x_j - x)f(x_k)}{x_k - x_j} \tag{6.47}$$

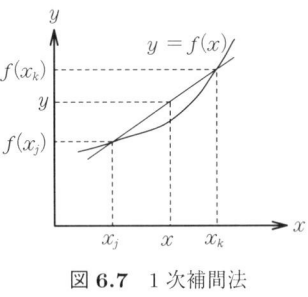

図 **6.7** 1 次補間法

を反復して用いることにより，多項式補間を行うものである．

ネヴィル補間法では，$k\,(=1,2,\cdots,n)$ 番目の補間点

$$p_{k,1} = f(x_k) \tag{6.48}$$

を付加するごとに，$k \geqq 2$ では反復

$$p_{k,j} = \frac{(x_k - x)\,p_{k-1,j-1} - (x_{k-j+1} - x)\,p_{k,j-1}}{x_k - x_{k-j+1}} \qquad (j = 2, \cdots, k) \tag{6.49}$$

により多項式系 $\{p_{k,j}\}$ を計算し，x における補間値とする．反復の順序は図 **6.8** (a) に示すとおりであり，このとき $p_{n,n}$ は n 個のデータ点 $(x_i, f(x_i))$, $i = 1, \cdots, n$ を補間するたかだか $n-1$ 次の式となっている (証明は後述)．反復補間はエイトケン (Aitken) の考案によるものであるが，ネヴィル補間では，図 6.8 (b) のように補間値を求めたい x の値に近い順に $x_1, x_2, \cdots, x_n$ をとっていく[7]．

数値計算における反復打切りは，あらかじめ与えた ϵ について

$$|p_{k,k} - p_{k,k-1}| < \epsilon \tag{6.50}$$

が成り立つとき行う．つまり与えられた n 個のデータ点のうち x の近傍にあるものから順に補間多項式を構成していき，必ずしも n 個全部のデータ点を用いるわけではない．

⇒⇒⇒　j：補間多項式の次数を増す方向

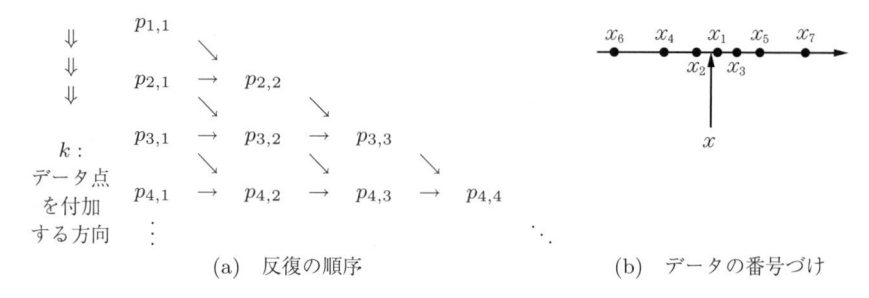

```
⇓        p_{1,1}
⇓               ↘
⇓        p_{2,1} → p_{2,2}
                ↘        ↘
k:       p_{3,1} → p_{3,2} → p_{3,3}
データ点          ↘        ↘        ↘
を付加   p_{4,1} → p_{4,2} → p_{4,3} → p_{4,4}
する方向    ⋮
```

(a)　反復の順序　　　　　　　　(b)　データの番号づけ

図 **6.8**　ネヴィル補間のアルゴリズム

さて，点 $x_{i_1}, \cdots, x_{i_k}$ 上で関数 $f(x)$ を補間する多項式を $P(\{x_{i_1}, \cdots, x_{i_k}\}, x)$ と表すとき，反復法 (6.48), (6.49) により求まる $p_{n,n}$ が n 個のデータ点 $(x_i, f(x_i))$ $(i = 1, \cdots, n)$ を補間するたかだか $n-1$ 次の多項式

$$p_{n,n}(x) = P(\{x_1, x_2, \cdots, x_n\}, x) \tag{6.51}$$

となることを証明しよう．もし $p_{k,j}(x)$ が j 個の点 $x_{k-j+1}, x_{k-j+2}, \cdots, x_k$ において $f(x)$ を補間するたかだか $j-1$ 次の多項式となっていること，すなわち

$$p_{k,j}(x) = P(\{x_{k-j+1}, x_{k-j+2}, \cdots, x_k\}, x) \tag{6.52}$$

が証明されるならば，$k = j = n$ とおいて式 (6.51) が成立することになる．

このことを数学的帰納法により証明しよう[11]．

1) $j = 1$ のとき，式 (6.48) より $p_{k,1}(x)$ が 1 点 $f(x_k)$ を補間するのは明らかなので，式 (6.52) すなわち $p_{k,1}(x) = P(\{x_k\}, x)$ は成立する．

2) $j - 1 \geqq 1$ のとき，式 (6.52) が成立すると仮定する．すると j に対する $p_{k,j}(x)$ の計算式 (6.49)

$$p_{k,j}(x) = \frac{(x_k - x)\, p_{k-1,j-1}(x) - (x_{k-j+1} - x)\, p_{k,j-1}(x)}{x_k - x_{k-j+1}} \tag{6.53}$$

において，仮定より $p_{k-1,j-1}(x)$, $p_{k,j-1}(x)$ には式 (6.52) が成立し

$$p_{k-1,j-1}(x) = P(\{x_{k-j+1}, x_{k-j+2}, \cdots, x_{k-1}\}, x) \tag{6.54a}$$

$$p_{k,j-1}(x) = P(\{x_{k-j+2}, \cdots, x_{k-1}, x_k\}, x) \tag{6.54b}$$

と書ける。二つの補間多項式 $p_{k-1,j-1}(x)$ と $p_{k,j-1}(x)$ は点 x_{k-j+2}, x_{k-j+3}, $\cdots, x_{k-1}$ を共通の補間点にもち,点 x_{k-j+1} および点 x_k をそれぞれ前者 $p_{k-1,j-1}(x)$ および後者 $p_{k,j-1}(x)$ に固有の補間点としてもつ。添字 j, k のとりうる値の範囲から $x_{k-j+1} \neq x_k$ である。$p_{k-1,j-1}(x)$ および $p_{k,j-1}(x)$ はそれぞれ $j-1$ 個の補間点をもつたかだか $j-2$ 次多項式であるので,$p_{k,j}(x)$ はたかだか $j-1$ 次多項式である。もし $p_{k,j}(x)$ が $p_{k-1,j-1}(x)$ と $p_{k,j-1}(x)$ のすべての補間点(j 個)上で $f(x)$ を補間しているならば,補間多項式の一意性から式 (6.52) は成り立つことになる。

式 (6.53) に,共通の補間点 x_i, $i = k-j+2, k-j+3, \cdots, k-1$ を代入すると

$$p_{k-1,j-1}(x_i) = p_{k,j-1}(x_i) = f(x_i) \tag{6.55}$$

より

$$p_{k,j}(x_i) = f(x_i) \tag{6.56}$$

を得,$p_{k-1,j-1}(x)$ に固有の補間点 x_{k-j+1} を式 (6.53) に代入すると

$$p_{k,j}(x_{k-j+1}) = p_{k-1,j-1}(x_{k-j+1}) = f(x_{k-j+1}) \tag{6.57}$$

となり,また $p_{k,j-1}(x)$ に固有の補間点 x_k を式 (6.53) に代入すると

$$p_{k,j}(x_k) = p_{k,j-1}(x_k) = f(x_k) \tag{6.58}$$

となる。このように $p_{k,j}(x)$ は $p_{k-1,j-1}(x)$ と $p_{k,j-1}(x)$ のすべての補間点 x_i ($i = k-j+1, k-j+2, \cdots, k$) 上で $f(x)$ を補間することが確かめられたので,式 (6.52) は成り立ち,証明は終わる。

6.2.2 リチャードソン補外法

以上述べてきた補間法は,いくつかの点での関数値が与えられた時任意の点

に対する関数値を求めるものであるので，その「間」にある点での関数値を求めるのと同様にして，その「外」にある点での関数値を求める補外法としても用いることができる．

特に，区間 $(0, h]$ $(h > 0)$ において十分に滑らかな関数 $f(x)$ の $x \to 0$ における値 $\lim_{x \to 0} f(x)$ を求めるとき，補外法は有効である．2 点 $(x_j, f(x_j)), (x_k, f(x_k))$ を通る直線 (6.47) の $x = 0$ における値は，1 次補外法

$$y = \frac{x_k f(x_j) - x_j f(x_k)}{x_k - x_j} \quad (6.59)$$

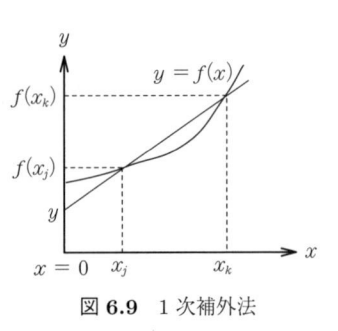

により表される（図 **6.9**）ので，これを反復すれば多項式補外により精度よく $\lim_{x \to 0} f(x)$ の近似値を求めることができる．

図 6.9 1 次補外法

適当な正数 $q < 1$ を定めて $x_k = q^{k-1} h$ $(k = 1, 2, \cdots, n)$ とおくと，k を大きくすると x_k は 0 に近づく．この順に $x_1, x_2, \cdots$ を与え，ネヴィル補間法をそのまま使って $x = 0$ における値を求めればよい．k $(k = 1, 2, \cdots, n)$ 番目の点

$$p_{k,1} = f(x_k) = f(q^{k-1} h) \quad (6.60)$$

を付加するごとに，$k \geqq 2$ では反復

$$p_{k,j+1} = \frac{x_k \, p_{k-1,j} - x_{k-j} \, p_{k,j}}{x_k - x_{k-j}} = \frac{q^j \, p_{k-1,j} - p_{k,j}}{q^j - 1}$$

$$= \frac{(1/q)^j \, p_{k,j} - p_{k-1,j}}{(1/q)^j - 1} \quad (j = 1, \cdots, k-1) \quad (6.61)$$

により多項式系 $\{p_{k,j+1}\}$ を計算し，$x = 0$ における補外値とする．このとき $p_{n,n}$ は，n 個のデータ点 $(x_i, f(x_i))$ $(i = 1, \cdots, n)$ を補間するたかだか $n-1$ 次式の $x = 0$ における値に等しい．この $n-1$ 次多項式を

$$p_{n,n}(x) = c_0 + c_1 x + \cdots + c_{n-1} x^{n-1} \quad (6.62)$$

と表現すると，$p_{n,n}$ は $x = 0$ における値すなわち c_0 に等しいことになる．あらかじめ与えた ϵ に対して収束判定式

$$|p_{k,k} - p_{k-1,k-1}| < \epsilon \tag{6.63}$$

を満たすとき，$p_{k,k}$ は極限値 $\lim_{x \to 0} f(x)$ の補外となっている。

この補外法はリチャードソン補外法 (Richardson extrapolation) と呼ばれ，数値積分や数値微分において区間分割幅を零にもっていくときの極限値を求める際にも用いられる。

6.3 多項式補間法の誤差

n 個のデータ点が与えられたとき，それらを補間するたかだか $n-1$ 次の多項式は一つに定まるので，表現方法は異なるにせよ，ラグランジュ補間法はじめニュートン補間法などの補間法も同一の多項式を指すことになる。いま $f(x)$ を十分に滑らかな関数とし，$F_n(x)$ を n 個の点 $x_1, x_2, \cdots, x_n$ において $f(x)$ を補間するたかだか $n-1$ 次の多項式とすれば，誤差 $\varepsilon_n(x)$ は以下のように表される。

$$\varepsilon_n(x) \equiv F_n(x) - f(x) = -\frac{(x-x_1)(x-x_2)\cdots(x-x_n)}{n!}\frac{d^n f(\xi)}{dx^n} \tag{6.64}$$

ここで ξ は $x_1, \cdots, x_n, x$ を含む最小区間の中にある点である (付録 D[1)] 参照)。

ただし ξ の値が未知であることに加え $d^n f(x)/dx^n$ の計算は一般に煩雑になるので，上式を誤差の推定に用いることには限界がある。しかしながら，n 階微係数 $d^n f(\xi)/dx^n$ を含む誤差の表現から誤差の振舞いを定性的にある程度は知ることができるし，またもし f の n 階微係数が有界であり考える区間において $|d^n f(x)/dx^n| \leq M$ なる M が既知であるならば，$h = \max_{i=1,\cdots,n-1}\{x_{i+1} - x_i\}$ として，以下のような粗い誤差評価を行うことができる。

$$|\varepsilon_n(x)| \leq \frac{h^n}{4n}M \tag{6.65}$$

これは補間点の数 n が増して h が小さくなるほど誤差が減少することを示しているが，$|d^n f(x)/dx^n|$ が n とともに急激に増大するときはその限りではない。

ルンゲはその例として，関数

$$f(x) = \frac{1}{1+25x^2} \tag{6.66}$$

を取り上げ，区間 $[-1,1]$ において等間隔のデータ点 x_k を無限に増やしていく (したがって次数を無限に高くしていく) とき，補間多項式が区間の端付近で発散することを証明した。この例における発散の原因は虚の特異点 $x=\pm i/5$ が補間データ点 x_k の近傍に存在することによる[3]。このような場合にはチェビシェフ補間を用いてデータ点を (等間隔ではなく) 区間の端付近で密にとれば，誤差がより均一に分布し収束へと向かうことが知られている (付録 D[1] 参照)。例として，図 6.10 に 10 次多項式による等間隔補間とチェビシュフ補間を示す。

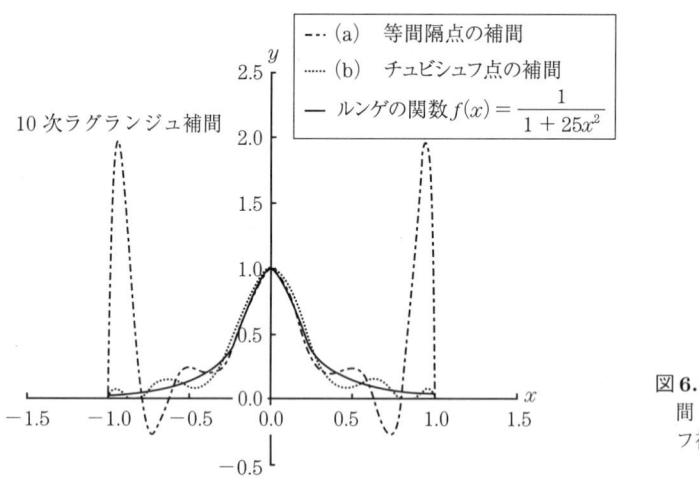

図 6.10 等間隔補間とチェビシェフ補間

6.4 エルミート補間法

エルミート補間法 (Hermite interpolation) とは，関数値のみならずその 1 階微係数も補間する多項式補間法である。たがいに異なる点 $x_1, x_2, \cdots, x_n$ 上で $f(x_1), f(x_2), \cdots, f(x_n)$ のみならず $f'(x_1), f'(x_2), \cdots, f'(x_n)$ も与えられているとき，これらの点と一致するような補間多項式 $G(x)$ を作ってみよう。

$G(x)$ は $i = 1, 2, \cdots, n$ に対し $G(x_i) = f(x_i)$ と $dG(x_i)/dx = f'(x_i)$ の $2n$ 個の条件を満たすことから，たかだか $2n-1$ 次の多項式であるので，改めて $G^{(2n-1)}(x)$ と記述しつぎの形を仮定する。

$$G^{(2n-1)}(x) = \sum_{k=1}^{n} f(x_k)\, H_{0k}^{(2n-1)}(x) + \sum_{k=1}^{n} f'(x_k)\, H_{1k}^{(2n-1)}(x) \tag{6.67}$$

ここに $H_{0k}^{(2n-1)}(x)$ と $H_{1k}^{(2n-1)}(x)$ はたかだか $2n-1$ 次の多項式であり，以下のように定められる。

まず $G^{(2n-1)}(x_i) = f(x_i)$ なる条件を満たすためには

$$\left.\begin{array}{l} H_{0k}^{(2n-1)}(x_i) = \delta_{ki} \\ H_{1k}^{(2n-1)}(x_i) = 0 \end{array}\right\} \quad (k, i = 1, 2, \cdots, n) \tag{6.68}$$

つぎに $\dfrac{d}{dx}\bigl(G^{(2n-1)}(x_i)\bigr) = f'(x_i)$ なる条件を満たすためには

$$\left.\begin{array}{l} \dfrac{d}{dx}\bigl(H_{0k}^{(2n-1)}(x_i)\bigr) = 0 \\ \dfrac{d}{dx}\bigl(H_{1k}^{(2n-1)}(x_i)\bigr) = \delta_{ki} \end{array}\right\} \quad (k, i = 1, 2, \cdots, n) \tag{6.69}$$

でなければならない。さてラグランジュ補間における基底関数 $L_k^{(n-1)}(x)$ は $n-1$ 次の多項式で，$L_k^{(n-1)}(x_i) = \delta_{ki}$ である。$H_{0k}^{(2n-1)}$，$H_{1k}^{(2n-1)}$ がたかだか $2n-1$ 次の多項式となるように

$$\left.\begin{array}{l} H_{0k}^{(2n-1)}(x) = g_{0k}(x)\bigl(L_k^{(n-1)}(x)\bigr)^2 \\ H_{1k}^{(2n-1)}(x) = g_{1k}(x)\bigl(L_k^{(n-1)}(x)\bigr)^2 \end{array}\right\} \tag{6.70}$$

とおくと，条件 (6.68)，(6.69) を満たすべく 1 次式 $g_{0k}(x)$，$g_{1k}(x)$ は以下のように定められ

$$\left.\begin{array}{l} g_{0k}(x) = 1 - 2\,\dfrac{d}{dx}\bigl(L_k^{(n-1)}(x_k)\bigr)\,(x - x_k) \\ g_{1k}(x) = x - x_k \end{array}\right\} \tag{6.71}$$

結局次式が得られる。

$$H_{0k}^{(2n-1)}(x) = \left(1 - 2\frac{d}{dx}\bigl(L_k^{(n-1)}(x_k)\bigr)(x-x_k)\right)\bigl(L_k^{(n-1)}(x)\bigr)^2$$
$$H_{1k}^{(2n-1)}(x) = (x-x_k)\bigl(L_k^{(n-1)}(x)\bigr)^2 \quad (6.72)$$

このように多項式 (6.67), (6.72) によって表される補間式をエルミート補間公式といい，補間点上の関数値と 1 階微係数が与えられていれば一意的に定まる．

エルミート補間多項式 $G^{(2n-1)}(x)$ の誤差 $\varepsilon^{(2n-1)}(x)$ はつぎのように評価される．$f(x)$ を十分に滑らかな関数とすれば，$x \in [x_1, x_n]$ なる x に対して

$$\begin{aligned}\varepsilon^{(2n-1)}(x) &\equiv G^{(2n-1)}(x) - f(x) \\ &= -\frac{((x-x_1)(x-x_2)\cdots(x-x_n))^2}{(2n)!}\frac{d^{2n}f(\xi)}{dx^{2n}}\end{aligned} \quad (6.73)$$

を満たす $\xi \in (x_1, x_n)$ が存在する (証明は文献 6), 11) などを参照のこと)．

6.5 区間多項式補間法

6.3 節で考察したように，ラグランジュ補間公式において次数をただむやみに高くしても，非常に凹凸の多い不自然な結果に陥ることがある．そこで，全区間をいくつかの小区間に分けて，各区間ごとに低次の多項式近似を用い，各区間の境界において滑らかに接続するように補間多項式を定める方法が考案された (図 **6.11**)．これを**区間多項式補間法** (piecewise polynomial interpolation) と呼ぶ．ここでは区間エルミート補間法とスプライン補間法について述べる．

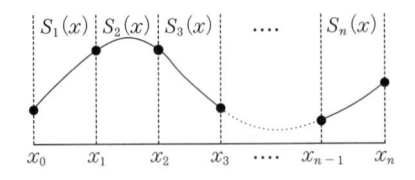

図 **6.11** 区間多項式補間

6.5.1 区間エルミート補間法

エルミート補間において，式の複雑さを避けて計算効率を得ながらも柔軟性を保つために，通常は3次多項式による**区間エルミート補間法** (Hermite cubic interpolation) が好まれる。

いま，区間 $[x_0, x_1]$ 上の3次エルミート補間多項式を $G^{(3)}(x)$ とし，両端における関数値が y_0 および y_1，両端における1階微係数が y_0' および y_1' となるように $G^{(3)}(x)$ を定めたい。そのために

$$G^{(3)}(x) = y_0 H_{00}(x) + y_1 H_{01}(x) + y_0' H_{10}(x) + y_1' H_{11}(x) \tag{6.74}$$

において，以下の条件

$$\left.\begin{aligned}
&G^{(3)}(x_0) = y_0 \text{ より}\\
&\quad H_{00}(x_0)=1 \quad H_{01}(x_0)=0 \quad H_{10}(x_0)=0 \quad H_{11}(x_0)=0\\
&G^{(3)}(x_1) = y_1 \text{ より}\\
&\quad H_{00}(x_1)=0 \quad H_{01}(x_1)=1 \quad H_{10}(x_1)=0 \quad H_{11}(x_1)=0\\
&dG^{(3)}(x_0)/dx = y_0' \text{ より}\\
&\quad H_{00}'(x_0)=0 \quad H_{01}'(x_0)=0 \quad H_{10}'(x_0)=1 \quad H_{11}'(x_0)=0\\
&dG^{(3)}(x_1)/dx = y_1' \text{ より}\\
&\quad H_{00}'(x_1)=0 \quad H_{01}'(x_1)=0 \quad H_{10}'(x_1)=0 \quad H_{11}'(x_1)=1
\end{aligned}\right\}$$

を満足する**3次エルミート基底関数** (Hermite basis functions) $H_{00}(x), H_{01}(x), H_{10}(x), H_{11}(x)$ を求めると

$$\left.\begin{aligned}
H_{00}(x) &= \left(1 - 2\frac{x-x_0}{x_0-x_1}\right)\left(\frac{x-x_1}{x_0-x_1}\right)^2\\
H_{01}(x) &= \left(1 - 2\frac{x-x_1}{x_1-x_0}\right)\left(\frac{x-x_0}{x_1-x_0}\right)^2\\
H_{10}(x) &= (x-x_0)\left(\frac{x-x_1}{x_0-x_1}\right)^2\\
H_{11}(x) &= (x-x_1)\left(\frac{x-x_0}{x_1-x_0}\right)^2
\end{aligned}\right\} \tag{6.75}$$

となる (図 **6.12**)。これらは式 (6.72) からも直接求められる。

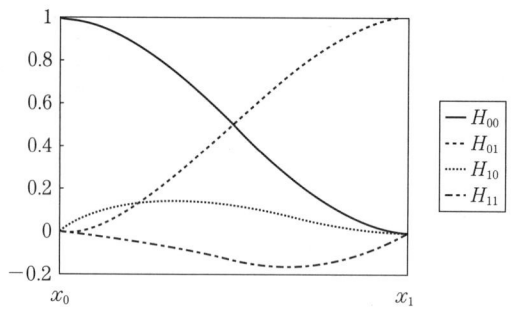

図 6.12 3次エルミート基底関数

式 (6.74) および式 (6.75) を整理すれば次の式を得る。

$$G^{(3)}(x) = \left(\frac{x-x_1}{h_1}\right)^2 \left((3y_0 + h_1 y_0') + \frac{x-x_1}{h_1}(2y_0 + h_i y_0')\right)$$
$$+ \left(\frac{x-x_0}{h_1}\right)^2 \left((3y_1 - h_1 y_1') - \frac{x-x_0}{h_1}(2y_1 - h_1 y_1')\right)$$
(6.76)

$$h_1 = x_1 - x_0 \tag{6.77}$$

ここで，$x_0, x_1, \cdots, x_n$ 上において $y_0, y_1, \cdots, y_n$ が与えられているとし，区間 $[x_{i-1}, x_i]$ $(i = 1, 2, \cdots, n)$ ごとに3次エルミート補間を行うことを考える。式 (6.76) を各区間に適用すると，関数値の連続性はもちろんのこと，$y_0', y_1', \cdots, y_n'$ の値にかかわらず1階微係数の連続性は保証されるので，それら $n+1$ 個の y_i' は自由パラメータとして残される。つまり区間エルミート補間多項式は一意的に定まらず，自由パラメータは結果を調節したり，単調性 (単調増加・単調減少を指す) などを課したりするために用いることもできる。

6.5.2　スプライン補間法

スプラインという言葉は，かつて造船・自動車などの設計分野において，滑らかな曲線を描くときに用いられてきた弾性帯材 (spline) に由来する。スプライン上に適当な数の重し (weight) を置いて押さえると，指定点を通過する滑らかな曲線を作り出すことができる。弾性論によれば，弾性曲線はスプラインに

蓄えられる曲げエネルギーの総和を最小とするような形状に変形する。

$$\text{曲げエネルギーの総和} = \frac{EI}{2}\int_0^l \kappa(s)^2 ds \implies \text{最小}$$

ここに $\kappa(s)$ はスプラインの曲率，E はヤング率，I は断面2次モーメント（EI は曲げ剛性），l はスプラインの全長，s はスプラインの長さに関するパラメータである。

このような物理的スプラインに端を発して，数学的スプラインが一般化された形で発展してきた。増加実数列 $x_0, x_1, \cdots, x_n$ を通る m 次スプライン関数とは，つぎの二つの条件を満足する関数 $S(x)$ である。

i) $S(x)$ は各小区間 (x_i, x_{i+1}) で m 次かそれ以下の多項式である。

ii) $S(x)$ とその $1, 2, \cdots, m-1$ 階微分は (x_0, x_n) で連続である。

スプライン関数の中で最もよく利用されるものは，物理的なスプラインに対応する3次スプライン関数であり，これを用いた補間法を**スプライン補間法**（cubic spline interpolation）と呼ぶ。いま $x_0, x_1, \cdots, x_n$ 上において $y_0, y_1, \cdots, y_n$ が与えられているものとする。区間 $[x_{i-1}, x_i]$ 上の式を $S_i(x)$ とし，両端における値が y_{i-1} および y_i，両端における1階微係数が y'_{i-1} および y'_i となる3次式は，すでに導いた区間3次エルミート補間多項式 (6.76) より

$$S_i(x) = \left(\frac{x-x_i}{h_i}\right)^2 \left((3y_{i-1} + h_i y'_{i-1}) + \frac{x-x_i}{h_i}(2y_{i-1} + h_i y'_{i-1})\right) \\ + \left(\frac{x-x_{i-1}}{h_i}\right)^2 \left((3y_i - h_i y'_i) - \frac{x-x_{i-1}}{h_i}(2y_i - h_i y'_i)\right) \tag{6.78}$$

$$h_i = x_i - x_{i-1} \tag{6.79}$$

となる。すなわちこの式を用いれば，$S(x)$ と $S'(x)$ の連続性は保証されるわけである。2階微係数は

$$S''_i(x) = \frac{2}{h_i^2}(3y_{i-1} + h_i y'_{i-1}) + \frac{6(x-x_i)}{h_i^3}(2y_{i-1} + h_i y'_{i-1}) \\ + \frac{2}{h_i^2}(3y_i - h_i y'_i) - \frac{6(x-x_{i-1})}{h_i^3}(2y_i - h_i y'_i) \tag{6.80}$$

となるので，2階微分が各区間の境界において連続であるための条件（図 **6.13**）

$$S_i''(x_i) = S_{i+1}''(x_i) \quad (i=1,2,\cdots,n-1)$$

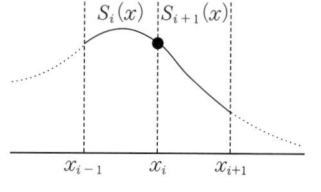

図 **6.13** 接続条件

より

$$\frac{6}{h_i^2}y_{i-1} - \frac{6}{h_i^2}y_i + \frac{2}{h_i}y_{i-1}' + \frac{4}{h_i}y_i'$$
$$= -\frac{6}{h_{i+1}^2}y_i + \frac{6}{h_{i+1}^2}y_{i+1} - \frac{4}{h_{i+1}}y_i' - \frac{2}{h_{i+1}}y_{i+1}'$$

が求まる。これより未知数 y_i' ($i=0,1,2,\cdots,n-1,n$) を求めるために

$$\frac{1}{h_i}y_{i-1}' + \left(\frac{2}{h_i} + \frac{2}{h_{i+1}}\right)y_i' + \frac{1}{h_{i+1}}y_{i+1}'$$
$$= -\frac{3}{h_i^2}y_{i-1} + \left(\frac{3}{h_i^2} - \frac{3}{h_{i+1}^2}\right)y_i + \frac{3}{h_{i+1}^2}y_{i+1} \quad (6.81)$$

と整理する。この接続条件は区間境界点 $i=1,2,\cdots,n-1$ において成立する。

しかしこの系は未知数 $y_0',\ y_n'$ が $n+1$ 個であるのに対し，条件式 (6.81) は端点を除いた境界点において $n-1$ 個しか与えられていないので，条件が2個不足していることになる。端点 $x_0,\ x_n$ においてつぎに記す i) や ii) のような適切な条件を与えることにより，系を解くことが可能となる。

i) よく用いられる端点条件は $S''(x)=0$ であり，つぎのようになる。このとき自然スプラインと呼ばれる。

$$S_1''(x_0)=0 \text{ より} \quad \frac{2}{h_1}y_0' + \frac{1}{h_1}y_1' = -\frac{3}{h_1^2}y_0 + \frac{3}{h_1^2}y_1 \quad (6.82\text{a})$$

$$S_n''(x_n)=0 \text{ より} \quad \frac{1}{h_n}y_{n-1}' + \frac{2}{h_n}y_n' = -\frac{3}{h_n^2}y_{n-1} + \frac{3}{h_n^2}y_n$$
$$(6.82\text{b})$$

ii) 別の端点条件は，両端にて1階微係数 $y_0',\ y_n'$ の値を与えるものである。$y_0',\ y_n'$ の値が未定であるならば，次式などで近似する。

$$y_0' = \frac{y_1 - y_0}{h_1} \quad (6.83\text{a})$$

$$y_n' = \frac{y_n - y_{n-1}}{h_n} \quad (6.83\text{b})$$

連立 1 次方程式系 (6.81) は端点条件 (6.82a), (6.82b), あるいは端点条件 (6.83a), (6.83b) を含めて y'_i $(i = 0, 1, 2, \cdots, n)$ に関する三項方程式となっている。

$$\begin{bmatrix} \dfrac{2}{h_1} & \dfrac{1}{h_1} & & & & & \\ \dfrac{1}{h_1} & \left(\dfrac{2}{h_1}+\dfrac{2}{h_2}\right) & \dfrac{1}{h_2} & & & \mathbf{0} & \\ & \ddots & \ddots & \ddots & & & \\ & & \dfrac{1}{h_i} & \left(\dfrac{2}{h_i}+\dfrac{2}{h_{i+1}}\right) & \dfrac{1}{h_{i+1}} & & \\ & & & \ddots & \ddots & \ddots & \\ & \mathbf{0} & & & \dfrac{1}{h_{n-1}} & \left(\dfrac{2}{h_{n-1}}+\dfrac{2}{h_n}\right) & \dfrac{1}{h_n} \\ & & & & & \dfrac{1}{h_n} & \dfrac{2}{h_n} \end{bmatrix} \begin{bmatrix} y'_0 \\ y'_1 \\ \vdots \\ y'_i \\ \vdots \\ y'_{n-1} \\ y'_n \end{bmatrix} = \begin{bmatrix} d_0 \\ d_1 \\ \vdots \\ d_i \\ \vdots \\ d_{n-1} \\ d_n \end{bmatrix}$$

ここに d_i は, $i = 1, \cdots, n-1$ においては式 (6.81) の右辺項であり, $i = 0$ および $i = n$ においてはそれぞれ式 (6.82a), (6.82b) (あるいは式 (6.83a), (6.83b)) の右辺項である。これは 4.7 節で示した効率的なアルゴリズムにより解ける。y'_i が $i = 0, 1, 2, \cdots, n$ に対して求まれば, 区間 $[x_{i-1}, x_i]$ におけるスプライン関数 $S_i(x)$ は式 (6.78), (6.79) から得られる。

章 末 問 題

【1】 区間 $x \in [-1, 1]$ 上で定義されたルンゲの関数

$$f(x) = \frac{1}{1 + 25x^2}$$

により, n 個のデータ点 $(x_k, f(x_k))$ をつぎの 2 通りで与える。

(a) 等間隔の点:

$$x_k = -1 + 2\frac{k-1}{n-1} \qquad (k = 1, 2, \cdots, n)$$

(b) チェビシェフ点† (区間中央付近では疎，区間の端付近では密)：
$$x_k = \cos\left(\frac{2k-1}{n}\frac{\pi}{2}\right) \quad (k = 1, 2, \cdots, n)$$

6.3 節の図 6.10 では，$n = 11$ の場合における (a), (b) それぞれに対するラグランジュ補間が示されている．ここで補間点の数を $n = \cdots, 7, 11, 15, \cdots$ などに変えてつぎの補間を行い，得られた結果を $y = f(x)$ とともに図示せよ．
(1) (a), (b) それぞれの場合に対するラグランジュ補間
(2) (a), (b) それぞれの場合に対するスプライン補間

【2】 問題【1】の結果を踏まえたうえで，どのような補間法が望ましいか論ぜよ．

---

† チェビシェフ点とはチェビシェフ多項式の零点であり，n 次チェビシェフ多項式の n 個の零点を通る $n-1$ 次ラグランジュ補間は $n-1$ 次チェビシェフ補間 (直交多項式補間の一つ) である (6.1.3 項参照)．

7 関数近似：線形最小二乗法

実験などの m 個のデータ点 $(x_1,y_1),(x_2,y_2),\cdots,(x_m,y_m)$ が与えられているとき，そのデータ点に含まれる誤差を平均化効果により最小にするように，x に関する y の近似関係式を導く方法がある．ここではそのような関数近似の一つとして，線形最小二乗法について述べる．

n 個の1次独立な関数 $\psi_0(x),\psi_1(x),\cdots,\psi_{n-1}(x)$ の1次結合

$$F_n(x) = c_0\psi_0(x) + c_1\psi_1(x) + \cdots + c_{n-1}\psi_{n-1}(x) \tag{7.1}$$

により y の近似関数を表すことにする．ただしデータ点の個数 m は以下の条件を満たすとする (補間の場合には $m=n$)．

$$m \geq n \tag{7.2}$$

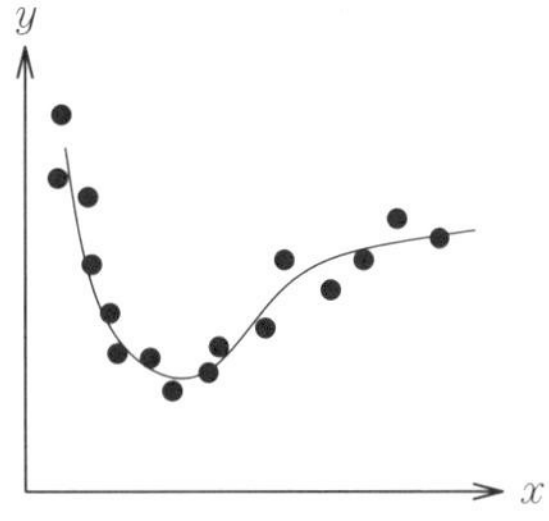

式 (7.1) を m 個のデータ点 $x_1,x_2,\cdots,x_m$ で評価するとき，それぞれ $y_1,y_2,\cdots,y_m$ を近似する (図 **7.1**) ように，つまりつぎの近似式が成り立つように，係数 $c_0,c_1,\cdots,c_{n-1}$ を定めたい．

$$A\,\boldsymbol{c} \approx \boldsymbol{y} \tag{7.3}$$

図 **7.1** データと近似関数

$$A=\begin{bmatrix}\psi_0(x_1) & \psi_1(x_1) & \cdots & \psi_{n-1}(x_1)\\ \psi_0(x_2) & \psi_1(x_2) & \cdots & \psi_{n-1}(x_2)\\ \vdots & \vdots & & \vdots \\ \psi_0(x_m) & \psi_1(x_m) & \cdots & \psi_{n-1}(x_m)\end{bmatrix},\ \boldsymbol{c}=\begin{bmatrix}c_0\\ c_1\\ \vdots \\ c_{n-1}\end{bmatrix},\ \boldsymbol{y}=\begin{bmatrix}y_1\\ y_2\\ \vdots \\ y_m\end{bmatrix} \tag{7.4}$$

ここに A は m 行 n 列の行列, c は要素数 n のベクトル, y は要素数 m のベクトルである。

7.1 正規方程式

初めに簡単な例として, 1 次式による最小二乗近似を示す。

例 7.1 (1 次関数による最小二乗近似)　m 個の実験データ $(x_1, y_1), (x_2, y_2),$ $\cdots, (x_m, y_m)$ に対し, $\psi_0(x)=1$, $\psi_0(x)=x$ として 1 次式

$$F_1(x) = c_0 + c_1 x \tag{7.5}$$

で最小二乗近似を行おう (**図 7.2**)。データ点 x_i における残差を

$$r_i = y_i - F_1(x_i)$$

とし, 全データに対する残差の 2 乗和

$$S = \sum_{i=1}^{m}(r_i)^2 = \sum_{i=1}^{m}\bigl(y_i - (c_0 + c_1 x_i)\bigr)^2$$

が最小になるように係数 c_0, c_1 を定めたい。このため, S を c_0, c_1 で偏微分したものを 0 とおき

$$\left.\begin{aligned}\frac{\partial S}{\partial c_0} &= 2\sum_{i=1}^{m}\bigl(y_i - (c_0 + c_1 x_i)\bigr)(-1) = 0 \\ \frac{\partial S}{\partial c_1} &= 2\sum_{i=1}^{m}\bigl(y_i - (c_0 + c_1 x_i)\bigr)(-x_i) = 0\end{aligned}\right\}$$

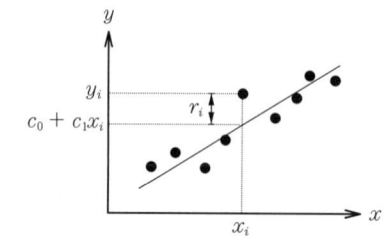

図 7.2　データと近似関数 (1 次式)

整理すると

$$
\left.\begin{aligned}
\Bigl(\sum_{i=1}^{m} y_i\Bigr) - \Bigl(m\,c_0 + \Bigl(\sum_{i=1}^{m} x_i\Bigr)c_1\Bigr) &= 0 \\
\Bigl(\sum_{i=1}^{m} y_i x_i\Bigr) - \Bigl(\Bigl(\sum_{i=1}^{m} x_i\Bigr)c_0 + \Bigl(\sum_{i=1}^{m} x_i^2\Bigr)c_1\Bigr) &= 0
\end{aligned}\right\}
$$

を得る。連立 1 次方程式

$$
\begin{bmatrix} m & \sum_{i=1}^{m} x_i \\ \sum_{i=1}^{m} x_i & \sum_{i=1}^{m} x_i^2 \end{bmatrix} \begin{bmatrix} c_0 \\ c_1 \end{bmatrix} = \begin{bmatrix} \sum_{i=1}^{m} y_i \\ \sum_{i=1}^{m} y_i x_i \end{bmatrix} \tag{7.6}
$$

を解いて c_0, c_1 を求めると，最小二乗近似式 (7.5) が定まる。

さて，式 (7.1) を近似関数とし，残差ベクトル $\boldsymbol{r}$ を次式により定義する。

$$
\boldsymbol{r} = \boldsymbol{y} - A\,\boldsymbol{c} \tag{7.7}
$$

残差ベクトルに対する 2 ノルムの 2 乗，すなわち各点における残差の 2 乗和

$$
\begin{aligned}
S &= \|\boldsymbol{r}\|_2^2 = \|\boldsymbol{y} - A\,\boldsymbol{c}\|_2^2 \\
&= \sum_{i=1}^{m} \Bigl(y_i - \bigl(c_0\psi_0(x_i) + c_1\psi_1(x_i) + \cdots + c_{n-1}\psi_{n-1}(x_i)\bigr)\Bigr)^2
\end{aligned} \tag{7.8}
$$

が最小になるように係数 $c_0, c_1, \cdots, c_{n-1}$ を定める問題を考える。c_k は，S を各 c_k で微分して 0 とおいた式を満足しなければならない。

$$
\begin{aligned}
\frac{\partial S}{\partial c_k} = 2\sum_{i=1}^{m} \Bigl(y_i - \bigl(c_0\psi_0(x_i) + c_1\psi_1(x_i) + \cdots \\
+ c_{n-1}\psi_{n-1}(x_i)\bigr)\Bigr)\bigl(-\psi_k(x_i)\bigr) = 0
\end{aligned}
$$

$k = 0, 1, \cdots, n-1$ に対して上式を整理すると，**正規方程式** (normal equation)

$$
\Psi \boldsymbol{c} = \boldsymbol{b} \tag{7.9}
$$

$$\Psi = \begin{bmatrix} \sum_{i=1}^{m} \psi_0(x_i)\psi_0(x_i) & \sum_{i=1}^{m} \psi_0(x_i)\psi_1(x_i) & \cdots & \sum_{i=1}^{m} \psi_0(x_i)\psi_{n-1}(x_i) \\ \sum_{i=1}^{m} \psi_1(x_i)\psi_0(x_i) & \sum_{i=1}^{m} \psi_1(x_i)\psi_1(x_i) & \cdots & \sum_{i=1}^{m} \psi_1(x_i)\psi_{n-1}(x_i) \\ \vdots & \vdots & & \vdots \\ \sum_{i=1}^{m} \psi_{n-1}(x_i)\psi_0(x_i) & \sum_{i=1}^{m} \psi_{n-1}(x_i)\psi_1(x_i) & \cdots & \sum_{i=1}^{m} \psi_{n-1}(x_i)\psi_{n-1}(x_i) \end{bmatrix}$$

$$\boldsymbol{b} = \begin{bmatrix} \sum_{i=1}^{m} y_i \psi_0(x_i) \\ \sum_{i=1}^{m} y_i \psi_1(x_i) \\ \vdots \\ \sum_{i=1}^{m} y_i \psi_{n-1}(x_i) \end{bmatrix}$$

を得る．ここに Ψ は $n \times n$ 正方行列，$\boldsymbol{b}$ は要素数 n のベクトルである．係数 c_k はこの連立 1 次方程式の解として得られるので，近似式 (7.1) $F_n(x)$ が定まる．このように残差の 2 乗和が最小になるように近似式を定める手法を最小二乗法という．式 (7.1) において係数 $c_0, c_1, \cdots, c_{n-1}$ が線形に現れるこの手法を，特に線形最小二乗法という．

実験データから近似式を作る場合，単項関数の列 $\{1, x, x^2, \cdots\}$ が 1 次独立であることから

$$\psi_j(x) = x^j \tag{7.10}$$

とおいて，$n-1$ 次多項式

$$F_n(x) = c_0 + c_1 x + c_2 x^2 + \cdots + c_{n-1} x^{n-1} \tag{7.11}$$

による最小二乗近似とすることが多い．このとき正規方程式 (7.9) の行列 Ψ と右辺ベクトル $\boldsymbol{b}$ は以下のようになる．

$$\Psi = \begin{bmatrix} m & \sum_{i=1}^{m} x_i & \cdots & \sum_{i=1}^{m} x_i^{n-1} \\ \sum_{i=1}^{m} x_i & \sum_{i=1}^{m} x_i^2 & \cdots & \sum_{i=1}^{m} x_i^n \\ \vdots & \vdots & & \vdots \\ \sum_{i=1}^{m} x_i^{n-1} & \sum_{i=1}^{m} x_i^n & \cdots & \sum_{i=1}^{m} x_i^{2(n-1)} \end{bmatrix}, \quad \boldsymbol{b} = \begin{bmatrix} \sum_{i=1}^{m} y_i \\ \sum_{i=1}^{m} y_i x_i \\ \vdots \\ \sum_{i=1}^{m} y_i x_i^{n-1} \end{bmatrix}$$

なお,式 (7.4) における行列 A の第 $k+1$ 列からなる列ベクトルを $\boldsymbol{a}_k$ とすると,行列 A は

$$A = [\, \boldsymbol{a}_0 \mid \boldsymbol{a}_1 \mid \cdots \mid \boldsymbol{a}_{n-1} \,], \quad \boldsymbol{a}_k = \begin{bmatrix} \psi_k(x_1) \\ \psi_k(x_2) \\ \vdots \\ \psi_k(x_m) \end{bmatrix} \tag{7.12}$$

と書け,正規方程式 (7.9) は

$$(\, A^T A \,) \, \boldsymbol{c} = A^T \boldsymbol{y} \tag{7.13}$$

$$A^T A = \begin{bmatrix} (\boldsymbol{a}_0, \boldsymbol{a}_0) & (\boldsymbol{a}_0, \boldsymbol{a}_1) & \cdots & (\boldsymbol{a}_0, \boldsymbol{a}_{n-1}) \\ (\boldsymbol{a}_1, \boldsymbol{a}_0) & (\boldsymbol{a}_1, \boldsymbol{a}_1) & \cdots & (\boldsymbol{a}_1, \boldsymbol{a}_{n-1}) \\ \vdots & & & \vdots \\ (\boldsymbol{a}_{n-1}, \boldsymbol{a}_0) & (\boldsymbol{a}_{n-1}, \boldsymbol{a}_1) & \cdots & (\boldsymbol{a}_{n-1}, \boldsymbol{a}_{n-1}) \end{bmatrix}, \, A^T \mathbf{y} = \begin{bmatrix} (\boldsymbol{a}_0, \boldsymbol{y}) \\ (\boldsymbol{a}_1, \boldsymbol{y}) \\ \vdots \\ (\boldsymbol{a}_{n-1}, \boldsymbol{y}) \end{bmatrix}$$

と表せる。1次独立な基底関数 $\psi_j(x)$ に対し,列ベクトル $\boldsymbol{a}_0 = [\psi_0(x_i)]^T$, $\boldsymbol{a}_1 = [\psi_1(x_i)]^T$, $\cdots$, $\boldsymbol{a}_{n-1} = [\psi_{n-1}(x_i)]^T$ は一般に1次独立となるので

$$\mid A^T A \mid \neq 0 \tag{7.14}$$

が成立し[12]),したがって行列 $A^T A$ は正則である。しかしながら,ベクトル $\boldsymbol{a}_k$ の独立性が十分でないときには,行列 $A^T A$ の条件数が大きくなり悪条件となることがある。例えば式 (7.11) により高次の多項式を扱う場合,6.1 節の図 6.2 に示すように単項基底関数 $\psi_j(x) = x^j$ は高次になるほど似かよった分布にな

るので，行列 A したがって行列 $A^T A$ は特異に近づいて悪条件になり，伝播誤差が大きくなりがちである．また，行列 $A^T A$ が悪条件でない場合でも，行列 $A^T A$ の対角要素 (a_j, a_j) $(j = 0, 1, \cdots, n-1)$ はベクトル a_j の成分の 2 乗和であり，大きい (あるいは小さい) 成分の 2 乗はより大きく (あるいはより小さく) なるので，その和は情報落ちの誤差をもたらしがちである．このため次節に示すような正規方程式を直接解かない方法も使われるようになった．

7.2 QR 分解を用いる解法

直交行列を Q $(Q^T Q = QQ^T = I)$ とすると，いかなるベクトル v に対しても 1 次変換 Q に関してユークリッドノルム (2 ノルム) は不変である．これはつぎのように示される．

$$\|Qv\|_2^2 = (Qv, Qv) = (Qv)^T Qv = v^T Q^T Q v = v^T v = \|v\|_2^2 \tag{7.15}$$

このことと行列 A の QR 分解を用いて，残差 $r = y - Ac$ を最小にするように c を定めることができる[2]．

$m \times n$ 行列 A の直交行列と右上三角行列との積への分解，すなわち QR 分解は以下のように書ける．

$$A = Q \begin{bmatrix} R \\ O \end{bmatrix} \tag{7.16}$$

ここに Q は $m \times m$ 直交行列，R は $n \times n$ 右上三角行列，O は $(m-n) \times n$ 零行列である (図 **7.3**)．Q^T による 1 次変換はユークリッドノルムを保存することから，残差 r に関して

$$\|r\|_2^2 = \|Q^T r\|_2^2 = \|Q^T (y - Ac)\|_2^2 = \left\| \begin{bmatrix} d_1 \\ d_2 \end{bmatrix} - \begin{bmatrix} R \\ O \end{bmatrix} c \right\|_2^2$$
$$= \|d_1 - Rc\|_2^2 + \|d_2\|_2^2 \tag{7.17}$$

図 7.3　A の QR 分解

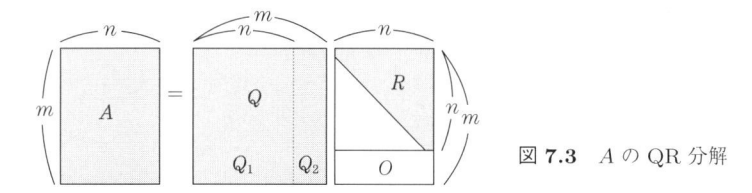

を得る。ただし変換された右辺ベクトルは

$$Q^T \bm{y} = \left[\begin{array}{c} \bm{d}_1 \\ \hline \bm{d}_2 \end{array} \right] \tag{7.18}$$

のように分割されており，$\bm{d}_1, \bm{d}_2$ はそれぞれ要素数 $n, m-n$ のベクトルである。したがって連立 1 次方程式

$$R\,\bm{c} = \bm{d}_1 \tag{7.19}$$

から後退代入によりただちに $\bm{c}$ を決めることができ，最小残差は $\|\,\bm{r}\,\|_2^2 = \|\bm{d}_2\|_2^2$ となる。$\bm{c} = [c_0, c_1, \cdots, c_{n-1}]^T$ が求まれば，近似式 (7.1) の $F_n(x)$ が定まる。

A の QR 分解には 5.5.2 項で言及したハウスホルダー変換，ギブンズ変換，あるいはグラム・シュミットの直交化法が用いられる。特に最小二乗法においては A は正方行列ではないので，QR 分解 (7.16) における Q を $Q = [Q_1 \mid Q_2]$ と分割する。ここに Q_1 は最初の n 列を含み，Q_2 は残りの $m-n$ 列を含むとする (図 7.3)。すると

$$A = [Q_1 \mid Q_2] \left[\begin{array}{c} R \\ \hline O \end{array} \right] = Q_1 R \tag{7.20}$$

となる。この $A = Q_1 R$ の形の分解は縮小 QR 分解，あるいはエコノミーサイズの QR 分解と呼ばれる。

7.3　選点直交多項式を用いる解法

6.1.3 項〔3〕では，n 次直交多項式 $p_n(x)$ の零点 $x_1, \cdots, x_n$ を選点にとれば，$n-1$ 次以下の直交多項式 $p_j(x)$ $(j = 0, 1, \cdots, n-1)$ は選点直交性 (6.29)

$$(\boldsymbol{p}_j, \boldsymbol{p}_k)_w \equiv \sum_{i=1}^{m} w_i p_j(x_i) p_k(x_i) = \lambda_j \delta_{jk}$$

$$\boldsymbol{p}_j = [p_j(x_1), \ p_j(x_2), \ \cdots, \ p_j(x_m)]^T$$

を満たすことを述べた．それに対し実験データのように，任意に m 個のデータ点 $x_1, x_2, \cdots, x_m$ が重み $w_i > 0$ $(i=1, 2, \cdots, m)$ とともに与えられたときにも，これを選点とする選点直交多項式系 $\{p_j(x)\}$ を構成することができる[4]．実際，多項式の列 $1, x, x^2, \cdots, x^{n-1}$ に上記直交関係に基づいてグラム・シュミットの直交化 (5.5.2 項 [1] 参照) を行えば，この系を構成できる．例として，重みを $w_i = 1$ としてデータ点を $x_i = 0, 1, \cdots, N$ にとると離散系のルジャンドル多項式とも呼ばれるものになり，$x_i = 0, \pm 1, \cdots, \pm N$ ととるとグラムの多項式となる[6]．本来の直交多項式系の場合とは異なり，データ点を 1 点増やして得られる選点直交多項式系はもとの選点直交多項式系とはまったく別のものになる．

式 (7.1) において $\psi_i(x) = p_i(x)$ として，選点直交多項式の 1 次結合

$$F_n(x) = c_0 p_0(x) + c_1 p_1(x) + \cdots + c_{n-1} p_{n-1}(x) \tag{7.21}$$

による最小二乗近似を求めてみよう．残差ベクトルは

$$\boldsymbol{r} = \boldsymbol{y} - \sum_{j=0}^{n-1} c_j \boldsymbol{p}_j$$

であるから，残差の重み付内積

$$S_w = (\boldsymbol{r}, \boldsymbol{r})_w = \Big(\boldsymbol{y} - \sum_{j=0}^{n-1} c_j \boldsymbol{p}_j, \ \boldsymbol{y} - \sum_{j=0}^{n-1} c_j \boldsymbol{p}_j\Big)_w$$

$$= \sum_{i=1}^{m} w_i \Big(y_i - \big(c_0 p_0(x_i) + c_1 p_1(x_i) + \cdots + c_{n-1} p_{n-1}(x_i)\big)\Big)^2 \tag{7.22}$$

を最小にする係数 $c_0, \cdots, c_{n-1}$ を定める．S_w を各 c_k で微分して 0 とおくと

$$\frac{\partial S_w}{\partial c_k} = 2 \sum_{i=1}^{m} w_i \Big(y_i - \big(c_0 p_0(x_i) + c_1 p_1(x_i) + \cdots + c_{n-1} p_{n-1}(x_i)\big)\Big)\big(-w_k p_k(x_i)\big) = 0$$

となるので，$k=0,1,\cdots,n-1$ に対して上式を整理してベクトル表記し，かつ直交性を用いると

$$(\boldsymbol{y},\boldsymbol{p}_k)_w = \sum_{j=0}^{n-1} c_j(\boldsymbol{p}_j,\boldsymbol{p}_k)_w = c_k\lambda_k \tag{7.23}$$

を得る．上式は，(7.13) の表示による正規方程式において，左辺行列が対角行列となったものに相当する．これよりただちに

$$c_k = \frac{1}{\lambda_k}(\boldsymbol{y},\boldsymbol{p}_k)_w = \sum_{i=1}^{m} w_i y_i p_k(x_i) \Big/ \sum_{i=1}^{m} w_i (p_k(x_i))^2 \tag{7.24}$$

が求まって近似式 (7.21) が定まる．

章 末 問 題

【1】 m 個の実験データ $(x_1,y_1),(x_2,y_2),\cdots,(x_m,y_m)$ に対する 1 次関数の最小二乗近似式 (7.5)，(7.6) に関して，
(1) どのようなデータの場合に，式 (7.6) 左辺の行列は特異になるか．
(2) どのようなデータの場合に，問題 (7.6) は悪条件 (2.3.3 項 参照) となるか．

【2】 選点直交多項式系の一つに，重みを $w_i=1$，選点を $x_i=0,1,\cdots,N$ とする離散型ルジャンドル多項式（次式）がある．

$$p_0(x)=1$$
$$p_1(x)=1-2\frac{x}{N}$$
$$p_2(x)=1-6\frac{x}{N}+6\frac{x(x-1)}{N(N-1)}$$
$$p_3(x)=1-12\frac{x}{N}+30\frac{x(x-1)}{N(N-1)}-20\frac{x(x-1)(x-2)}{N(N-1)(N-2)}$$
$$\vdots$$
$$p_k(x)=\sum_{i=0}^{k}(-1)^i\binom{k}{i}\binom{k+i}{i}\frac{x(x-1)(x-2)\cdots(x-i+1)}{N(N-1)(N-2)\cdots(N-i+1)}$$

ここに $k \leqq N$ であり，$\binom{k}{i}$ は 2 項係数である．多項式の列 $1,x,x^2,\cdots$ に対し，選点からなるベクトル $[1]^T,[x_i]^T,[x_i^2]^T,\cdots$ にグラム・シュミットの直交化を行い，正規化する前の直交ベクトル系から $p_k(x)$ を順々に導け．
なお，上記の系は各関数の定数項が 1 になるよう定数倍したものである．

8 数値積分

区間 $[a, b]$ で連続な関数 $f(x)$ の定積分

$$I = \int_a^b f(x)\,dx \tag{8.1}$$

を求める際, $f(x)$ の原始関数を解析的に求めるのが困難であったり, あるいは実験データのように $f(x)$ の値が離散的な点でのみ与えられていたりすることがある. このような場合に定積分 (8.1) の近似値を計算する方法を **数値積分** (numerical quadrature) という. いろいろある方法の中で基本的なものは, 被積分関数 $f(x)$ を容易に積分の計算ができる関数で近似して, 式 (8.1) をその近似関数の積分により (近似的に) 求める方法である. ここではその近似関数として, 積分区間 $[a, b]$ 内の適当な点 $x_1, \cdots, x_n$ において $f(x)$ と値が一致する補間多項式を用いる方法について述べる. その結果は関数値の有限和の形

$$I_n = \sum_{k=1}^n A_k f(x_k) \tag{8.2}$$

で与えられる. このとき被積分関数 f の評価点 x_k を **分点**, A_k を **重み** という.

8.1 補間型積分公式

区間 $[a, b]$ 内に n 個の分点 $a \leq x_1 < \cdots < x_n \leq b$ をとると, $(x_k, f(x_k))$ $(k = 1, \cdots, n)$ を補間する $n-1$ 次多項式, すなわち $n-1$ 次ラグランジュ補間多項式 $F_n(x)$ は

8.1 補間型積分公式

$$F_n(x) = \sum_{k=1}^{n} f(x_k)\, L_k^{(n-1)}(x) \tag{8.3}$$

$$L_k^{(n-1)}(x) = \frac{\pi_n(x)}{(x-x_k)\,\pi_n'(x_k)} \tag{8.4}$$

$$\pi_n(x) = (x-x_1)(x-x_2)\cdots(x-x_n) \tag{8.5a}$$

$$\pi_n'(x_k) = (x_k-x_1)(x_k-x_2)\cdots(x_k-x_{k-1})(x_k-x_{k+1})\cdots(x_k-x_n) \tag{8.5b}$$

と書ける。この $F_n(x)$ により式 (8.1) の被積分関数 $f(x)$ を近似すると，近似積分公式

$$I_n = \int_a^b F_n(x)\, dx = \sum_{k=1}^{n} A_k f(x_k) \tag{8.6}$$

を得る。ここで重み A_k は，次式のようにラグランジュ基底関数の積分により与えられる。

$$A_k = \int_a^b L_k^{(n-1)}(x)\, dx = \frac{1}{\pi_n'(x_k)} \int_a^b \frac{\pi_n(x)}{x-x_k}\, dx \tag{8.7}$$

このとき式 (8.6) の右辺は式 (8.2) の形，すなわち関数値に重みを掛けたものの和となっている。このように被積分関数を補間公式により近似して得られる積分公式を**補間型積分公式**という。次節以下に述べるニュートン・コーツ公式やガウス型積分公式は，代表的な補間型積分公式である。なお，$a < x_1$ かつ $x_n < b$ であるような積分公式を**開型**といい，$a = x_1$ かつ $x_n = b$ であるような積分公式を**閉型**という (図 **8.1**)。

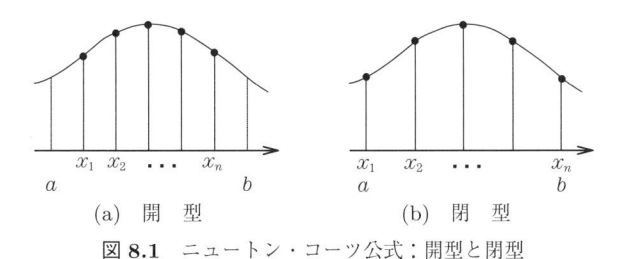

(a) 開型　　(b) 閉型

図 **8.1** ニュートン・コーツ公式：開型と閉型

152   8. 数　値　積　分

n 点補間型積分公式は，被積分関数 $f(x)$ が $n-1$ 次以下の多項式であるとき，補間多項式 $F_n(x)$ は $f(x)$ と一致するので厳密な積分値をもつ。ここで，有限次元ベクトルの ∞ ノルムと類似させて，関数の ∞ ノルムを考えている区間における関数の絶対値の最大値

$$\|f\|_\infty = \max_{x \in [a,b]} |f(x)| \tag{8.8}$$

により定義する。いま $f(x)$ を十分に滑らかな関数とし，$F_n(x)$ を与えられた n 個の点 $x_1, x_2, \cdots, x_n$ において $f(x)$ を補間するたかだか $n-1$ 次の多項式，$h = \max_{i=1,\cdots,n-1} \{x_{i+1} - x_i\}$ とすれば，6.3 節で示した多項式補間の誤差から，補間型積分公式の誤差の大雑把な見積り[2)]

$$\begin{aligned}|I_n - I| &= \left|\int_a^b \{F_n(x) - f(x)\}dx\right| \\ &\leq (b-a)\,\|F_n - f\|_\infty \leq \frac{b-a}{4n}h^n \left\|\frac{d^n f}{dx^n}\right\|_\infty \\ &\leq \frac{1}{4}h^{n+1}\left\|\frac{d^n f}{dx^n}\right\|_\infty\end{aligned} \tag{8.9}$$

が得られる。$f(x)$ が $n-1$ 次以下の多項式の場合は $d^n f(x)/dx^n = 0$ となるので誤差は零となり，I_n は厳密な積分値を与えることがわかる。それ以外の場合，誤差は $O(h^{n+1})$ であるので，補間点の数 n を増すか h を小さくするか，あるいは両者とも行うかすれば誤差が減少することを示しているが，$|d^n f(x)/dx^n|$ が n とともに急激に増大するときはその限りではない。なお個々の積分公式を考えるときは，より正確な誤差の見積りが可能である。

8.1.1　ニュートン・コーツ積分公式

区間 $[a,b]$ を等分割して n 個の分点をとり，被積分関数を $n-1$ 次ラグランジュ補間多項式 (8.3)〜(8.5) で近似するものを，**n 点ニュートン・コーツ公式** (n-point Newton-Cotes rule) という。

n 点開型ニュートン・コーツ公式は，区間の両端を含まない分点 $a < x_1 < \cdots < x_n < b$

$$x_k = a + \frac{k(b-a)}{n+1} \qquad (k=1,\cdots,n) \tag{8.10}$$

をとり，n 点閉型ニュートン・コーツ公式は，区間の両端を含む分点 $a = x_1 < \cdots < x_n = b$

$$x_k = a + \frac{(k-1)(b-a)}{n-1} \qquad (k=1,\cdots,n) \tag{8.11}$$

をとるものである (図 8.1)。

ニュートン・コーツ公式の代表例にはつぎのようなものがある。

1. **中点則** (midpoint rule, $n=1$, 開型)

    分点として区間 $[a,b]$ の中点をとり，近似関数として 0 次式 $F_1(x)$ を用いれば，中点則 (図 **8.2** (a)) を得る。

    $$M = (b-a) f\left(\frac{a+b}{2}\right) \tag{8.12}$$

2. **台形則** (trapezoid rule, $n=2$, 閉型)

    分点として両端 a, b をとり，近似関数として 1 次式 $F_2(x)$ を用いれば，台形則 (図 8.2 (b)) を得る。

    $$T = \frac{b-a}{2}(f(a) + f(b)) \tag{8.13}$$

3. **シンプソン則** (Simpson's rule, $n=3$, 閉型)

    分点として両端 a, b と中点 $(a+b)/2$ をとり，近似関数として 2 次式 $F_3(x)$ を用いれば，シンプソン則 (図 8.2 (c)) を得る。

    $$S = \frac{b-a}{6}\left(f(a) + 4f\left(\frac{a+b}{2}\right) + f(b)\right) \tag{8.14}$$

(a) 中点則　　(b) 台形則　　(c) シンプソン則

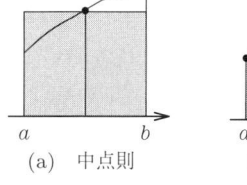

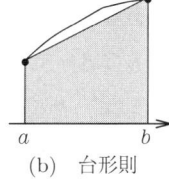

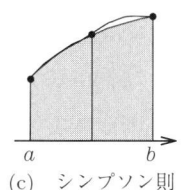

図 8.2 ニュートン・コーツ公式：代表的な例

各積分則の誤差を見積もってみよう[2]。$f(x)$ の原始関数を $F(x)$ とすれば $F'(x)=f(x)$ であり,中点則の誤差は区間 $[a,b]$ の中点を $c=(a+b)/2$ とすれば

$$M - I = (b-a)f(c) - \int_a^b f(x)\,dx = (b-a)f(c) - F(b) + F(a)$$

と書ける。いま $F(a) = F(c-(a-b)/2)$, $F(b) = F(c+(a-b)/2)$ の c に関するテイラー展開は

$$F\left(c \pm \frac{a-b}{2}\right)$$
$$= F(c) \pm \frac{a-b}{2}\frac{1}{1!}f(c) + \left(\frac{a-b}{2}\right)^2 \frac{1}{2!}f'(c) \pm \left(\frac{a-b}{2}\right)^3 \frac{1}{3!}f''(c) + \cdots$$

であるので,誤差は結局

$$M - I = -\frac{(b-a)^3}{24}f''(c) - \frac{(b-a)^5}{1920}f''''(c) - \cdots \tag{8.15}$$

となる。同様にして台形則の誤差は

$$T - I = \frac{(b-a)^3}{12}f''(c) + \frac{(b-a)^5}{480}f''''(c) + \cdots \tag{8.16}$$

となる。シンプソン則は $S = (2/3)M + (1/3)T$ と表現できるので,その誤差は

$$S - I = \frac{2}{3}M + \frac{1}{3}T - I = \frac{(b-a)^5}{2880}f''''(c) + \cdots \tag{8.17}$$

である。

つまり,中点則,台形則ともに誤差の第 1 項は $f''(c)$ を含むので 1 次以下の多項式に対して厳密な積分値を与え,シンプソン則では誤差の第 1 項は $f''''(c)$ を含むので 3 次以下の多項式に対して厳密な積分値を与えることになる。誤差がある場合には,中点則,台形則ともにそのオーダーは $O\left((b-a)^3\right)$ であり,シンプソン則では $O\left((b-a)^5\right)$ である。前節において,n 点補間型積分公式は,$n-1$ 次以下の多項式に対して厳密な積分値を与えることを確認した。これによると,中点則は 0 次多項式に対して,台形則は 1 次以下の多項式に対して,シンプソン則は 2 次以下の多項式に対して厳密な積分値を与えることになる。中点則とシンプソン則がこれより次数の高い多項式に対しても厳密な積分値を

与えるのは，積分が正負の誤差をキャンセルすることによる。図 8.3 (a) に示すように，1 次多項式を中点則 (0 次式補間に基づく) により積分するとき，等しい面積をもつ 2 個の三角形に着目する。区間 $[a, (a+b)/2]$ では一つの三角形の面積を余分に加えることになり，区間 $[(a+b)/2, b]$ では同じ面積の三角形を省くことになり，このことによる正負の誤差はキャンセルし合う。同じことは 3 次多項式をシンプソン則 (2 次多項式補間に基づく) により積分するときにも起こる (図 8.3 (b))[2]。一般に，n が奇数の場合には，n 点ニュートン・コーツ公式は使用する補間式よりも次数が 1 だけ高い多項式，すなわち n 次以下の多項式に対して厳密な積分値を与え，n が偶数の場合には，$n-1$ 次以下の多項式に対して厳密な積分値を与える[6]。

(a) 中点則　　(b) シンプソン則

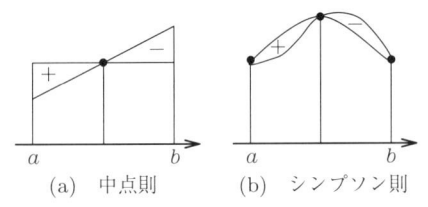

図 **8.3**　n 点ニュートン・コーツ公式における誤差のキャンセル (n が奇数の場合)

ニュートン・コーツ公式は，理解しやすく適用も容易である。しかしながら 6.3 節で言及したルンゲの現象のように，等間隔の分点 x_k を増やして補間多項式の次数を高くしていくとき，補間多項式が区間の端点付近で凹凸の激しい不自然な形状に陥ることがあり，ニュートン・コーツ公式において分点数を無限に増やすときの収束は保証されていない。

8.1.2 複合型積分

高次多項式による補間には前節の最後に言及したような欠点があるので，積分区間 $[a, b]$ をまず m 個の小区間に等分し，各小区間 $[x_{i-1}, x_i]$ ($i = 1, \cdots, m$) ごとに比較的低次の積分公式を用いることが多い。これを**複合型積分** (composite quadrature) という。実際にニュートン・コーツの公式を適用するときにはほ

とんどの場合複合型であり，これをニュートン・コーツの複合型公式という。m 個の小区間ごとに n 点ニュートン・コーツ公式を適用するとき，通常は閉型公式が用いられ，その全区間の分点数は $m(n-1)+1$ 個であり，分点間隔はつぎのようになる．

$$h = \frac{b-a}{m(n-1)} \tag{8.18}$$

例えば，**複合中点則** (composite midpoint rule, 図 **8.4** (a)) は

$$M_m = h\sum_{i=1}^{m} f\left(\frac{x_{i-1}+x_i}{2}\right) \tag{8.19}$$

$$\left.\begin{array}{l} h = \dfrac{b-a}{m} \\ x_i = a+ih \end{array}\right\} \tag{8.20}$$

であり，誤差は $mh=b-a$ より $O(mh^3)=O(h^2)$ となる．**複合台形則** (composite trapezoid rule, 図 8.4 (b)) は

$$\begin{aligned} T_m &= \sum_{i=1}^{m} \frac{h}{2}\left(f(x_{i-1})+f(x_i)\right) \\ &= h\left(\frac{1}{2}f(x_0) + \sum_{i=1}^{m-1} f(x_i) + \frac{1}{2}f(x_m)\right) \end{aligned} \tag{8.21}$$

$$\left.\begin{array}{l} h = \dfrac{b-a}{m} \\ x_i = a+ih \end{array}\right\} \tag{8.22}$$

であり，誤差は同じく $O(mh^3)=O(h^2)$ となる．**複合シンプソン則** (composite Simpson's rule, 図 8.4 (c)) は

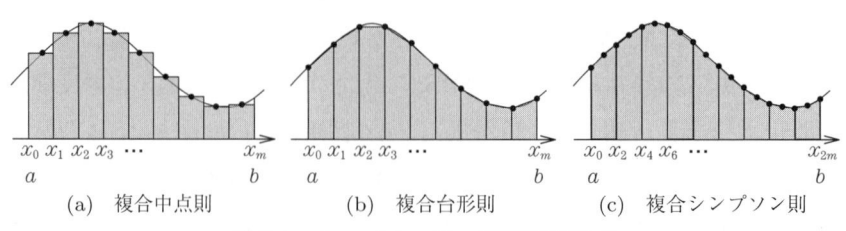

図 **8.4** ニュートン・コーツの複合型公式

$$S_m = \sum_{i=1}^{m} \frac{h}{3} \left(f(x_{2i-2}) + 4f(x_{2i-1}) + f(x_{2i}) \right)$$

$$= \frac{h}{3} \Big(f(x_0) + f(x_{2m}) + 2 \sum_{i=1}^{m-1} f(x_{2i}) + 4 \sum_{i=1}^{m} f(x_{2i-1}) \Big) \quad (8.23)$$

$$\left. \begin{aligned} h &= \frac{b-a}{2m} \\ x_i &= a + ih \end{aligned} \right\} \quad (8.24)$$

であり，誤差は $2mh = b-a$ より $O\left(m(2h)^5\right) = O(h^4)$ となる。

　ニュートン・コーツ公式は分点数を増やすとき収束しない場合もあるのに対し，複合型公式は小区間の数 m を増やすとき収束することは保証されている。これを以下に示そう[2)]。

　m 個に分割された等間隔 $\Delta x = (a-b)/m$ の各小区間 $[x_{j-1}, x_j]$ 内に点 $\xi_j \in [x_{j-1}, x_j]$ をとれば，区間 $[a, b]$ における定積分 $I = \int_a^b f(x)dx$ は，リーマン和 (Riemann sum)

$$R_m = \sum_{j=1}^{m} \Delta x \, f(\xi_j)$$

の $m \to \infty$ への極限により定義される。

　いま各小区間における積分則 $\sum_{i=1}^{n} A_i f(x_i)$ は少なくとも 0 次式に対して正確な積分値を与えるとする。このとき $f(x) = 1$ に対する積分値と正確に合うことから

$$A_1 \cdot 1 + A_2 \cdot 1 + \cdots + A_n \cdot 1 = \int_{x_{j-1}}^{x_j} 1 \, dx = \Delta x$$

が成立する。j 番目の小区間における i 番目の分点を x_{ij} とすると，複合型公式は次式となる。

$$C_m = \sum_{j=1}^{m} \Big(\sum_{i=1}^{n} A_i f(x_{ij}) \Big) = \sum_{i=1}^{n} A_i \Big(\sum_{j=1}^{m} f(x_{ij}) \Big)$$

$$= \frac{1}{\Delta x} \sum_{i=1}^{n} A_i \Big(\sum_{j=1}^{m} \Delta x f(x_{ij}) \Big)$$

最右辺の括弧内はリーマン和であり $m \to \infty$ のとき定積分 I に収束するので

$$\lim_{m \to \infty} C_m = \frac{1}{\Delta x} \sum_{i=1}^{n} A_i \lim_{m \to \infty} \Big(\sum_{j=1}^{m} \Delta x \, f(x_{ij}) \Big) = I \left(\frac{1}{\Delta x} \sum_{i=1}^{n} A_i \right) = I$$

を得，複合型公式は $m \to \infty$ のとき定積分 I に収束することが示された．

8.1.3 ガウス型積分

これまでは n 個の分点があらかじめ与えられた場合に，なるべく高次の多項式まで積分値が合うように n 個の重みを求めて補間型積分公式を導出した．重みというパラメーターを n 個選べるので，一般に $n-1$ 次以下の多項式に対して厳密な積分値を与える．いま分点の位置も自由に選ぶことができるとすれば，パラメーターは $2n$ 個となるので，$2n-1$ 次以下の多項式に対して厳密な積分値を与えるように積分公式を定めることができる．このような考察のもとに，式 (8.2) における分点 $x_1, \cdots, x_n$ と重み A_k の両方をパラメーターにとって，なるべく高次の多項式まで積分値が合うように構築されたのが**ガウス型積分** (Gaussian quadrature) である．***n* 点ガウス型公式** (n-point Gaussian rule) は直交多項式の理論とも関連し，被積分関数が $2n-1$ 次以下の多項式であれば正確な積分値をもつ．

まず，区間 $[-1, 1]$ における定積分を考える．

$$J = \int_{-1}^{1} f(x) \, dx \tag{8.25}$$

最初に $n = 2$ の場合に，分点と重みをパラメーターにとって，なるべく次数の高い多項式まで正確に積分するように積分公式を導いてみよう[2]．2 点則は以下のように書ける．

$$J_2 = w_1 f(x_1) + w_2 f(x_2) \tag{8.26}$$

分点 x_1, x_2 と重み w_1, w_2 の 4 個のパラメーターがあるので，J_2 が 3 次式まで正確な積分値を与えるよう定めることができる．被積分関数に単項基底関数 x^j ($j = 0, 1, 2, 3$) をとって

8.1 補間型積分公式

$$\left.\begin{array}{ll} f(x)=1 \text{ のとき} & J_2 = w_1 + w_2 = \int_{-1}^{1} 1\,dx = 2 \\[6pt] f(x)=x \text{ のとき} & J_2 = w_1 x_1 + w_2 x_2 = \int_{-1}^{1} x\,dx = 0 \\[6pt] f(x)=x^2 \text{ のとき} & J_2 = w_1 x_1^2 + w_2 x_2^2 = \int_{-1}^{1} x^2\,dx = \dfrac{2}{3} \\[6pt] f(x)=x^3 \text{ のとき} & J_2 = w_1 x_1^3 + w_2 x_2^3 = \int_{-1}^{1} x^3\,dx = 0 \end{array}\right\} \quad (8.27)$$

より x_1, x_2, w_1, w_2 を求めれば，任意の 3 次式 $f(x) = c_3 x^3 + c_2 x^2 + c_1 x + c_0$ に対して

$$J_2 = w_1 f(x_1) + w_2 f(x_2) = J \left(= \int_{-1}^{1} f(x)\,dx \right) \tag{8.28}$$

となり，正確な積分値を与えることになる。連立非線形方程式 (8.27) を解くと

$$x_1 = \mp \frac{1}{\sqrt{3}}, \quad x_2 = \pm \frac{1}{\sqrt{3}}, \quad w_1 = 1, \quad w_2 = 1$$

が求まり，3 次多項式まで合う 2 点積分則は以下のように書ける。

$$J_2 = f\left(-\frac{1}{\sqrt{3}}\right) + f\left(\frac{1}{\sqrt{3}}\right) \tag{8.29}$$

これは**表 8.1** に示される $n = 2$ の場合に等しい。このようにすれば，分点数 n を大きくしたときの分点と重みも求まる。

ここで，6.1.3 項で紹介した直交多項式の理論を用いて，ガウス型積分公式を導いてみよう。積分区間 $[a, b]$ に対して $f(x)$ に重み関数 (あるいは密度関数) $w(x)$ を乗じた定積分

$$I^w = \int_a^b f(x) w(x)\,dx \tag{8.30}$$

を求めるにあたり，$f(x)$ を直交多項式系 $\{p_k(x)\}$ による展開で近似することを考える。

この定積分と同じ区間，同じ重み関数に関する n 次直交多項式を $p_n(x)$ とす

160　8. 数　値　積　分

表 8.1　ガウス・ルジャンドル積分の分点と重み[13)]

分点数 n	分点番号	分　点 u_i	重　み w_i
2	1, 2	$\pm 1/\sqrt{3} = \pm 0.577350269189625$	1
3	1, 3	$\pm\sqrt{3/5} = \pm 0.774596669241483$	$5/9 = 0.\dot{5}$
	2	0	$8/9 = 0.\dot{8}$
4	1, 4	$\pm$ 0.86113 63115 94052	0.34785 48451 37453
	2, 3	$\pm$ 0.33998 10435 84856	0.65214 51548 62546
5	1, 5	$\pm$ 0.90617 98459 38663	0.23692 68850 56189
	2, 4	$\pm$ 0.53846 93101 05683	0.47862 86704 99366
	3	0	0.56888 88888 88888
6	1, 6	$\pm$ 0.93246 95142 03152	0.17132 44923 79170
	2, 5	$\pm$ 0.66120 93864 66264	0.36076 15730 48138
	3, 4	$\pm$ 0.23861 91860 83196	0.46791 39345 72691
7	1, 7	$\pm$ 0.94910 79123 42758	0.12948 49661 68869
	2, 6	$\pm$ 0.74153 11855 99394	0.27970 53914 89276
	3, 5	$\pm$ 0.40584 51513 77397	0.38183 00505 05118
	4	0	0.41795 91836 73469
8	1, 8	$\pm$ 0.96028 98564 97536	0.10122 85362 90376
	2, 7	$\pm$ 0.79666 64774 13626	0.22238 10344 53374
	3, 6	$\pm$ 0.52553 24099 16328	0.31370 66458 77887
	4, 5	$\pm$ 0.18343 46424 95649	0.36268 37833 78361
9	1, 9	$\pm$ 0.96816 02395 07626	0.08127 43883 61574
	2, 8	$\pm$ 0.83603 11073 26635	0.18064 81606 94857
	3, 7	$\pm$ 0.61337 14327 00590	0.26061 06964 02935
	4, 6	$\pm$ 0.32425 34234 03808	0.31234 70770 40002
	5	0	0.33023 93550 01259
10	1, 10	$\pm$ 0.97390 65285 17171	0.06667 13443 08688
	2, 9	$\pm$ 0.86506 33666 88984	0.14945 13491 50580
	3, 8	$\pm$ 0.67940 95682 99024	0.21908 63625 15982
	4, 7	$\pm$ 0.43339 53941 29247	0.26926 67193 09996
	5, 6	$\pm$ 0.14887 43389 81631	0.29552 42247 14752
11	1, 11	$\pm$ 0.97822 86581 46056	0.05566 85671 16173
	2, 10	$\pm$ 0.88706 25997 68095	0.12558 03694 64904
	3, 9	$\pm$ 0.73015 20055 74049	0.18629 02109 27734
	4, 8	$\pm$ 0.51909 61292 06811	0.23319 37645 91990
	5, 7	$\pm$ 0.26954 31559 52344	0.26280 45445 10246
	6	0	0.27292 50867 77900

ると，6.1.3 項より直交多項式展開に関して以下のことがわかる.

1. 区間 $[a, b]$ 上で定義される n 次直交多項式 $p_n(x)$, $n \geq 1$ の零点はすべて相異なる単根でしかも区間 (a, b) の中に存在する.

2. $p_n(x)$ の零点 $x_1, x_2, \cdots, x_n$ を分点とすると, $(x_i, f(x_i))\,(i=1,2,\cdots,n)$ を通る直交多項式補間は，同じ点を補間する $n-1$ 次ラグランジュ補間多項式 $F_n(x)$ に等しく，以下のように表せる。

$$F_n(x) = \sum_{i=0}^{n-1} c_i p_i(x) \tag{8.31}$$

$$c_i = \frac{1}{\lambda_i} \sum_{k=1}^{n} w_k f(x_k) p_i(x_k) \tag{8.32}$$

$$\lambda_j = \int_a^b \{p_j(x)\}^2 w(x) dx \tag{8.33}$$

$$w_k = 1 \bigg/ \sum_{j=0}^{n-1} \frac{\{p_j(x_k)\}^2}{\lambda_j} \tag{8.34}$$

定積分 I^w (8.30) を近似するため，被積分関数 $f(x)$ を直交多項式補間 $F_n(x) = \sum_{i=0}^{n-1} c_i p_i(x)$ で置き換えると

$$\begin{aligned} I_n^w &= \int_a^b F_n(x) w(x) dx \\ &= \sum_{i=0}^{n-1} \left(\left(\frac{1}{\lambda_i} \sum_{k=1}^{n} w_k f(x_k) p_i(x_k) \right) \int_a^b p_i(x) w(x) dx \right) \end{aligned} \tag{8.35}$$

を得る。0 次多項式は正の定数値をもつことから $p_0(x) = \mu_0$ とし，直交性に注意すると

$$\int_a^b p_i(x) w(x) dx = \frac{1}{\mu_0}(p_i, p_0)_w = \frac{\lambda_0}{\mu_0} \delta_{i0} \tag{8.36}$$

が導き出されるので，式 (8.35) の i に関する和において $i=0$ 以外の項は 0 になる。これより n 点ガウス型積分公式

$$I_n^w = \sum_{k=1}^{n} w_k f(x_k) \tag{8.37}$$

が得られる。離散的な重み w_k は式 (8.34) に示されるものである。

直交多項式系 $\{p_j\}$ のとり方によりさまざまな公式が得られるが，ルジャンドル多項式を用いたものが，本来の「**ガウス積分公式** (Gaussian quadrature rule)」

である。あるいは**ガウス・ルジャンドル積分公式** (Gauss-Legendre quadrature rule) ともいう。ルジャンドル多項式の定義域は $[-1,1]$、重み関数は $w(x)=1$、であるので、I_n^w は $f(x)$ の区間 $[-1,1]$ における定積分 (8.25) の近似になる。n 次ルジャンドル多項式 $P_n(u)$ ははじめの方から $P_0(u)=1$, $P_1(u)=u$, $P_2(u)=(3u^2-1)/2$, $\cdots$ (6.1.3 項〔5〕参照) であるが、$n \geqq 2$ における多項式のいくつかの零点 (すなわち補間の分点) u_i と重み w_i を表 8.1 に掲げる。

さて残る問題は、区間 $[-1,1]$ で定義されるガウス・ルジャンドル積分公式を任意の区間 $[a,b]$ の定積分 $\int_a^b f(x)\,dx$ に適用することである。そのためには最も簡単に、区間 $u \in [-1,1]$ から区間 $x \in [a,b]$ への座標の一次変換 (図 **8.5**)

$$x(u) = \frac{a+b}{2} + \frac{b-a}{2}u \tag{8.38}$$

を施すのみでよく、結局

$$I = \int_a^b f(x)dx = \frac{b-a}{2}\int_{-1}^1 f(x(u))du \tag{8.39}$$

となる。これは積分公式の**階位** (degree of quadrature rule；正確な積分値を与える多項式の最大次数) を変えない。上式に区間 $[-1,1]$ のガウス・ルジャンドル積分公式を適用すれば、区間 $[a,b]$ に対する数値積分公式を得る。

$$G_n = \frac{b-a}{2}\sum_{i=1}^n w_i f(x_i) \tag{8.40}$$

$$x_i = \frac{a+b}{2} + \frac{b-a}{2}u_i \tag{8.41}$$

ガウス型積分公式に対する分点と重みの数表は、さまざまな本や計算機システムに載せられており、その数表を参照すれば数値積分を行なうことができる。

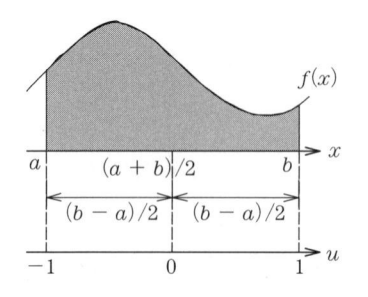

図 **8.5** ガウス・ルジャンドル積分公式における変数の変換

しかし，数表が示している数値を混同しないよう注意が必要である．例えば，(8.40) 式に対応する式が

$$S = (b-a)\sum_{i=1}^{n} A_i f(x_i) \tag{8.42}$$

と表されている場合には，そこでの重み A_i はここでの $w_i/2$ に相当する．また分点 $u_1, u_2, \cdots, u_n$ は原点に関して対称に配置されており，対称な点に対する重みは等しいので，u_i のマイナス値は自明のものとして省かれる数表もある．

8.2　ロンバーグ積分

8.1.2 項で示したように，定積分の値は，複合型積分公式において区間数を無限大にする (したがって区間幅を無限小にする) ときの極限値として表せる．このことから，複合台形則を補外法と組み合わせて小区間幅を零に近づけるときの極限値を求め，これを定積分の値とすることができる．この方法を**ロンバーグ積分** (Romberg integration) という．

〔**1**〕　**オイラー・マクローリン展開**　　区間 $[a,b]$ を n 等分して以下のように等間隔の分点をとる．

$$\left.\begin{aligned} x_k &= a + kh \quad (k = 0, 1, 2, \cdots, n) \\ h &= \frac{b-a}{n} \end{aligned}\right\} \tag{8.43}$$

関数 $f(x)$ が区間 $[a,b]$ において $2m$ 回微分可能であれば次式が成立する[4]．

$$\int_a^b f(x)dx = h\left(\frac{1}{2}f(a) + \sum_{k=1}^{n-1} f(a+kh) + \frac{1}{2}f(b)\right)$$

$$- \sum_{r=1}^{m-1} \frac{h^{2r}B_{2r}}{(2r)!}\{f^{(2r-1)}(b) - f^{(2r-1)}(a)\} + R_m \tag{8.44}$$

$$R_m = \frac{h^{2m+1}}{(2m)!}\int_0^1 B_{2m}(t)\Big(\sum_{k=0}^{n-1} f^{(2m)}(a+kh+ht)\Big)dt \tag{8.45}$$

これを $f(x)$ の**オイラー・マクローリン** (Euler-Maclaurin) **展開**という．$B_n(t)$ は n 次のベルヌーイ多項式であり，$B_n = B_n(0)$．数値積分の立場からは，上式は定積分 (8.1) に対する複合台形公式 (8.21) とその誤差の関係を表している．

〔2〕 **補外法の適用**　オイラー・マクローリン展開 (8.44) を小区間幅 $h = (b-a)/n$ による誤差に着目してつぎのように表示する.

$$T(h) = I + c_2 h^2 + c_4 h^4 + c_6 h^6 + c_8 h^8 + \cdots \tag{8.46}$$

ここに I は定積分の真値 $I = \int_a^b f(x)dx$ であり, $T(h)$ は小区間幅が h のときの複合台形公式による近似値

$$T(h) = h\left(\frac{1}{2}f(a) + \sum_{k=1}^{n-1} f(a+kh) + \frac{1}{2}f(b)\right) \tag{8.47}$$

である. 最初の小区間数を $n=1$ とし, そのあと n を倍々にして h を小さくしていけば, k 回目の反復時における小区間数 n_k と小区間幅 h_k は

$$\left.\begin{aligned} n_k &= 2n_{k-1} = \cdots = 2^{k-1} \\ h_k &= \frac{h_{k-1}}{2} = \cdots = \left(\frac{1}{2}\right)^{k-1}(b-a) \end{aligned}\right\} \tag{8.48}$$

となる. 式 (8.46) は, $x = h^2$ と置けば $h(x) = \sqrt{x}$ であり

$$T(h(x)) = I + c_2 x + c_4 x^2 + c_6 x^3 + c_8 x^4 + \cdots \tag{8.49}$$

と表せる. x_k は

$$x_k = h_k^2 = \left(\frac{1}{4}\right)^{k-1}(b-a)^2 \tag{8.50}$$

と零に近づいていくので, リチャードソン補外法 (線形補外法の反復により多項式補外とし, 0 における値を求める方法, 6.2.2 項参照) を適用して, $x \to 0$ のときの極限値 $\lim_{x \to 0} T$ として定積分 I を求めることができる. $k=1,2,\cdots$ に対して

$$\left.\begin{aligned} T_{k,1} &= T(h_k) \ (\,= T(h(x_k))\,) \\ T_{k,j+1} &= \frac{4^j T_{k,j} - T_{k-1,j}}{4^j - 1} \quad (j = 1, 2, \cdots, k-1) \end{aligned}\right\} \tag{8.51}$$

を行うとき, $T_{n,n}$ は, n 個のデータ点 $\left(h_i^2, T(h_i)\right)$ $(i=1,\cdots,n)$ を補間する x のたかだか $n-1$ 次式の $x=0$ における値に等しい.

ここで, 補外法により高精度化されていく過程を追跡してみよう.

8.2 ロンバーグ積分

$$T_{k-2,1}=T(h_{k-2})=I+4^2c_2h_k^2+4^4c_4h_k^4+4^6c_6h_k^6+4^8c_8h_k^8+\cdots \quad (8.52)$$

$$T_{k-1,1}=T(h_{k-1})=I+4c_2h_k^2+4^2c_4h_k^4+4^3c_6h_k^6+4^4c_8h_k^8+\cdots \quad (8.53)$$

$$T_{k,1}\ \ =T(h_k)\ \ \ =I+c_2h_k^2+c_4h_k^4+c_6h_k^6+c_8h_k^8+\cdots \quad (8.54)$$

において, $4\times(8.53)-(8.52)$ により h_k^2 の項を消去すれば

$$4T_{k-1,1}-T_{k-2,1} = (4-1)I + (4^3-4^4)c_4h_k^4$$
$$+ (4^4-4^6)c_6h_k^6 + (4^5-4^8)c_8h_k^8 + \cdots$$

となる。これより I のよりよい近似 (誤差第1項 h_k^2 の項がなくなっている)

$$T_{k-1,2} = \frac{4T_{k-1,1}-T_{k-2,1}}{4-1}$$
$$= I + \frac{4^3-4^4}{4-1}c_4h_k^4 + \frac{4^4-4^6}{4-1}c_6h_k^6 + \frac{4^5-4^8}{4-1}c_8h_k^8 + \cdots \quad (8.55)$$

を得る。これは, 2点 $(h_{k-2}^2,\ T_{k-2,1})$, $(h_{k-1}^2,\ T_{k-1,1})$ の1次外挿により, $x=h^2=0$ における値 $T_{k-1,2}$ を求めることに相当する (図 **8.6** (a))。同様にして $4\times(8.54)-(8.53)$ により h_k^2 の項を消去すれば

$$4T_{k,1} - T_{k-1,1} = (4-1)I + (4-4^2)c_4h_k^4$$
$$+ (4-4^3)c_6h_k^6 + (4-4^4)c_8h_k^8 + \cdots$$

となるので, I のよりよい近似 (誤差第1項 h_k^2 の項がなくなる)

$$T_{k,2} = \frac{4T_{k,1}-T_{k-1,1}}{4-1}$$
$$= I + \frac{4-4^2}{4-1}c_4h_k^4 + \frac{4-4^3}{4-1}c_6h_k^6 + \frac{4-4^4}{4-1}c_8h_k^8 + \cdots \quad (8.56)$$

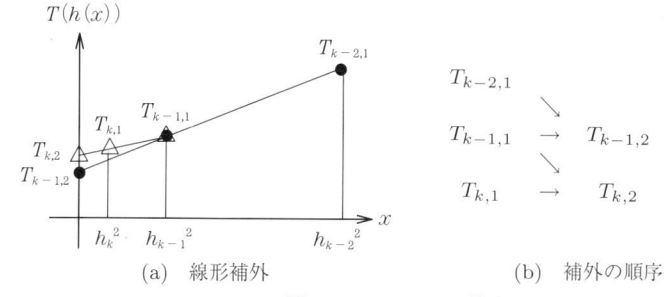

(a) 線形補外　　　　　　　(b) 補外の順序

図 **8.6** ロンバーグ積分

を得る。これは, 2 点 $(h_{k-1}^2, T_{k-1,1})$, $(h_k^2, T_{k,1})$ の 1 次外挿により, $x = h^2 = 0$ における値 $T_{k,2}$ を求めることに相当する (図 8.6 (a))。さらに, 得られたよりよい近似に対し $4^2 \times (8.56) - (8.55)$ から

$$4^2 T_{k,2} - T_{k-1,2} = (4^2-1)I + \frac{(4^3-4^4)(1-4^2)}{4-1} c_6 h_k^6$$
$$+ \frac{(4^3-4^5)(1-4^3)}{4-1} c_8 h_k^8 + \cdots$$

を計算すれば, 両式の誤差第 1 項 h_k^4 も消去されることになり, 結局つぎの段階のよりよい近似が

$$T_{k,3} = \frac{4^2 T_{k,2} - T_{k-1,2}}{4^2 - 1}$$
$$= I - \frac{4^3 - 4^4}{4-1} c_6 h_k^6 - \frac{(1-4^3)4^3}{4-1} c_8 h_k^8 + \cdots \qquad (8.57)$$

により求められる。これは, 2 点 $(h_{k-2}^2, T_{k-1,2})$, $(h_k^2, T_{k,2})$ の 1 次外挿により, $x = h^2 = 0$ における値 $T_{k,3}$ を求めることに等しい。以上のことは図 8.6 (b) の順番により遂行される。

〔3〕 **ロンバーグ積分のアルゴリズム**　$k = 1, 2, \cdots$ に対して, **図 8.7** に示した順序でつぎの step を繰り返す。

step 1) k 番目の値 $T_{k,1} = T(h_k)$ を求める。複合台形則 (8.47) は, 小区間数 n_k をつぎつぎに倍々に (小区間幅 h_k をつぎつぎに半分に) するとき

$$T(h_1) = \frac{b-a}{2}(f(a) + f(b)) \qquad (8.58)$$

から始めて

$$T(h_k) = \frac{1}{2}T(h_{k-1}) + h_k \sum_{i=1}^{n_{k-1}} f(a + (2i-1)h_k) \qquad (8.59)$$

のように順々に効率的に求めることができる。

step 2) $T_{k,1}$ を付加するごとに, $k \geq 2$ では線形補外の反復

$$T_{k,j+1} = \frac{4^j T_{k,j} - T_{k-1,j}}{4^j - 1} \qquad (j = 1, 2, \cdots, k-1) \quad (8.60)$$

により多項式系 $T_{k,j+1}$ を計算し, $x = 0$ における補外値とする。

```
                              ⇒⇒   j : 補間多項式の次数を増して精度を上げる方向

              ⇓              T_{1,1}
              ⇓                       ↘
                             T_{2,1}  →  T_{2,2}
         k :                          ↘          ↘
       区間幅 h_k             T_{3,1}  →  T_{3,2}  →  T_{3,3}
       を 0 に                        ↘          ↘          ↘
       近づける              T_{4,1}  →  T_{4,2}  →  T_{4,3}  →  T_{4,4}
         方向                   ⋮                                        ⋱
```

図 **8.7** ロンバーグ積分における補外の反復の概要

収束判定条件は

$$\left| \frac{T_{k,k} - T_{k-1,k-1}}{T_{k,k}} \right| < \epsilon \tag{8.61}$$

とする。

章 末 問 題

【1】 定積分 $\int_0^1 e^{-x^2} dx$ の値 (最も近い浮動小数点数に丸められた 6 桁の値) は 0.746 824 である。下記の数値積分法により，この定積分の値とその誤差を電卓，エクセルなどで求め，計算過程がわかるように記せ。計算された誤差を，誤差評価からの推定値と比べて論ぜよ。
  (1) 1 区間に対する中点則，台形則，シンプソン則
  (2) 2 点ガウス・ルジャンドル積分公式
  (3) ロンバーグ積分 (ただし $T_{3,3}$ まで)

【2】 定積分 $I = \int_0^1 e^x \cos x \, dx$ の値（最も近い浮動小数点数に丸められた 15 桁の値）は 1.378 02 46 135 47 364 である。この定積分の値をつぎの公式を用いて倍精度（double 型）の数値計算により求め，誤差をグラフ（横軸に分点の数を 10 点くらいまでとり，縦軸に誤差を対数目盛でとること）により示し，どの数値積分法が精度がよいかを論ぜよ。
  (1) 複合中点則，複合台形則，複合シンプソン則
  (2) ガウス・ルジャンドル積分公式
  (3) ロンバーグ積分

9 数値微分

数値計算においては，連続微分可能な関数 $f(x)$ の導関数は離散的なデータ点を用いて近似的に求められる。このことを**数値微分** (numerical differentiation) という。積分が平滑化すなわち安定化のプロセスであるのに対し，微分は入力データの微小擾乱が結果に大きな変化をもたらしうるという意味で敏感な (sensitive) 問題になりうる[2]ことに留意しよう (2.3.6 項 参照)。ここでは 1 階および高階の導関数に対するさまざまな数値微分の公式と誤差を，テイラー級数展開およびラグランジュ補間法から導出する。より体系的な数値微分公式の導出については，興味と必要に応じて付録 E[1] を参照されたい。

9.1 テイラー級数展開からの導出

ここでは連続微分可能な関数 $f(x)$ において，一定の間隔 h で配列している点に対し関数値が与えられているとき，導関数の差分近似式を導く。

テイラー級数展開

$$f(x+h) = f(x) + hf'(x) + \frac{h^2}{2!}f''(x) + \frac{h^3}{3!}f'''(x) + \frac{h^4}{4!}f^{(4)}(x) + \cdots \tag{9.1}$$

$$f(x-h) = f(x) - hf'(x) + \frac{h^2}{2!}f''(x) - \frac{h^3}{3!}f'''(x) + \frac{h^4}{4!}f^{(4)}(x) + \cdots \tag{9.2}$$

から，まず x における 1 階導関数を近似してみよう。級数 (9.1) を $f'(x)$ について解くと，前進差分公式

9.1 テイラー級数展開からの導出

$$f'(x) = \frac{f(x+h) - f(x)}{h} - \frac{h}{2}f''(x) + \cdots$$
$$\approx \frac{f(x+h) - f(x)}{h} \tag{9.3}$$

が得られる。主な誤差項は $O(h)$ なので、これは 1 次精度の近似である。同様に級数 (9.2) から後退差分公式

$$f'(x) = \frac{f(x) - f(x-h)}{h} + \frac{h}{2}f''(x) + \cdots$$
$$\approx \frac{f(x) - f(x-h)}{h} \tag{9.4}$$

が得られるが、これも 1 次精度である。級数 (9.1) から級数 (9.2) を引くと、中心差分公式

$$f'(x) = \frac{f(x+h) - f(x-h)}{2h} - \frac{h^2}{6}f'''(x) + \cdots$$
$$\approx \frac{f(x+h) - f(x-h)}{2h} \tag{9.5}$$

が得られる。主な誤差項は $O(h^2)$ なので、これは 2 次精度の近似である。

つぎに x の 2 階導関数を近似してみよう。級数 (9.1) と級数 (9.2) を足し合わせると、中心差分公式

$$f''(x) = \frac{f(x+h) - 2f(x) + f(x-h)}{h^2} - \frac{h^2}{12}f^{(4)}(x) + \cdots$$
$$\approx \frac{f(x+h) - 2f(x) + f(x-h)}{h^2} \tag{9.6}$$

が得られ、これも 2 次精度である。

$x, x \pm h$ のみならずより多くの点 $x \pm 2h, x \pm 3h, \cdots$ を使うことにより、より高次精度あるいはより高階の導関数の差分近似式を導くことができる。しかしながらテイラー展開を用いて導関数の差分近似式を求める方法は、個々の場合によって異なるので煩雑である。なにかシステマティックな方法はないであろうか。

9.2 ラグランジュ補間法からの導出

前節の最後に述べられた問題を解決する方法として，補間多項式の使用が挙げられる。あらかじめ与えられた点を多項式で補間することによりその導関数を求める方法は便利であるし，また不等間隔の点の分布にも対応できるという点で一般性がある。

離散的な n 個の点 $x_1 < x_2 < \cdots < x_n$ において，関数 $f(x)$ の値 $f(x_i)$ ($i = 1, 2, \cdots, n$) が与えられているとき，$f(x)$ は $n-1$ 次ラグランジュ補間多項式 $F_n(x)$ と誤差項 $\varepsilon_n(x)$ により以下のように表せる (6.3節 参照)。

$$f(x) = F_n(x) - \varepsilon_n(x) \tag{9.7}$$

$$F_n(x) = \sum_{k=1}^{n} f(x_k) \, L_k^{(n-1)}(x)$$

$$L_k^{(n-1)}(x) = \frac{(x-x_1)(x-x_2)\cdots(x-x_{k-1})(x-x_{k+1})\cdots(x-x_n)}{(x_k-x_1)(x_k-x_2)\cdots(x_k-x_{k-1})(x_k-x_{k+1})\cdots(x_k-x_n)}$$

$$\varepsilon_n(x) = -\frac{(x-x_1)(x-x_2)\cdots(x-x_n)}{n!} \frac{d^n f(\xi)}{dx^n} \quad (\exists \xi \in (x_1, x_n))$$

ここではつぎのように x が幅 h の等間隔で与えられているとする。

$$x_i$$
$$x_{i\pm 1} = x_i \pm h$$
$$x_{i\pm 2} = x_i \pm 2h$$
$$\vdots$$

2 点 $(x_i, f(x_i))$, $(x_{i+1}, f(x_{i+1}))$ に対するラグランジュ補間は，誤差項を含め

$$f(x) = f(x_i) \frac{x - x_{i+1}}{x_i - x_{i+1}} + f(x_{i+1}) \frac{x - x_i}{x_{i+1} - x_i}$$
$$+ \frac{(x - x_i)(x - x_{i+1})}{2!} \frac{d^2 f(\xi)}{dx^2} \tag{9.8}$$

と書ける。微分すると

9.2 ラグランジュ補間法からの導出

$$f'(x) = \frac{f(x_{i+1}) - f(x_i)}{h} + \frac{(x - x_i) + (x - x_{i+1})}{2} \frac{d^2 f(\xi)}{dx^2} \quad (9.9)$$

となるので，$x = x_i$ を代入すれば

$$\text{1次精度前進差分公式}: f'(x_i) = \frac{f(x_{i+1}) - f(x_i)}{h} - \frac{h}{2} \frac{d^2 f(\xi)}{dx^2} \quad (9.10\text{a})$$

$x = x_{i+1}$ を代入すれば

$$\text{1次精度後退差分公式}: f'(x_{i+1}) = \frac{f(x_{i+1}) - f(x_i)}{h} + \frac{h}{2} \frac{d^2 f(\xi)}{dx^2} \quad (9.10\text{b})$$

を得る．1階導関数に対する上記の二つの近似式は，すでにテイラー級数展開を用いて導いた式 (9.3) と式 (9.4) に同等であることがわかる．後退差分公式については，下添字を全部1だけずらして $x_{i+1} \to x_i, x_i \to x_{i-1}$ とすればよい．

つぎに3点 $(x_{i-1}, f(x_{i-1})), (x_i, f(x_i)), (x_{i+1}, f(x_{i+1}))$ に対するラグランジュ補間は，誤差項を含めて

$$\begin{aligned} f(x) &= f(x_{i-1}) \frac{(x-x_i)(x-x_{i+1})}{(x_{i-1}-x_i)(x_{i-1}-x_{i+1})} + f(x_i) \frac{(x-x_{i-1})(x-x_{i+1})}{(x_i-x_{i-1})(x_i-x_{i+1})} \\ &\quad + f(x_{i+1}) \frac{(x-x_{i-1})(x-x_i)}{(x_{i+1}-x_{i-1})(x_{i+1}-x_i)} \\ &\quad + \frac{(x-x_{i-1})(x-x_i)(x-x_{i+1})}{3!} \frac{d^3 f(\xi)}{dx^3} \end{aligned} \quad (9.11)$$

と書ける．微分すると

$$\begin{aligned} f'(x) &= f(x_{i-1}) \frac{(x-x_i)+(x-x_{i+1})}{2h^2} + f(x_i) \frac{(x-x_{i-1})+(x-x_{i+1})}{-h^2} \\ &\quad + f(x_{i+1}) \frac{(x-x_{i-1})+(x-x_i)}{2h^2} \\ &\quad + \frac{(x-x_i)(x-x_{i+1})+(x-x_{i+1})(x-x_{i-1})+(x-x_{i-1})(x-x_i)}{6} \frac{d^3 f(\xi)}{dx^3} \end{aligned}$$
$$(9.12)$$

となるので，$x = x_{i-1}, x = x_i, , x = x_{i+1}$ を代入すれば，2次精度の公式

前進差分：$f'(x_{i-1}) = \dfrac{1}{2h}\bigl(-3f(x_{i-1}) + 4f(x_i) - f(x_{i+1})\bigr) + \dfrac{h^2}{3}f'''(\xi)$

(9.13a)

中心差分：$f'(x_i) = \dfrac{1}{2h}\bigl(-f(x_{i-1}) + f(x_{i+1})\bigr) - \dfrac{h^2}{6}f'''(\xi)$

(9.13b)

後退差分：$f'(x_{i+1}) = \dfrac{1}{2h}\bigl(f(x_{i-1}) - 4f(x_i) + 3f(x_{i+1})\bigr) + \dfrac{h^2}{3}f'''(\xi)$

(9.13c)

を得る。これらを1階導関数に関する数値微分の3点公式という。上記の中心差分公式は，すでにテイラー級数展開を用いて導いた式 (9.5) と同じである。式 (9.12) をさらに微分すると

$$f''(x) = \frac{f(x_{i+1}) - 2f(x_i) + f(x_{i-1})}{h^2} + \frac{2(x - x_{i-1}) + 2(x - x_i) + 2(x - x_{i+1})}{6}\frac{d^3 f(\xi)}{dx^3} \quad (9.14)$$

となるので，$x = x_i$ を代入すると，2階導関数に対する中心差分公式

$$f''(x_i) \approx \frac{f(x_{i+1}) - 2f(x_i) + f(x_{i-1})}{h^2} \quad (9.15)$$

を得るが，これはすでにテイラー級数展開を用いて導いた式 (9.6) と同じである。このとき式 (9.14) における誤差項は零になるが，これは $d^3 f(\xi)/dx^3$ の係数が零となることだけを意味しており，誤差全体が零となるわけではない。誤差はテイラー級数展開で求められるように，$-(h^2/12)\, d^4 f(\xi)/dx^4$ である。

同様にして5点ラグランジュ補間多項式から1階導関数に関する数値微分の5点公式[6]が得られる。

$$f'(x_{i-2}) = \frac{1}{12h}\bigl(-25 f(x_{i-2}) + 48 f(x_{i-1}) - 36 f(x_i)$$
$$+ 16 f(x_{i+1}) - 3 f(x_{i+2})\bigr) + \frac{h^4}{5} f^{(5)}(\xi) \quad (9.16a)$$
$$f'(x_{i-1}) = \frac{1}{12h}\bigl(-3 f(x_{i-2}) - 10 f(x_{i-1}) + 18 f(x_i)$$

9.2 ラグランジュ補間法からの導出

$$-6f(x_{i+1}) + f(x_{i+2})) - \frac{h^4}{20}f^{(5)}(\xi) \tag{9.16b}$$

$$f'(x_i) = \frac{1}{12h}\bigl(f(x_{i-2}) - 8f(x_{i-1}) + 8f(x_{i+1}) - f(x_{i+2})\bigr)$$
$$+ \frac{h^4}{30}f^{(5)}(\xi) \tag{9.16c}$$

$$f'(x_{i+1}) = \frac{1}{12h}\bigl(-f(x_{i-2}) + 6f(x_{i-1}) - 18f(x_i)$$
$$+ 10f(x_{i+1}) + 3f(x_{i+2})\bigr) - \frac{h^4}{20}f^{(5)}(\xi) \tag{9.16d}$$

$$f'(x_{i+2}) = \frac{1}{12h}\bigl(3f(x_{i-2}) - 16f(x_{i-1}) + 36f(x_i)$$
$$- 48f(x_{i+1}) + 25f(x_{i+2})\bigr) + \frac{h^4}{5}f^{(5)}(\xi) \tag{9.16e}$$

以上掲げた公式すべてにおいて，中心差分近似 $f'(x_i)$ の誤差が最小となっていることに留意しよう。

最後に，4点ラグランジュ補間多項式から得られる1階導関数に関する数値微分の4点公式を以下に記す。

$$f'(x_i) = \frac{1}{6h}\bigl(-11f(x_i) + 18f(x_{i+1}) - 9f(x_{i+2}) + 2f(x_{i+3})\bigr)$$
$$- \frac{h^3}{4}f^{(4)}(\xi) \tag{9.17a}$$

$$f'(x_{i+1}) = \frac{1}{6h}\bigl(-2f(x_i) - 3f(x_{i+1}) + 6f(x_{i+2}) - f(x_{i+3})\bigr)$$
$$+ \frac{h^3}{12}f^{(4)}(\xi) \tag{9.17b}$$

$$f'(x_{i+2}) = \frac{1}{6h}\bigl(f(x_i) - 6f(x_{i+1}) + 3f(x_{i+2}) + 2f(x_{i+3})\bigr)$$
$$- \frac{h^3}{12}f^{(4)}(\xi) \tag{9.17c}$$

$$f'(x_{i+3}) = \frac{1}{6h}\bigl(-2f(x_i) + 9f(x_{i+1}) - 18f(x_{i+2}) + 11f(x_{i+3})\bigr)$$
$$+ \frac{h^3}{4}f^{(4)}(\xi) \tag{9.17d}$$

偶数点数を通る場合は，中心差分近似は半整数の添字をもつ x の位置における評価になる。例えば上の4点公式の場合には $f'(x_i)$ は前進差分近似，$f'(x_{i+3})$ は後退差分近似，$f'(x_{i+3/2})$ を算出すれば中心差分近似となる。

9.3 リチャードソン補外法による高精度化

任意の導関数の真値を D, 区間幅 h のときの差分近似式を $F(h)$ とすると, h の誤差項を含めて

$$F(h) = D + c_1 h + c_2 h^2 + c_3 h^3 + \cdots \tag{9.18}$$

と表すことができる。1次精度の近似では $c_1 \neq 0$, 2次精度の近似では $c_1 = 0$, $c_2 \neq 0$ である。h を $1/2$ にすると

$$F(h/2) = D + c_1 \frac{h}{2} + c_2 \frac{h^2}{4} + c_3 \frac{h^3}{8} + \cdots \tag{9.19}$$

になるので, 1次精度の差分近似のときは h の1次誤差項を消去すべく $(1/2) \times (9.18) - (9.19)$ を行えば, D のよりよい近似

$$\frac{(1/2)F(h) - F(h/2)}{(1/2) - 1} = D + \frac{(1/2) - (1/4)}{(1/2) - 1} c_2 h^2 + \frac{(1/2) - (1/8)}{(1/2) - 1} c_2 h^3 + \cdots \tag{9.20}$$

が得られる。このようにリチャードソンの補外 (6.2.2項 参照) を一度行うと数値微分の精度は少なくとも1次上がることがわかる。

章 末 問 題

【1】 x が等間隔ではなく, 一定の比率 r の間隔で配置されているとする。

$$h_i = r h_{i-1}$$
$$h_i = x_{i+1} - x_i, \quad h_{i-1} = x_i - x_{i-1}$$

このとき $f'(x)$ および $f''(x)$ の中心差分近似式と主な誤差項を導け。

【2】 $f'(x)$ の中心差分近似

$$F(h) \equiv \frac{f(x+h) - f(x-h)}{2h} = f'(x) + c_2 h^2 + c_4 h^4 + c_6 h^6 + \cdots \tag{9.21}$$

にリチャードソンの補外を一度行うとき, 精度の次数はいくつになるか。また $f(x) = \sin(x)$ のとき, $f'(1)$ を求めるのに中心差分近似とリチャードソン補外法を適用し ($x = 1$, $h = 1/2, 1/4, 1/8, \cdots$ とする), 途中経過も含めて結果を数表における $f'(1) = \cos(1)$ の値と比較せよ。

10 常微分方程式の初期値問題

　常微分方程式の解析的な解法にはいろいろなものがあるが，解析的には解けないような微分方程式のほうが一般的である。そのような場合，数値計算により常微分方程式の近似解を得る方法は有効である。ここでは独立変数 x とその関数 $y(x)$ に関する 1 階スカラー常微分方程式

$$\frac{dy}{dx} = f(x, y) \tag{10.1}$$

を初期条件

$$y(x_0) = y_0 \qquad (x = x_0) \tag{10.2}$$

のもとに数値的に解くことから始める。これを初期値問題という。この常微分方程式 (10.1) を x_0 から x まで積分して初期条件 (10.2) を用いると，積分方程式

$$y(x) = y_0 + \int_{x_0}^{x} f(t, y(t))\, dt \tag{10.3}$$

を得る。これは初期値問題 (10.1), (10.2) の解 $y(x)$ と同等である。このため，常微分方程式を「解く」ことを，常微分方程式を「積分する」ともいう。本章では 1 階スカラー常微分方程式の数値解法を扱った後，高階常微分方程式と連立 1 階常微分方程式系との解法を考えるが，これは単純な拡張である。なお初めてこの分野を学ぶ読者は，題目の右肩に # のついた節は飛ばしてかまわない。興味と必要に応じて参照いただきたい。

10.1 オイラー法という簡単な例より

初期値問題の数値解法の一番簡単な例は**オイラー法** (Euler's method) であろう。これは，$x = x_n$ における $y(x_n)$ の近似値 y_n が与えられているとき

$$x_{n+1} = x_n + h_n \qquad (10.4)$$

における $y(x_{n+1})$ の近似値 y_{n+1} をつぎのように求めるものである (図 **10.1**)。

$$y_{n+1} = y_n + h_n f(x_n, y_n) \qquad (10.5)$$

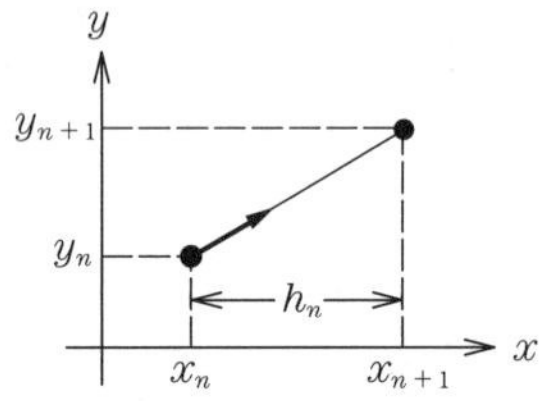

図 **10.1** オイラー法

このとき初期値問題 (10.1), (10.2) の近似解は，(x_0, y_0) から始めて式 (10.4), (10.5) により順次求められる。後で述べるように，オイラー法は精度と安定性を欠いているため，実際にはほとんど用いられない。しかし常微分方程式の数値計算法の概念的導入には，この簡単な方法が有効と思われる。

10.1.1 導出方法（いくつかの観点から）

いくつかの観点からオイラー法の導出方法を述べる[2]。これらの観点は，通常使用されている数値計算法の導出に見られるものである。

〔**1**〕**テイラー展開**　微分方程式 (10.1) の解をテイラー展開すると

$$y(x+h) = y(x) + \frac{h}{1!}y'(x) + \frac{h^2}{2!}y''(x+\theta h) \qquad (0 < \theta < 1) \qquad (10.6)$$

となる。支配方程式 (10.1) を用いて $y'(x) = f(x,y)$ に置き換え，h の1次の項までで打ち切って $x = x_n$, $h = h_n$ とおけばオイラー法が導かれる。テイラー展開において，真の解に比べて無視された項 (この場合 $h^2 y''(x+\theta h)/(2!)$) を**打切り誤差** (truncation error) という。

10.1 オイラー法という簡単な例より

〔2〕**数値微分** テイラー展開 (10.6) より得られる $y'(x)$ の前進差分近似

$$y'(x) \approx \frac{y(x+h) - y(x)}{h} + O(h) \tag{10.7}$$

を微分方程式 (10.1) の左辺の近似に用いれば次式となる。

$$\frac{y_{n+1} - y_n}{h_n} = f(x_n, y_n) \tag{10.8}$$

これよりオイラー法を得る。

〔3〕**数値積分** 常微分方程式 (10.1) を x_n から x_{n+1} まで積分すれば

$$y(x_{n+1}) = y(x_n) + \int_{x_n}^{x_{n+1}} f(x, y(x))\, dx \tag{10.9}$$

となる。被積分関数を x_n における一定値で近似して定積分の近似値

$$\int_{x_n}^{x_{n+1}} f(x, y(x))\, dx \approx (x_{n+1} - x_n)\, f(x_n, y(x_n))$$

とすることにより，オイラー法を得る。

〔4〕**多項式補間** エルミート補間を用いると，$x = x_n$ において y_n を通りその勾配 dy/dx が $f(x_n, y_n)$ であるような 1 次多項式は以下のようになる。

$$p(x_n + h) = y_n + h f(x_n, y_n) \tag{10.10}$$

$h = h_n$ における p 値を y_{n+1} として，オイラー法を得る。

10.1.2 陽解法と陰解法

オイラー法 (10.5) は，数値解を x_n から x_{n+1} に進ませるのに x_n における情報しか用いないという意味で**陽解法** (explicit method) である。これは簡単さという点では長所であるが，後述するように陽解法は安定な範囲が限られているという欠点がある。x_{n+1} における情報を用いる解法を**陰解法** (implicit method) という。概して陰解法は安定な範囲が広いという長所があるが，解法が複雑になるのが難点である。陰解法の簡単な例は後退オイラー法

$$y_{n+1} = y_n + h_n f(x_{n+1}, y_{n+1}) \tag{10.11}$$

であり，先に挙げたオイラー法のどの導出方法を用いても導くことができる．こういった解法が「陰解法」と呼ばれるのは，y_{n+1} の値を知る前に $f(x_{n+1}, y_{n+1})$ の値を評価しなければならないことによる．式 (10.11) を満たす y_{n+1} を求めるためには，f が y に関して非線形である場合にはニュートン法あるいは不動点反復法のような反復解法を用いる必要がある．そのときの初期値には，オイラー法などの陽解法の結果や第 n ステップにおける既知の解 y_n などが用いられる．

10.2 精度と安定性

ここで，微分方程式の数値計算において重要となる精度と安定性の概念について記しておこう．例としてオイラー法を取り上げる．

10.2.1 精　　　度

精度 (accuracy) は誤差を小さくすることにより達成される．微分方程式の数値計算における誤差には，計算誤差としての**丸め誤差** (rounding error) とアルゴリズムによる誤差としての**打切り誤差** (truncation error) がある．x の増分 h を小さくすれば通常打切り誤差は小さくなるが，小さくし過ぎると丸め誤差が大きくなる (1.3.2 項 参照)．しかしながら，たいていの場合は打切り誤差のほうが主要であるので，ここでは丸め誤差を無視する．

打切り誤差は，以下のようなたがいに関連する 2 種類の誤差を引き起こす．

1. 局所誤差 (local error)

解法を 1 ステップ進めたときの近似解と真の解との差異

$$l_n = y_n - \tilde{y}_{n-1}(x_n) \tag{10.12}$$

ここに y_n は x_n における数値解，$\tilde{y}_{n-1}(x)$ は直前の点 (x_{n-1}, y_{n-1}) を通過する常微分方程式の解である．

2. 誤差 (global error)

解法を初期条件から進めたときの近似解と真の解との差異

$$e_n = y_n - y(x_n) \tag{10.13}$$

ここに $y(x)$ は初期値 (x_0, y_0) を通過する常微分方程式の真の解である。

例 10.1 (オイラー法の場合) テイラー展開

$$y(x+h) = y(x) + hy'(x) + O(h^2) = y(x) + hf(x, y(x)) + O(h^2) \tag{10.14}$$

において $x = x_n$, $h = h_n$ とおけば

$$y(x_{n+1}) = y(x_n) + h_n f(x_n, y(x_n)) + O(h_n^2) \tag{10.15}$$

となる。これをオイラー法 (10.5) から引けば，誤差の表式

$$y_{n+1} - y(x_{n+1}) = (y_n - y(x_n)) + h_n \left(f(x_n, y_n) - f(x_n, y(x_n)) \right)$$
$$- O(h_n^2) \tag{10.16}$$

となる。もし n ステップまで誤差の累積がなく $x = x_n$ において y_n が真値 $y_n = y(x_n)$ をとるとすれば，右辺第 1 項と第 2 項は零となり $O(h_n^2)$ のみが残る。これが**局所誤差** (local error) l_n であり，テイラー展開における打切り誤差に等しい。このため局所誤差を局所打切り誤差ともいう。もし n ステップまでの諸誤差の累積を含めると，左辺は**誤差** (global error) e_{n+1} となる。このため誤差を**累積誤差**ともいう。

一般に数値計算法の離散化式に微分方程式の解を代入すると，すなわち y_i を $y(x_i)$ で置き換えると，テイラー展開などから局所打切り誤差が求まる。ある数値計算法の局所打切り誤差が $p+1$ 次のオーダー ($l_n = O(h_n^{p+1})$) であるとき，その数値計算法の次数は p 次であるという。9 章などで見たように，通常は誤差のオーダーが $O(h^p)$ であるとき p 次精度というので，局所誤差において 1 次だけ精度を低く見積もっているように思われるかもしれない。しかし誤差として重要

なのは global error である。もし局所誤差が $O(h_n^{p+1})$ であるならば，初期値から n ステップ進めたときの global error e_n は $O(h^{p+1}) \times n$ $(n = (x_n - x_0)/h)$ と見積もられるので，誤差 (global error) のオーダーは局所誤差のオーダーより 1 次減って $O(h^p)$ となる。このことより p 次と呼ばれる。先に述べたオイラー法は，打切り誤差 (したがって局所誤差) が $O(h^2)$ であるので 1 次の公式である。また次数が $p \geqq 1$ であるとき，その数値計算法はもとの微分方程式に適合している (consistent) という。

10.2.2 安　定　性

2 章において，入力値の誤差が問題の解にどの程度拡大 (あるいは縮小) 伝播するかを表すのに，**条件** (condition) という言葉を用いた。それに対し，**安定性** (stability) という言葉は，数値計算法あるいはアルゴリズムによる誤差拡大の程度を表すのに用いられる。ただし微分方程式という長い伝統をもつ学問分野では，安定性という言葉は前者の意味でも用いられてきたので，混同しないよう注意が必要である[2]。ここでは，安定性という言葉を使うときは微分方程式に関するものか数値計算法に関するものかを明記することにする。$x = x_0$ における初期条件を満たす常微分方程式の解を $y(x)$，擾乱を含む初期値に対する解を $\hat{y}(x)$ とすると，初期誤差 $|\hat{y}(x_0) - y(x_0)|$ のもとで $x \longrightarrow \infty$ としても誤差 $|\hat{y}(x) - y(x)|$ が有界な範囲にとどまるとき，解は**安定である** (stable) という。さらに，安定な解が「$x \longrightarrow \infty$ ならば，$|\hat{y}(x) - y(x)| \longrightarrow 0$」を満たすとき，**漸近安定である** (asymptotically stable) という。これは擾乱を含む解と真の解はたがいに近いのみならず，x が大きくなるにつれてたがいに収束していく，という強い意味での安定性を意味する。

数値計算法に関する安定性の概念は，常微分方程式の解の安定性と同様のものである。すなわち，微小擾乱が限界なく数値解を発散させることがないとき，数値計算法は安定であるという。適合性と安定性を持つ数値計算法の解は，$h \longrightarrow 0$ のときもとの微分方程式の解に収束する。

つぎの簡単な微分方程式をテスト問題として，方程式と数値解法の安定性を考えてみよう．λ は定数，y_0 を初期値とする．

$$\frac{dy}{dx} = \lambda\, y \tag{10.17}$$

〔1〕 **微分方程式の安定性**　微分方程式 (10.17) の解は次式により与えられる．

$$y(x) = y_0\, e^{\lambda x} \tag{10.18}$$

擾乱を含む初期値を $\hat{y}_0$ とすれば，その解は $\hat{y}(x) = \hat{y}_0\, e^{\lambda x}$ となるので，結果の誤差は

$$\hat{y}(x) - y(x) = e^{\lambda x}(\hat{y}_0 - y_0) \tag{10.19}$$

である．もし $\lambda < 0$ であれば，誤差は指数関数的に減衰するので，擾乱を含む解は真の解に近づいていく．このとき，解は安定であるだけでなく漸近安定である．他方もし $\lambda > 0$ であれば，初期誤差は x の指数関数的に成長するので不安定である．λ が複素数 $\lambda = a + ib$ のとき

$$e^{\lambda x} = e^{ax}e^{ibx} = e^{ax}\Big(\cos(bx) + i\,\sin(bx)\Big) \tag{10.20}$$

となるので，誤差の成長・減衰は λ の実部の符号による．$\mathrm{Re}(\lambda) < 0$ ならば漸近安定であり，$\mathrm{Re}(\lambda) = 0$ ならば，誤差は振動するけれども一定値よりも大きくならないので安定ではあるが，漸近安定ではない．$\mathrm{Re}(\lambda) > 0$ ならば不安定である．

〔2〕 **数値計算法の安定性：陽解法の場合**　数値解法の安定性として，初めに陽解法を扱う．増分 h を固定幅にしてオイラー法 (10.5) を微分方程式 (10.17) に適用すると

$$y_{n+1} = y_n + h\lambda y_n = (1 + h\lambda)y_n \tag{10.21}$$

となるので

$$y_n = (1+h\lambda)y_{n-1} = (1+h\lambda)^2 y_{n-2} = \cdots = (1+h\lambda)^n y_0 \quad (10.22)$$

を得る。初期擾乱値を $\hat{y}_0$ とすると，その数値解は $\hat{y}_n = (1+h\lambda)^n \hat{y}_0$ となるので，誤差は次式となる。

$$\hat{y}_n - y_n = (1+h\lambda)^n (\hat{y}_0 - y_0) \quad (10.23)$$

$\mathrm{Re}(\lambda) < 0$ のとき微分方程式 (10.17) の解は漸近安定であり，$|1+h\lambda| < 1$ であれば数値解の誤差も x とともに 0 に減衰するので安定である。他方 $|1+h\lambda| > 1$ であれば，$\mathrm{Re}(\lambda)$ の符号にかかわりなく，数値解は不安定となる。つまり微分方程式が安定であっても数値解は不安定となることがある。結局オイラー法が安定であるためには，x のステップ幅 h は

$$|1+h\lambda| \leq 1 \quad (10.24)$$

を満たす必要がある。もし λ が実数であれば

$$-2 \leq h\lambda \leq 0 \quad (10.25)$$

となるので h は $h \leq -2/\lambda$ $(\lambda < 0)$ の範囲の値でなければならない。このように安定性の要請から増分 h の制限が生じることになる。

〔3〕 **数値計算法の安定性：陰解法の場合** つぎに陰解法を扱う。後退オイラー法 (10.11) を微分方程式 (10.17) に適用すると

$$y_{n+1} = y_n + h\lambda y_{n+1} \quad (10.26)$$

となるので

$$y_{n+1} = \frac{1}{1-h\lambda} y_n \quad (10.27)$$

を得，結局

$$y_n = \left(\frac{1}{1-h\lambda}\right)^n y_0 \quad (10.28)$$

となる。初期誤差が増幅されず安定であるためには

$$\left|\frac{1}{1-h\lambda}\right| \leq 1 \tag{10.29}$$

でなければならないが，$\mathrm{Re}(\lambda) \leq 0$ のときは上式は $h > 0$ なるいかなる h に対しても成立する．つまり微分方程式が安定であれば，数値解はいつも安定である．このような方法は**無条件安定である** (unconditionally stable) という．陰解法がいつも無条件安定とは限らないが，一般に陰解法は陽解法よりも広い安定領域をもつ．

10.2.3 ステップ幅の決め方

実際に常微分方程式の数値計算を行う際，ステップ幅 h_n をどのように決めればよいのであろうか？ まず，安定性を満たすべく h_n の上限を定める必要がある．計算効率を上げるためには安定性を満たす範囲でできるだけ h_n を大きくとりたいが，計算精度を上げるためには一般的に打切り誤差を小さくすべく h_n を小さくする必要がある．望ましい精度を得るためには局所誤差の見積りが必要である[2]．例えばオイラー法の場合，打切り誤差は $h_n^2\, y_n''/2$ と見積もることができるので，これが設定された許容値 ε_{tol} よりも小さくなるようステップ幅を決めればよい．

$$h_n \leq \sqrt{\frac{2\varepsilon_{tol}}{|y_n''|}} \tag{10.30}$$

ここに用いられた y_n'' の値はつぎのように評価できる．

$$y_n'' \approx \frac{y_n' - y_{n-1}'}{x_n - x_{n-1}} \tag{10.31}$$

さて以上までオイラー法を例にして，常微分方程式の数値計算法に関する主要な導出法や概念はほぼ紹介されたといってよい．しかしながら，前述したようにオイラー法は精度と安定性を欠いているため，単独ではあまり用いられない．次節以下に，実際に用いられる数値計算法について述べるとしよう．

10.3 一 段 法

$x = x_n$ における $y(x_n)$ の近似値 y_n が与えられていて

$$x_{n+1} = x_n + h_n \qquad (10.32)$$

における $y(x_{n+1})$ の近似値 y_{n+1} が，適当な勾配関数 Φ を用いて

$$y_{n+1} = y_n + h_n \Phi(x_n, y_n; h_n) \qquad (10.33)$$

により求められるとき，この方法を一般に**一段法** (single-step method) という (図 **10.2**)。

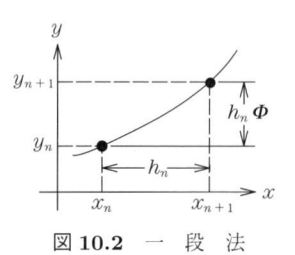

図 10.2 一 段 法

10.3.1 テイラー展開法

関数 $f(x,y)$ が十分な微分可能性をもっているとすれば，$dy/dx = f(x,y)$ の解はつぎのように x に関してテイラー展開される。

$$\begin{aligned}
y(x+h) &= y(x) + \frac{h}{1!}y'(x) + \frac{h^2}{2!}y''(x) + \frac{h^3}{3!}y'''(x) + \cdots \\
&\quad + \frac{h^p}{p!}y^{(p)}(x) + \frac{h^{p+1}}{(p+1)!}y^{(p+1)}(x+\theta h) \\
&= y(x) + hf(x,y) + \frac{h^2}{2!}f'(x,y) + \frac{h^3}{3!}f''(x,y) + \cdots \\
&\quad + \frac{h^p}{p!}f^{(p-1)}(x,y) + \frac{h^{p+1}}{(p+1)!}f^{(p)}(x+\theta h, y(x+\theta h))
\end{aligned} \qquad (10.34)$$

ただし $0 < \theta < 1$ である。ここで f の微分を具体的に書き下しておくと

$$f'(x,y) = \frac{d}{dx}f(x,y) = \frac{\partial f}{\partial x}\frac{dx}{dx} + \frac{\partial f}{\partial y}\frac{dy}{dx} = \frac{\partial f}{\partial x} + \frac{\partial f}{\partial y}f \qquad (10.35)$$

$$\begin{aligned}
f''(x,y) &= \frac{d}{dx}f'(x,y) = \frac{d}{dx}\left(\frac{\partial f}{\partial x}\right) + \frac{d}{dx}\left(\frac{\partial f}{\partial y}\right)f + \frac{\partial f}{\partial y}\frac{df}{dx} \\
&= \frac{\partial^2 f}{\partial x^2} + 2\frac{\partial^2 f}{\partial x \partial y}f + \frac{\partial^2 f}{\partial y^2}f^2 + \frac{\partial f}{\partial y}\frac{\partial f}{\partial x} + \left(\frac{\partial f}{\partial y}\right)^2 f
\end{aligned} \qquad (10.36)$$

となる．テイラー展開 (10.34) を h の p 乗の項までで打ち切って $y(x+h)$ の近似値 y_{n+1} を求める方法は，一段法 (10.33) において勾配関数を

$$\Phi(x,y;h)=f(x,y)+\frac{h}{2!}f'(x,y)+\frac{h^2}{3!}f''(x,y)+\cdots+\frac{h^{p-1}}{p!}f^{(p-1)}(x,y)$$
(10.37)

のようにとったものに等しい．これを p 次の**テイラー展開法** (Taylor series method) という．打切り誤差は式 (10.34) における h^{p+1} の項に相当し，これが局所誤差 (local error) となる．誤差 (global error) のオーダーは局所誤差のオーダーより 1 次減った $O(h^p)$ であることから，p 次の公式は p 次精度の公式とも呼ばれる．

初めに述べたオイラー法 (10.5) は，テイラー展開法のうち最も簡単な 1 次の公式である．オイラー法の計算アルゴリズムは簡単であるが，一般の場合のテイラー展開法は関数 $f(x,y)$ の高階の微係数を必要とするため，実計算においては必ずしも適当ではない．

10.3.2 ルンゲ・クッタ法

関数 $f(x,y)$ の微係数の値は使用せずに，区間 $x_n \leqq x \leqq x_{n+1}$ の中に入る適当な点 $x=x_n+\alpha h$ での $f(x,y)$ の関数値だけを使用する公式をテイラー展開を用いて導くことができる．このような公式のうち最も単純なものはオイラー法であるが，より高次の公式も導くことができる．その代表的なものが**ルンゲ・クッタ法** (Runge-Kutta method) である．

〔1〕 **2 次のルンゲ・クッタ法**　まず k_1, k_2 を

$$\left.\begin{array}{l} k_1 = hf(x_n, y_n) \\ k_2 = hf(x_n+\alpha h, y_n+\beta k_1) \end{array}\right\}$$
(10.38)

により定義し

$$y_{n+1} = y_n + w_1 k_1 + w_2 k_2$$
(10.39)

とするとき，y_{n+1} の値が h^2 の項まで等しくなるように係数 α, β, w_1, w_2 を定

めよう。

まず式 (10.38) における k_2 の式を x, y に関してテイラー展開すると

$$k_2 = hf + \frac{h}{1!}\left(\frac{\partial f}{\partial x}\alpha h + \frac{\partial f}{\partial y}\beta k_1\right)$$
$$+ \frac{h}{2!}\left(\frac{\partial^2 f}{\partial x^2}(\alpha h)^2 + 2\frac{\partial^2 f}{\partial x \partial y}\alpha h \beta k_1 + \frac{\partial^2 f}{\partial y^2}(\beta k_1)^2\right) + \cdots$$

となるので，$k_1 = hf$ を代入して整理すれば

$$k_2 = hf + h^2\left(\alpha\frac{\partial f}{\partial x} + \beta\frac{\partial f}{\partial y}f\right)$$
$$+ h^3\left(\frac{\alpha^2}{2}\frac{\partial^2 f}{\partial x^2} + \alpha\beta\frac{\partial^2 f}{\partial x \partial y}f + \frac{\beta^2}{2}\frac{\partial^2 f}{\partial y^2}f^2\right) + \cdots$$

を得る。したがって式 (10.39) はつぎのように書ける。

$$y_{n+1} = y_n + hf(w_1 + w_2) + h^2 w_2\left(\alpha\frac{\partial f}{\partial x} + \beta\frac{\partial f}{\partial y}f\right)$$
$$+ h^3 w_2\left(\frac{\alpha^2}{2}\frac{\partial^2 f}{\partial x^2} + \alpha\beta\frac{\partial^2 f}{\partial x \partial y}f + \beta^2\frac{1}{2}\frac{\partial^2 f}{\partial y^2}f^2\right) + \cdots \quad (10.40)$$

こうしておいて，f に関する微分 (10.35), (10.36) を x に関するテイラー展開 (10.34) に代入した式

$$y(x+h) = y(x) + hf + \frac{h^2}{2!}\left(\frac{\partial f}{\partial x} + \frac{\partial f}{\partial y}f\right)$$
$$+ \frac{h^3}{3!}\left(\frac{\partial^2 f}{\partial x^2} + 2\frac{\partial^2 f}{\partial x \partial y} + \frac{\partial^2 f}{\partial y^2}f^2 + \frac{\partial f}{\partial y}\frac{\partial f}{\partial x} + \left(\frac{\partial f}{\partial y}\right)^2 f\right) + \cdots$$
$$(10.41)$$

と式 (10.40) の h の各べきを比較すれば，h と h^2 の項を等置して

$$\left.\begin{array}{l} w_1 + w_2 = 1 \\ w_2\alpha = w_2\beta = \dfrac{1}{2} \end{array}\right\} \quad (10.42)$$

を得る。この方程式にはまだ自由度が一つ残されてはいるが，式 (10.40) と式 (10.41) の右辺第 4 項を比較すればわかるように，h^3 の項はもはや等置することはできない。

この自由度に対応して未定のパラメータ θ を導入すると，式 (10.42) を満足する解

$$\left.\begin{array}{l} w_1 = 1 - \theta \\ w_2 = \theta \\ \alpha = \beta = \dfrac{1}{2\theta} \end{array}\right\} \tag{10.43}$$

を得る。例えば $\theta = 1/2$ とすると，2次のルンゲ・クッタ法の公式の一つ

$$\left.\begin{array}{l} k_1 = h_n\, f(x_n, y_n) \\ k_2 = h_n\, f(x_n + h_n,\ y_n + k_1) \end{array}\right\} \tag{10.44}$$

$$y_{n+1} = y_n + \frac{1}{2}(k_1 + k_2) \tag{10.45}$$

が定められる (図 **10.3**)。θ の値により定まるいくつかの方法の係数を表 **10.1** (a) に示す。

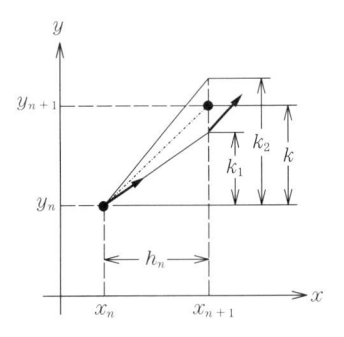

図 **10.3** 2次のルンゲ・クッタ法 ($\theta = 1/2$)

〔2〕 **4次のルンゲ・クッタ法** 同様にして y_{n+1} の値が h^4 の項までテイラー展開と一致する公式を導くことができるが，2次の公式の導出からわかるように係数は一意的には定まらない。一般に4次ルンゲ・クッタ法は以下のように書ける。

10. 常微分方程式の初期値問題

表 10.1 ルンゲ・クッタ法の係数

(a) 2次ルンゲ・クッタ法の係数

係数	$\theta=1/2$	$\theta=1$
w_1	1/2	0
w_2	1/2	1
α	1	1/2
β	1	1/2

(b) 4次ルンゲ・クッタ法の係数

係数	原型ルンゲ・クッタ法	ルンゲ・クッタ・ギル法
w_1	1/6	1/6
w_2	1/3	$(1-1/\sqrt{2})/3$
w_3	1/3	$(1+1/\sqrt{2})/3$
w_4	1/6	1/6
α_0	1/2	1/2
α_1	1/2	1/2
α_2	1	1
β_0	1/2	1/2
β_1	0	$-1/2+1/\sqrt{2}$
β_2	0	0
γ_1	1/2	$1-1/\sqrt{2}$
γ_2	0	$-1/\sqrt{2}$
δ_2	1	$1+1/\sqrt{2}$

$$\left.\begin{aligned}
k_1 &= h_n\, f(x_n, y_n) \\
k_2 &= h_n\, f(x_n + \alpha_0 h_n,\, y_n + \beta_0 k_1) \\
k_3 &= h_n\, f(x_n + \alpha_1 h_n,\, y_n + \beta_1 k_1 + \gamma_1 k_2) \\
k_4 &= h_n\, f(x_n + \alpha_2 h_n,\, y_n + \beta_2 k_1 + \gamma_2 k_2 + \delta_2 k_3)
\end{aligned}\right\} \quad (10.46)$$

$$y_{n+1} = y_n + w_1 k_1 + w_2 k_2 + w_3 k_3 + w_4 k_4 \qquad (10.47)$$

古典的な原型としての4次の公式は以下のとおりである(図 **10.4**)。

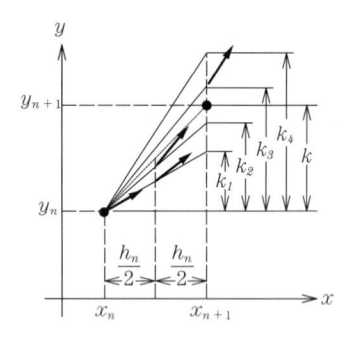

図 10.4 4次のルンゲ・クッタ法 (原型)

$$k_1 = h_n\, f(x_n, y_n)$$
$$k_2 = h_n\, f(x_n + h_n/2,\ y_n + k_1/2)$$
$$k_3 = h_n\, f(x_n + h_n/2,\ y_n + k_2/2)$$
$$k_4 = h_n\, f(x_n + h_n,\ y_n + k_3)$$
(10.48)

$$y_{n+1} = y_n + \frac{1}{6}(k_1 + 2k_2 + 2k_3 + k_4) \tag{10.49}$$

これ以外にも係数の選択は可能であり，**ルンゲ・クッタ・ギル** (Runge-Kutta-Gill) **法**は，(現在の計算機にはもはや利点にはならないが) 初期の計算機用として記憶容量を少なくし，情報落ちの誤差が少なくなるよう工夫されたものとして知られている。これらの方法の係数を表 10.1 (b) に示す。

10.3.3 一段法の安定性と誤差

p 次の一段法を

$$y_{n+1} = y_n + h\varPhi_p(x_n, y_n) \tag{10.50}$$

と書くと，これはテイラー展開において h の p 乗の項まで一致するように求めた式であるから，真の解 $y(x)$ を用い打切り誤差を含めて書くと

$$y(x_{n+1}) = y(x_n) + h\varPhi_p(x_n, y(x_n)) + O(h^{p+1}) \tag{10.51}$$

となる。これを一段法 (10.50) から引けば，誤差の表式

$$y_{n+1} - y(x_{n+1}) = (y_n - y(x_n)) + h\left(\varPhi_p(x_n, y_n) - \varPhi_p(x_n, y(x_n))\right) - O(h^{p+1}) \tag{10.52}$$

となる。ここで左辺と右辺第 1 項は誤差 (global error) e_{n+1}, e_n であり，右辺第 3 項の $-O(h^{p+1})$ は局所誤差 l_{n+1} である。右辺第 2 項については，平均値の定理から

$$\varPhi_p(x_n, y_n) - \varPhi_p(x_n, y(x_n)) = J_\varPhi\,(y_n - y(x_n)) \tag{10.53}$$

$$J_\varPhi = \frac{\partial \varPhi_p\bigl(x_n,\ w_n y_n + (1-w_n) y(x_n)\bigr)}{\partial y} \tag{10.54}$$

なる $w_n \in (0,1)$ が存在するので、式 (10.52) は

$$
\begin{aligned}
e_{n+1} &= e_n + h J_\Phi \left(y_n - y(x_n) \right) + l_{n+1} \\
&= (1 + h J_\Phi) e_n + l_{n+1}
\end{aligned}
\tag{10.55}
$$

と書ける。数値解が安定であるためには誤差が指数関数的に増大してはならず、次式の安定条件が必要となる。

$$
|1 + h J_\Phi| \leq 1 \tag{10.56}
$$

ここで $\Phi_p(x,y)$ は、$x \in [x_0, X]$, $y \in (-\infty, \infty)$ において y についてのリプシッツ条件を満足する、すなわち

$$
|\Phi_p(x_i, y_i) - \Phi_p(x_i, y(x_i))| \leq L \ |y_i - y(x_i)| \tag{10.57}
$$

を満たす L が存在するとして誤差を評価しよう[4]。このとき式 (10.53) より $|J_\Phi| < L$ となるので

$$
\begin{aligned}
|e_{n+1}| &\leq (1+hL)|e_n| + |l_{n+1}| \\
&\leq (1+hL)\big((1+hL)|e_{n-1}| + |l_n|\big) + |l_{n+1}| \\
&\vdots \\
&\leq (1+hL)^{n+1}|e_0| + \sum_{i=1}^{n+1}(1+hL)^{n+1-i}|l_i|
\end{aligned}
$$

を得る。初期状態においては誤差が存在しない、すなわち $e_0 = 0$ とすると、誤差 e_n は局所誤差 l_i の累積のみとなる。p 次の方法では局所誤差は $O(h^{p+1})$ であるので

$$
|l_i| \leq C h^{p+1} \tag{10.58}
$$

と書け、また $1 + hL \leq e^{hL}$ を考慮すると

$$
\begin{aligned}
|e_n| &\leq C h^{p+1} \left(1 + e^{hL} + e^{2hL} + \cdots + e^{(n-1)hL} \right) \\
&\leq C h^{p+1} \, n \, e^{nhL} = C h^{p+1} \frac{x_n - x_0}{h} e^{L(x_n - x_0)} \\
&= C h^p (x_n - x_0) e^{L(x_n - x_0)}
\end{aligned}
\tag{10.59}
$$

を得る．すなわち 10.2.1 項で概観したように，p 次の公式の局所誤差 $l_n = O(h^{p+1})$ が累積すると誤差のオーダーは 1 次減って $e_n = O(h^p)$ となることが示された．

例 10.2　(ルンゲ・クッタ法の安定性)　10.2.2 項に掲げたテスト問題 (10.17)

$$\frac{dy}{dx} = \lambda\, y$$

に関して，ルンゲ・クッタ法の安定性を調べてみよう．方程式 (10.17) を増分 h を固定した 4 次のルンゲ・クッタ法 (原型) に代入すると

$$\left.\begin{aligned}
k_1 &= h\,\lambda y_n \\
k_2 &= h\,\lambda(y_n + h\,\lambda y_n/2) \\
k_3 &= h\,\lambda\bigl(y_n + h\,\lambda(y_n + h\,\lambda y_n/2)/2\bigr) \\
k_4 &= h\,\lambda\Bigl(y_n + h\,\lambda\bigl(y_n + h\,\lambda(y_n + h\,\lambda y_n/2)/2\bigr)\Bigr)
\end{aligned}\right\} \quad (10.60)$$

$$\begin{aligned}
y_{n+1} &= y_n + \frac{1}{6}(k_1 + 2k_2 + 2k_3 + k_4) \\
&= y_n + h\lambda\left(1 + \frac{(h\lambda)}{2} + \frac{(h\lambda)^2}{6} + \frac{(h\lambda)^3}{24}\right) y_n \qquad (10.61)
\end{aligned}$$

と書けるので，勾配関数 Φ_4 は

$$\Phi_4(x_n, y_n) = \lambda\left(1 + \frac{(h\lambda)}{2} + \frac{(h\lambda)^2}{6} + \frac{(h\lambda)^3}{24}\right) y_n \qquad (10.62)$$

であり，誤差が指数関数的に増大しないように安定条件 (10.56) を適用すると

$$\left|1 + h\frac{\partial \Phi_4}{\partial y}\right| = \left|1 + (h\lambda) + \frac{(h\lambda)^2}{2} + \frac{(h\lambda)^3}{6} + \frac{(h\lambda)^4}{24}\right| \leq 1 \qquad (10.63)$$

となる．これより λ が実数であれば

$$-2.78 \leq h\lambda \leq 0 \qquad (10.64)$$

を得る。ただし微分方程式の安定性から $\lambda < 0$ である。同じ安定限界は，式 (10.61) が

$$y_{n+1} = \left(1 + (h\lambda) + \frac{(h\lambda)^2}{2} + \frac{(h\lambda)^3}{6} + \frac{(h\lambda)^4}{24}\right) y_n \qquad (10.65)$$

と書けることから，数値解が指数関数的に増大しないための条件としても得られる。なお，微分方程式 $dy/dx = \lambda y$ を逐次微分すると

$$\frac{d^k y}{dx^k} = \lambda \frac{d^{k-1} y}{dx^{k-1}} = \lambda^2 \frac{d^{k-2} y}{dx^{k-2}} = \cdots = \lambda^{k-1} \frac{dy}{dx} = \lambda^k y \qquad (10.66)$$

が得られるので，ルンゲ・クッタ法の導出を思い出すと当然のことではあるが，式 (10.65) はテイラー級数展開を $O(h^4)$ の項までで打ち切ったものと等しいことがわかる。

この考察から，2次のルンゲ・クッタ法はテスト問題 (10.17) に対して

$$y_{n+1} = \left(1 + (h\lambda) + \frac{(h\lambda)^2}{2}\right) y_n \qquad (10.67)$$

と書けるはずであり，その安定条件は

$$\left|1 + (h\lambda) + \frac{(h\lambda)^2}{2}\right| \leqq 1 \qquad (10.68)$$

となるので，これより

$$-2 \leqq h\lambda \leqq 0 \qquad (10.69)$$

を得る。つまり，2次のルンゲ・クッタ法の安定領域は1次陽的オイラー法の安定領域 (10.25) と同じであり，4次のルンゲ・クッタ法の安定領域はそれよりもやや大きい。

10.4 多段法

前節で述べた一段法は，既知の y_n の値から y_{n+1} の値を求めるものであった。それに対し**多段法** (multistep method) とは，すでに計算された y 値を2個以

上使用してつぎの点における y 値を求めるものである．多段法は一般につぎの形の公式で表される．

$$y_{n+1} = (\alpha_0 y_n + \alpha_1 y_{n-1} + \cdots + \alpha_{k-1} y_{n-k+1})$$
$$+ h(\beta_{-1} f_{n+1} + \beta_0 f_n + \cdots + \beta_{k-1} f_{n-k+1}) \qquad (10.70)$$

なお $f_j = f(x_j, y_j)$ の計算には y_j が必要である．上式において y_{n+1} を求めるためには k 個の既知の値 $y_{n-k+1}, y_{n-k+2}, \cdots, y_{n-1}, y_n$ を必要とするので，これを **k 段法**という．$\beta_{-1} = 0$ であればこの公式は陽解法であり，$\beta_{-1} \neq 0$ であればこの公式は陰解法である．

10.4.1 数値積分に基づく方法：アダムス型公式

式 (10.1) の厳密解は積分方程式

$$y(x_{n+1}) - y(x_n) = \int_{x_n}^{x_{n+1}} f(x, y(x)) \, dx \qquad (10.71)$$

を満足する．右辺の関数 $f(x, y(x))$ は未知関数 y を含むが，この f を p 個の x_j 点において値 $f_j = f(x_j, y_j)$ をとる，たかだか $p-1$ 次のラグランジュ補間公式 F_p により近似する．

$$y_{n+1} - y_n = \int_{x_n}^{x_{n+1}} F_p(x) \, dx \qquad (10.72)$$

これにより定まる公式を**アダムス型公式** (Adams methods) という（図 **10.5** (a)）．8 章で見たように，被積分関数 f をラグランジュ補間多項式で近似して得られる数値積分は f の線形結合となるので，結局，式 (10.72) はつぎのように多段法の形になる．

$$y_{n+1} - y_n = A_{N_1} f_{N_1} + A_{N_2} f_{N_2} + \cdots + A_{N_p} f_{N_p} \qquad (10.73)$$

p 個の補間点として $x_{n-p+1}, x_{n-p+2}, \cdots, x_n$ をとったものを p 次の**アダムス・バッシュフォース** (Adams-Bashforth) **公式**という．$y_{n-p+1}, y_{n-p+2}, \cdots, y_n$ の値から直接 y_{n+1} の値を計算することができるので，この公式は陽解法であ

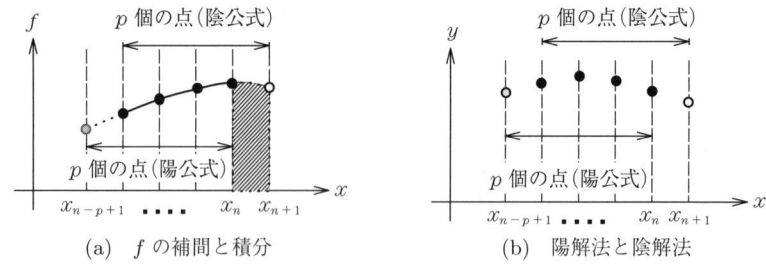

194　10. 常微分方程式の初期値問題

(a) f の補間と積分　　(b) 陽解法と陰解法

図 10.5　アダムス型公式

る。これに対して p 個の補間点として $x_{n-p+2}, x_{n-p+3}, \cdots, x_n, x_{n+1}$ をとったものを p 次の**アダムス・ムルトン** (Adams-Moulton) **公式**という。y_{n+1} の値を計算するのに y_{n+1} 自身の値を必要とするので，この公式は陰解法である (図 10.5 (b))。

ここで，p 個の補間点をもつアダムス型公式の次数は p 次であることを以下に示そう[6]。6.3 節に記したように，p 個の点を補間する多項式 $F_p(x)$ の誤差は p 次多項式であり

$$s = \begin{cases} \dfrac{x - x_n}{h} & (陽公式：アダムス・バッシュフォース公式) \\ \dfrac{x - x_{n+1}}{h} & (陰公式：アダムス・ムルトン公式) \end{cases} \tag{10.74}$$

なる変数変換を導入すると，誤差は

$$F_p(x) - f(x, y(x)) = -\frac{h^p}{p!} s(s+1) \cdots (s+p-1) \frac{d^p f(\xi)}{dx^p} \tag{10.75}$$

の形に書ける。ただし，$-(p-1) \leqq s \leqq 0$ であり，ξ は考えている区間つまり s に対応する x の区間の中に存在する。これを区間 $[x_n, x_{n+1}]$ で積分すると，誤差限界は

$$\left| \int_{x_n}^{x_{n+1}} F_p(x) dx - \int_{x_n}^{x_{n+1}} f(x, y(x)) dx \right|$$
$$\leqq \frac{h^{p+1}}{p!} \left\| \frac{d^p f}{dx^p} \right\|_\infty \left| \int_a^b s(s+1) \cdots (s+p-1) ds \right| \tag{10.76}$$

と見積もられる。ただし右辺における s の積分区間 $[a,b]$ は，陽公式の場合は $[0,1]$ であり，陰公式の場合は $[-1,0]$ である。結局，p 個の補間点をもつラグランジュ補間多項式 $F_p(x)$ を積分して得られるアダムス型公式の局所誤差 (local error) は $O(h^{p+1})$ であることが示されたことになる。したがってこの公式の次数は p 次である。

例 10.3 (2次のアダムス・バッシュフォース公式) 点 x_n, x_{n-1} における値が f_n, f_{n-1} に一致する1次式 $F_2^{AB}(x)$ は

$$F_2^{AB}(x) = \frac{1}{h}\big((x - x_{n-1})f_n + (x_n - x)f_{n-1}\big) \tag{10.77}$$

である。これをアダムス型公式 (10.72) に代入し積分すれば陽公式

$$y_{n+1} = y_n + \frac{3}{2}hf_n - \frac{1}{2}hf_{n-1} \tag{10.78}$$

を得る。y_n, y_{n-1} が既知であれば，y_{n+1} はただちに計算される。

この公式の誤差をテイラー展開から求めてみよう。上式をつぎのように左辺にまとめ

$$y_{n+1} - y_n - \left(\frac{3}{2}hf_n - \frac{1}{2}hf_{n-1}\right) = 0 \tag{10.79}$$

左辺の離散値を微分方程式の解に置き換えて，テイラー展開

$$y(x_n+h) = y(x_n) + hy'(x_n) + \frac{h^2}{2}y''(x_n) + \frac{h^3}{6}y'''(\xi_+)$$
$$(\exists \xi_+ \in (x_n, x_n+h))$$
$$y'(x_n-h) = y'(x_n) - hy''(x_n) + \frac{h^2}{2}y'''(\xi_-) \quad (\exists \xi_- \in (x_n, x_n-h))$$

を代入すると，局所打切り誤差は

$$y(x_n+h) - y(x_n) - \frac{3}{2}hy'(x_n) + \frac{1}{2}hy'(x_n-h)$$
$$= h^3\left(\frac{y'''(\xi_+)}{6} + \frac{y'''(\xi_-)}{4}\right) \tag{10.80}$$

より $O(h^3)$ と求まる。上記公式の次数は2次であることが確かめられた。

例 10.4 (2 次のアダムス・ムルトン公式 (台形則)) 点 x_{n+1}, x_n における値が f_{n+1}, f_n に一致する 1 次式 $F_2^{AM}(x)$ は

$$F_2^{AM}(x) = \frac{1}{h}\left((x-x_n)f_{n+1} + (x_{n+1}-x)f_n\right) \quad (10.81)$$

である．これをアダムス型公式 (10.72) に代入し積分すれば陰公式

$$y_{n+1} = y_n + \frac{1}{2}hf_{n+1} + \frac{1}{2}hf_n \quad (10.82)$$

を得る．陰公式における難点は，y_{n+1} の値を知る前に $f(x_{n+1}, y_{n+1})$ の値を評価しなければならないことである．このため y_{n+1} を求めるには，f が y に関して非線形である場合には，適当な値を初期値として不動点反復法などを用いる．

陽公式のときと同様にして，この公式の誤差を求めてみよう．上式を次のように左辺にまとめ

$$y_{n+1} - y_n - \left(\frac{1}{2}hf_{n+1} + \frac{1}{2}hf_n\right) = 0 \quad (10.83)$$

左辺の離散値を微分方程式の解に置き換えて，テイラー展開を代入すると，局所打切り誤差は

$$y(x_n+h) - y(x_n) - \frac{1}{2}hy'(x_n+h) - \frac{1}{2}hy'(x_n) = O(h^3) \quad (10.84)$$

と求まる．上記公式の次数は 2 次であることが確認された．

---

p 次アダムス型公式は以下のようにまとめられる．

陽公式：$y_{n+1} = y_n + h\left(\beta_0 f_n + \beta_1 f_{n-1} + \cdots + \beta_{p-1} f_{n-p+1}\right)$ (10.85)

陰公式：$y_{n+1} = y_n + h\left(\beta_{-1} f_{n+1} + \beta_0 f_n + \cdots + \beta_{p-2} f_{n-p+2}\right)$ (10.86)

陽公式と陰公式における各 p に対する β_i の値を**表 10.2** (a), (b) に示す．

表 10.2 アダムス型公式の係数

(a) アダムス・バッシュフォース公式 (陽公式)

次数 p	β_0	β_1	β_2	β_3
1	1			
2	3/2	$-1/2$		
3	23/12	$-16/12$	5/12	
4	55/24	$-59/24$	37/24	$-9/24$

(b) アダムス・ムルトン公式 (陰公式)

次数 p	β_{-1}	β_0	β_1	β_2
1	1			
2	1/2	1/2		
3	5/12	8/12	$-1/12$	
4	9/24	19/24	$-5/24$	1/24

10.4.2 数値微分に基づく方法

アダムス型公式は $f(x,y(x))$ に対する補間公式の積分に基づくものであった.同様にして,微分方程式 (10.1) の左辺の y に補間公式を適用しこれを微分する (すなわち dy/dx に数値微分公式を適用する) ことによっても差分近似公式を導くことができる.このような多段法は 10.4.4 項に示すような不安定性をもつので,陽解法は用いられない.しかしながら,実際の数値計算においてはある周波数より大きい成分は現れないことを考慮して,ギア (Gear) は適切な周波数領域に対して安定となる陰解法を提案した.これは**ギアの後退差分公式** (backward difference formula) として知られるものであり,**硬い方程式**(stiff equation,解の緩やかな変化と急激な変化が混在する方程式)に対して比較的大きな安定領域をもつという利点がある[14].よく用いられる 3 次の公式を以下に導出する.左辺の dy/dx に 4 点後退差分近似公式 (9 章 参照) を用いて離散化すると

$$\frac{1}{6h}(11y(x_{n+1})-18y(x_n)+9y(x_{n-1})-2y(x_{n-2}))+O(h^3)$$
$$= f(x_{n+1},y(x_{n+1}))$$

より

$$y(x_{n+1}) = \frac{1}{11}(18y(x_n)-9y(x_{n-1})+2y(x_{n-2}))$$
$$+ \frac{6h}{11}f(x_{n+1},y(x_{n+1}))-O(h^4)$$

となり,3 次の後退差分公式がつぎのように得られる.

$$y_{n+1} = \frac{1}{11}(18y_n - 9y_{n-1} + 2y_{n-2}) + \frac{6h_n}{11}f_{n+1} \tag{10.87}$$

p 次のギアの後退差分公式をまとめるとつぎの形となり，各 p に対する係数の値を**表 10.3** に示す．

$$y_{n+1} = (\alpha_n y_n + \alpha_{n-1} y_{n-1} + \cdots + \alpha_{n-p+1} y_{n-p+1}) + h\beta_{n+1} f_{n+1}$$

(10.88)

表 10.3　ギアの後退差分公式の係数

次数 p	α_n	α_{n-1}	α_{n-2}	α_{n-3}	β_{n+1}
1	1				1
2	4/3	$-1/3$			2/3
3	18/11	$-9/11$	2/11		6/11
4	48/25	$-36/25$	16/25	$-3/25$	12/25

10.4.3　予測子修正子法

陽公式によって y_{n+1} の値を近似的に計算し，陰公式によってその近似値を初期値とした反復解法により解を修正するというアルゴリズムがしばしば採用される．このとき陽公式のほうを**予測子** (predictor)，対応する陰公式のほうを**修正子** (corrector) と呼び，その解法を**予測子修正子法** (predictor-corrector method) という．予測子を p 次にとると，通常修正子には $p+1$ 次のものが採用される．例えば，予測子にオイラー法 (1 次精度)，修正子にアダムス・ムルトン公式 (台形則，2 次精度) を用いる組合せがそれである．よく用いられる組合せには，予測子に 4 次アダムス・バッシュフォース公式，修正子に 4 次アダムス・ムルトン公式か 3 次ギア後退差分法をとるものがある．

10.4.4　多段法の安定性

いままで多段法について次数 (すなわち精度) を中心に見てきたが，ここでは多段法 (10.70)

$$y_{n+1} = (\alpha_0 y_n + \alpha_1 y_{n-1} + \cdots + \alpha_{k-1} y_{n-k+1})$$
$$+ h(\beta_{-1} f_{n+1} + \beta_0 f_n + \cdots + \beta_{k-1} f_{n-k+1})$$

の安定性について簡単にふれることにする．

いま h が十分小さいとすると，h が乗じられている項（f_i の項）は誤差が発生しても小さいうちにさらに小さく抑えられる．それに対して y_i の項は誤差を抑える機構は備わっていないので，誤差の増幅は y_i の項の特性に大きく支配される，という思索に基づき[4]，h が乗じられている項を無視して y_i に関して斉次な差分方程式

$$y_{n+1} = \alpha_0 y_n + \alpha_1 y_{n-1} + \cdots + \alpha_{k-1} y_{n-k+1} \tag{10.89}$$

を考える．解の形を

$$y_i = \zeta^i \tag{10.90}$$

とおき上式に代入すると，ζ についての k 次方程式

$$\zeta^k - \alpha_0 \zeta^{k-1} - \alpha_1 \zeta^{k-2} - \cdots - \alpha_{k-2} \zeta - \alpha_{k-1} = 0 \tag{10.91}$$

が得られる．これを**特性方程式** (characteristic equation) という．この方程式が相異なる k 個の根

$$\zeta_1, \zeta_2, \cdots, \zeta_k$$

をもつならば，差分方程式の一般解は基本解 $y_i = \zeta_q^i$ の1次結合で表される．

$$y_i = c_1 \zeta_1^i + c_2 \zeta_2^i + \cdots + c_k \zeta_k^i \tag{10.92}$$

特性方程式が重根をもつ場合も同様の形に置き換えられる．差分方程式の一般解が安定，すなわち無限大に増幅しないための必要十分条件は，特性方程式 (10.91) のすべての根 ζ_q ($q = 1, 2, \cdots, k$) が

$$|\zeta_q| \leqq 1 \qquad (|\zeta_q| = 1 \text{ のときは単根})$$

となることである．この条件を満足しなければ，解は不安定となる．

例 10.5 (多段法の安定性)　簡単のため，$k = 3$ の場合を考えよう．h が十分に小さいとき，多段法 (10.70) は以下のように近似できる．

$$y_{n+1} = \alpha_0 y_n + \alpha_1 y_{n-1} + \alpha_2 y_{n-2} \tag{10.93}$$

これをベクトル・行列で表すと

$$\begin{bmatrix} y_{n+1} \\ y_n \\ y_{n-1} \end{bmatrix} = \begin{bmatrix} \alpha_0 & \alpha_1 & \alpha_2 \\ 1 & 0 & 0 \\ 0 & 1 & 0 \end{bmatrix} \begin{bmatrix} y_n \\ y_{n-1} \\ y_{n-2} \end{bmatrix} \tag{10.94}$$

となるが,ここに現れる行列を A_3,その固有値を ζ とおくと,固有値は特性方程式

$$|\zeta I - A_3| = \begin{vmatrix} \zeta - \alpha_0 & -\alpha_1 & -\alpha_2 \\ -1 & \zeta & 0 \\ 0 & -1 & \zeta \end{vmatrix}$$

$$= \zeta^3 - \alpha_0 \zeta^2 - \alpha_1 \zeta^1 - \alpha_{k-2} = 0 \tag{10.95}$$

の根で与えられる。もし $|\zeta| > 1$ の固有値があれば,$[y_n, y_{n-1}, y_{n-2}]^T$ がたまたまその ζ の固有ベクトルに近い値となったとき,解は毎回 $y_{n+1} = \zeta y_n$ という形で増幅する[15])。いま h が十分に小さいときを考えているので,$y_{n+1} \approx y_n$ となるはずであるにもかかわらず,数値解が ζ 倍ずつ増幅するのは,数値計算法の不安定性ゆえである。

以上のような多段法の不安定は,微分方程式の形によらず,解のある部分が偶然固有ベクトルに近い形になれば常に発生する。一段法では,特性方程式は $\zeta = 1$ なる根のみをもつので,このような不安定は生じない。常微分方程式の $f(x, y)$ を式 (10.17) などの形に特定すれば,多段法 (10.70) を h を含めて差分方程式として扱うことができ,差分方程式の解が安定となるための制限から h の安定限界を求めることができる。

最後に留意すべき点を述べると,数値計算法の安定性の議論では,$x \longrightarrow \infty$ のとき微小擾乱が限界なく数値解を増幅させるならば,不安定であるとしている。しかしながら,常微分方程式においては e^x という無限に増大する解をもつ

問題は存在するし，理工学上においても着目する量が増大するような過渡的な現象は少なからず存在するので，数値解の発散傾向だけから不安定とするのは適切ではない．ある x の区間内において数値解の (絶対誤差ではなく) 相対誤差が無視できるのであれば，よしとする見方も必要であろう．

10.5 高階常微分方程式の解法

高階の常微分方程式は，高階の各微分項を関数に置き換えることによって，1階の連立常微分方程式に書き直すことができる．例えば m 階の常微分方程式

$$y^{(m)} = f(x, y, y', y'', \cdots, y^{(m-1)}) \tag{10.96}$$

は，変換

$$\begin{aligned} & y_1 = y, \quad y_2 = y', \quad y_3 = y'', \quad \cdots, \\ & y_{m-1} = y^{(m-2)}, \quad y_m = y^{(m-1)} \end{aligned} \tag{10.97}$$

によって

$$\left. \begin{aligned} & \frac{dy_1}{dx} = y_2 \\ & \frac{dy_2}{dx} = y_3 \\ & \vdots \\ & \frac{dy_{m-1}}{dx} = y_m \\ & \frac{dy_m}{dx} = f(x, y_1, y_2, y_3, \cdots, y_m) \end{aligned} \right\} \tag{10.98}$$

となる．つまり 1 階の m 元連立常微分方程式系の形に書き直されたわけである．連立常微分方程式系の解法は次節に示される．

10.6 連立常微分方程式系への適用

m 元連立常微分方程式系の初期値問題

$$\left.\begin{array}{l}\dfrac{dy_i}{dx} = f_i(x, y_1, y_2, \cdots, y_m) \quad (i = 1, 2, \cdots, m) \\ \text{初期条件：} y_i(x_0) = y_i^{(0)} \quad (i = 1, 2, \cdots, m)\end{array}\right\} \quad (10.99)$$

は，未知関数 y_i とその初期値 $y_i^{(0)}$，および右辺の関数 f_i とをそれぞれ第 i 成分にもつ m 次元ベクトル $\boldsymbol{y}, \boldsymbol{y}_0, \boldsymbol{f}$ を導入して以下のように表記される．

$$\left.\begin{array}{l}\dfrac{d\boldsymbol{y}}{dx} = \boldsymbol{f}(x, \boldsymbol{y}) \\ \text{初期条件：} \boldsymbol{y}(x_0) = \boldsymbol{y}_0\end{array}\right\} \quad (10.100)$$

$$\boldsymbol{y} = \begin{bmatrix} y_1 \\ y_2 \\ \vdots \\ y_m \end{bmatrix}, \quad \boldsymbol{y}_0 = \begin{bmatrix} y_1^{(0)} \\ y_2^{(0)} \\ \vdots \\ y_m^{(0)} \end{bmatrix}, \quad \boldsymbol{f} = \begin{bmatrix} f_1 \\ f_2 \\ \vdots \\ f_m \end{bmatrix} \quad (10.101)$$

1 変数の 1 階常微分方程式 (10.1) に対していままで扱ってきた方法を多変量の m 元連立常微分方程式系 (10.99) に拡張することは簡単である．1 変数の場合とほぼ同様の議論により，ベクトル表示常微分方程式系 (10.100) に対しても形式的にまったく同じ公式が得られる．

なお式 (10.100) が定数係数をもつ**同次** (homogenious) の線形常微分方程式系

$$\frac{d\boldsymbol{y}}{dx} = A\boldsymbol{y} \quad (10.102)$$

の場合，$m \times m$ 正方行列 A の固有値を λ_i $(i=1,\cdots,m)$，対応する固有ベクトルを $\boldsymbol{v}_i$ とし，A の固有ベクトルが線形独立であれば，初期値 $\boldsymbol{y}_0$ は $\boldsymbol{v}_i$ の線形結合

$$\boldsymbol{y}_0 = \sum_{i=1}^{m} \alpha_i \boldsymbol{v}_i \quad (10.103)$$

で表すことができる．このとき式 (10.102) はつぎの解 $\boldsymbol{y}(x)$ をもつ．

$$\boldsymbol{y}(x) = \sum_{i=1}^{m} \alpha_i \boldsymbol{v}_i e^{\lambda_i (x - x_0)} \quad (10.104)$$

10.6.1 例:一段法

一段法の典型的な例として,4次のルンゲクッタ法(原型)を示す。1ステップ当りの $\boldsymbol{y}$ の増分の各近似をベクトル $\boldsymbol{k}_i$ $(i=1,2,3,4)$ とすると

$$\left.\begin{aligned}
\boldsymbol{k}_1 &= h_n\,\boldsymbol{f}(x_n, \boldsymbol{y}_n) \\
\boldsymbol{k}_2 &= h_n\,\boldsymbol{f}\left(x_n + \frac{h_n}{2},\ \boldsymbol{y}_n + \frac{\boldsymbol{k}_1}{2}\right) \\
\boldsymbol{k}_3 &= h_n\,\boldsymbol{f}\left(x_n + \frac{h_n}{2},\ \boldsymbol{y}_n + \frac{\boldsymbol{k}_2}{2}\right) \\
\boldsymbol{k}_4 &= h_n\,\boldsymbol{f}(x_n + h_n,\ \boldsymbol{y}_n + \boldsymbol{k}_3)
\end{aligned}\right\} \tag{10.105}$$

$$\boldsymbol{y}_{n+1} = \boldsymbol{y}_n + \frac{1}{6}(\boldsymbol{k}_1 + 2\boldsymbol{k}_2 + 2\boldsymbol{k}_3 + \boldsymbol{k}_4) \tag{10.106}$$

と形式的にまったく同じ式で表される。

一般に一段法は,ベクトル勾配関数 $\varPhi$ を用いて

$$\boldsymbol{y}_{n+1} = \boldsymbol{y}_n + h\varPhi(x_n, \boldsymbol{y}_n) \tag{10.107}$$

と書ける。10.3.3項における一段法の安定性の議論では,式(10.56)の形の安定条件が導かれた。これを連立常微分方程式系の議論に拡張すると,数値解が安定であるための条件は,行列 $I + hJ_\varPhi$ のスペクトル半径が1以下

$$\rho(I + hJ_\varPhi) \leqq 1 \tag{10.108}$$

となることである。ここに $J_\varPhi$ は $\varPhi$ の $\boldsymbol{y}$ に関する**ヤコビ行列**(Jacobian matrix)

$$J_\varPhi = [(J_\varPhi)_{ij}] = \left[\frac{\partial \varPhi_i(x_n,\ w_n\boldsymbol{y}_n + (1-w_n)\boldsymbol{y}(x_n))}{\partial y_j}\right] \tag{10.109}$$

であり,$w_n \in (0,1)$ である。

10.6.2 例:2階常微分方程式で表される系

多くの力学系は図 **10.6** のような**質量・ばね・ダンパ・外力**(mass-spring-damper-external force)系にモデル化される。質量を m,ばね定数を k,減衰係数を c,時刻 t における変位を $x(t)$,質量に加わる外力を $F(t) = F_0 \sin \omega t$ とすると,ニュートンの運動法則は

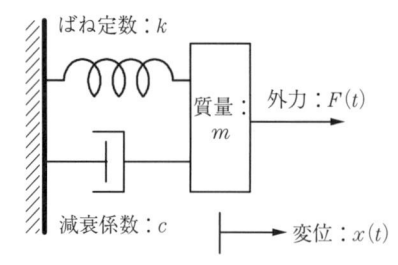

図 10.6　質量・ばね・ダンパ・外力系

　　　質量 × 加速度 = 力の総和

であり，質量に働く力はばねの力 $-kx$，減衰力 $-c(dx/dt)$，および外力 $F(t)$ であるから

$$m\frac{d^2x}{dt^2} = -kx - c\frac{dx}{dt} + F_0\sin\omega t$$

が成立し，結局この系の運動はつぎの 2 階常微分方程式で記述される．

$$m\frac{d^2x(t)}{dt^2} + c\frac{dx(t)}{dt} + kx(t) = F_0\sin\omega t \tag{10.110}$$

これと同じ方程式で記述される系には様々なものがある．**図 10.7** はねじり**剛性** (stiffness) k の軸に慣性モーメント I の板を付けた系を示している．ねじり減衰係数を c，時刻 t におけるねじり角変位を $\psi(t)$，外力のモーメントを $T(t) = T_0\sin\omega t$ とすると，回転物体に対するニュートンの運動法則は

　　　慣性モーメント × 角加速度 = モーメントの総和

であり，板に作用するモーメントはばねトルク $-k\psi$，減衰トルク $-c(d\psi/dt)$，

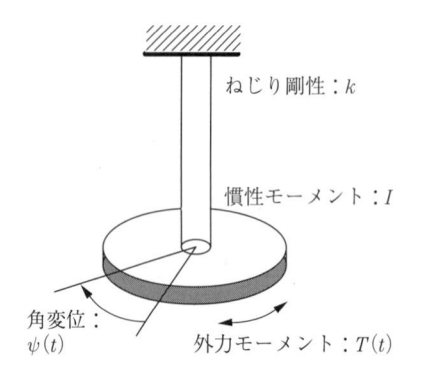

図 10.7　ねじりとモーメントの系

外力のモーメント $T(t)$ であるから，この系の運動の微分方程式は

$$I\frac{d^2\psi(t)}{dt^2} + c\frac{d\psi(t)}{dt} + k\psi(t) = T_0 \sin\omega t \tag{10.111}$$

となり，式 (10.110) と同じ形であることがわかる．

他の例では，図 **10.8** のようなコイル・コンデンサー・抵抗・交流発電機を直列に配した電気回路の系がある．コンデンサーの電気容量を C，抵抗を R，コイルのインダクタンスを L，コンデンサーの電気量を Q，電流を i とする．時間 dt の間電流 i が流れるならば，電流はコンデンサーを通して流れず，単にその電気量を増すだけであるから，$dQ = idt$ すなわち $i = dQ/dt$ が成り立つ．発電機の起電圧を $E(t) = E_0 \sin\omega t$，図中 1,2,3,4 の位置における電圧を V_1, V_2, V_3, V_4 とすると

　　　　各部にかかる電圧の総和 = 発電機の起電圧

である．コンデンサーの電圧は $V_1 - V_2 = Q/C$，コイルの電圧は $V_2 - V_3 = L(di/dt) = L(d^2Q/dt^2)$，抵抗間の電圧は $V_3 - V_4 = iR = R(dQ/dt)$ であり，これらの電圧の和が発電機による起電圧 $E(t)$ となることから，この電気回路の微分方程式は

$$L\frac{d^2Q(t)}{dt^2} + R\frac{dQ(t)}{dt} + \frac{1}{C}Q(t) = E_0 \sin\omega t \tag{10.112}$$

と書ける．これは式 (10.110) と同じ形である．

このように直線振動もねじり振動も電気回路も同じ形の微分方程式に帰着される．その対応関係[16]を表 **10.4** に記す．

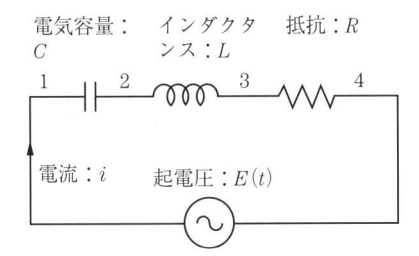

図 **10.8** 電気回路の系

表 10.4 振動系の諸量の対応関係

直線振動		ねじり振動		電気回路	
質量	m	慣性モーメント	I	インダクタンス	L
剛性	k	ねじり剛性	k	1/電気容量	$1/C$
減衰係数	c	ねじり減衰係数	c	抵抗	R
外力	$F_0 \sin \omega t$	外力モーメント	$T_0 \sin \omega t$	起電圧	$E_0 \sin \omega t$
変位	x	角変位	ψ	コンデンサー電気量	Q
速度	$v = dx/dt$	角速度	$\Omega = d\psi/dt$	電流	$i = dQ/dt$

10.6.3　例：2階常微分方程式の系の数値計算法

10.5節に示したように，一般に高階の常微分方程式は，1階の連立常微分方程式に帰着される．例えば質量・ばね・ダンパ・外力系 (10.110) の場合，速度

$$v(t) = \frac{dx(t)}{dt} \tag{10.113}$$

を導入すると，2階の方程式は連立1階常微分方程式系

$$\left.\begin{aligned}\frac{dx(t)}{dt} &= v(t) \\ \frac{dv(t)}{dt} &= -\frac{c}{m}v(t) - \frac{k}{m}x(t) + F_0 \sin \omega t\end{aligned}\right\} \tag{10.114}$$

となり，これをさらに以下のように記述する．

$$\frac{d}{dt}\begin{bmatrix} x \\ v \end{bmatrix} = \begin{bmatrix} f_x(t,x,v) \\ f_v(t,x,v) \end{bmatrix} \tag{10.115}$$

$$\left.\begin{aligned}f_x(t,x,v) &= v \\ f_v(t,x,v) &= -\frac{c}{m}v - \frac{k}{m}x + F_0 \sin \omega t\end{aligned}\right\} \tag{10.116}$$

この連立1階常微分方程式系は，与えられた初期条件

$$\begin{bmatrix} x(0) \\ v(0) \end{bmatrix} = \begin{bmatrix} x_0 \\ v_0 \end{bmatrix} \tag{10.117}$$

のもとに，解くことができる．

数値計算により解く場合，4次のルンゲ・クッタ法 (原型) は以下のアルゴリズムとなる．

$$\left.\begin{array}{l}k_{x1} = h_n\, f_x(t_n, x_n, y_n) \\ k_{v1} = h_n\, f_v(t_n, x_n, y_n) \\ k_{x2} = h_n\, f_x(t_n + h_n/2, x_n + k_{x1}/2, v_n + k_{v1}/2) \\ k_{v2} = h_n\, f_v(t_n + h_n/2, x_n + k_{x1}/2, v_n + k_{v1}/2) \\ k_{x3} = h_n\, f_x(t_n + h_n/2, x_n + k_{x2}/2, v_n + k_{v2}/2) \\ k_{v3} = h_n\, f_v(t_n + h_n/2, x_n + k_{x2}/2, v_n + k_{v2}/2) \\ k_{x4} = h_n\, f_x(t_n + h_n, x_n + k_{x3}, v_n + k_{v3}) \\ k_{v4} = h_n\, f_x(t_n + h_n, x_n + k_{x3}, v_n + k_{v3}) \end{array}\right\} \quad (10.118)$$

$$\begin{aligned} x_{n+1} &= x_n + (1/6)(k_{x1} + 2k_{x2} + 2k_{x3} + k_{x4}), \\ v_{n+1} &= v_n + (1/6)(k_{v1} + 2k_{v2} + 2k_{v3} + k_{v4}) \end{aligned} \quad (10.119)$$

章 末 問 題

【1】 微分方程式 $\dfrac{dy}{dx} = -\dfrac{my}{x+2}$ ($m = 1, 2, 3, \cdots$) の初期条件「$x_0 = 0$ のとき $y_0 = 1$」のもとでの解は $y(x) = \dfrac{2^m}{(x+2)^m}$ である。この微分方程式を $x = 0$ から $x = 2$ まで数値的に解いて $x = 2$ のときの誤差 (=数値解 − 真値) を算出する。

(1) 数値解法としては，本章で取り上げたものから 2, 3 を選びプログラムを作成せよ。その際，数値解法の次数 p に留意すること。

(2) x の増分を h とし，一つの数値解法ごとにいくつかの h の値のときの誤差 E を求めよ。

(3) 両対数グラフの横軸に h，縦軸に E をとり誤差をプロットせよ。
p 次の数値解法の誤差は $E = O(h^p) \approx c h^p$ であるから，誤差は勾配 p の直線上にほぼ並ぶはずである。

【2】 質量・ばね・ダンパ・外力系の問題 (10.110) において，m, c, k, F_0, w と初期変位 x_0，初期速度 v_0 を設定し，4 次のルンゲ・クッタ法 (10.118), (10.119) で解くプログラムを作成して数値解を求め，エクセルなどで図示せよ。

【3】 微分方程式系の数値計算を高精度化する方法として，一般に以下の 3 通りが考えられる。

(1) アルゴリズムの打切り誤差を減少させるために，高次の差分近似を用いる。

(2) 丸め誤差を減少させるために，高精度の数値表現と数値演算を用いる。

(3) 増分 h の値を小さくする（ただし計算時間は長くなるが）。
h を小さくとればとるほど打切り誤差は減少するが丸め誤差は増加するので，誤差を最小にするような値が存在する (1.3.2 項 参照)。丸め誤差の影響を無視できない問題では，h の値の選択にさらなる注意が必要となる。

問題【2】の数値計算を，上記 (1)〜(3) に対応して以下のように高精度化せよ。

(1) ルンゲ・クッタ法の精度は 4 次で十分とみなし，
(2) 倍精度（double 型）の数値表現と数値演算を用い，
(3) 増分 h を半分にしていくときの解の差異が許容値 ε_{tol} の範囲内に収まるまで，h を小さくする。h を決めるためのアルゴリズムは以下のとおり：
　1) 時間増分 h を用いて第 n ステップ（時刻 t）における解 $(x_n, v_n)^T$ から第 $n+1$ ステップ（時刻 $t+h$）における解 $(x_{n+1}, v_{n+1})^T$ を求める。
　2) 時間増分 $h/2$ を用いて，第 n ステップ（時刻 t）における $(x_n, v_n)^T$ から時刻 $t+h/2$ における解 $(x_{n+1/2}, v_{n+1/2})^T$ を計算し，さらにここから時間を $h/2$ だけ進ませて，時刻 $t+h$ における解を計算する。この解を $(x_{n+1}^{h/2}, v_{n+1}^{h/2})^T$ と表記する。
　3) 1) の解（時間増分 h を使用）と 2) の解（時間増分 $h/2$ を使用）の差異を 1 ノルムで測ったものが許容値 ε_{tol} 以下

$$\left|x_{n+1} - x_{n+1}^{h/2}\right| + \left|v_{n+1} - v_{n+1}^{h/2}\right| \leq \varepsilon_{tol}$$

であるならば，時間増分 h で計算し続ける。もし ε_{tol} よりも大きければ，$h/2$ を新たな時間増分に設定して，1) に戻る。

ただしこの方法では，h は小さくなる一方なので不必要に小さくなりすぎる恐れがある。これを防ぐために周期的に h を大きくする。例えば時間を 100 回進めるごとに，h の値を $h \times 16$ にする。

【4】 問題【2】の系に帰着される問題（直線振動，ねじり振動，電気回路など）を考えて設定し，問題【3】の方法により高精度数値シミュレーションを行い，結果を図示して解釈を述べよ。

【5】 2 種の生物が捕食者と被食者の関係にあり，被食者の全個体数を y_1，捕食者の全個体数を y_2 とすると，その関係はつぎの Lotka-Volterra のモデルで表せる。

$$\frac{d\boldsymbol{y}}{dt} = \frac{d}{dt}\begin{bmatrix} y_1 \\ y_2 \end{bmatrix} = \begin{bmatrix} \alpha_1 y_1 - \beta_1 y_1 y_2 \\ -\alpha_2 y_2 - \beta_2 y_1 y_2 \end{bmatrix} = \boldsymbol{f}(\boldsymbol{y})$$

ここに，α_1, α_2 は，それぞれの生物が孤立した状態にあるときの被食者の出生率と捕食者の死亡率を表し，β_1, β_2 は 2 種の生物の干渉効果（全個体数の積に対する割合）を表す。$\alpha_1 = 1, \alpha_2 = 0.5$ とし，$\beta_1 = 0.1k$，$\beta_2 = 0.02k$，$k = 1, 2, 3, 4$ に対して，適切な初期条件のもとで問題【3】の高精度アルゴリズムによりこのモデル方程式を積分し，数値解をつぎの 2 種類のグラフに表示せよ。
(1) 個体数を縦軸，時間 t を横軸にとり，$y_1(t)$，$y_2(t)$ を t の関数として表す。
(2) 横軸に y_1，縦軸に y_2 をとり，t を媒介とした $(y_1(t), y_2(t))$ の軌跡を描く。
これらのグラフを観察して，各生物の個体数の推移に関する解釈を述べよ。

11 離散フーリエ変換

重要な問題解決手法の一つに，フーリエ変換により時間領域のデータを周波数領域に変換して調べる方法がある．本章では，フーリエ変換，およびそれから導かれる離散フーリエ変換 (DFT) とその性質を示した後，DFT を高速に計算するアルゴリズム (FFT) について説明する．

11.1 フーリエ級数展開

連続な関数 $x(t)$ が周期 T を有するとき，三角関数を用いてつぎの**フーリエ級数展開** (Fourier-series transform) により表されることはよく知られている．

$$x(t) = \frac{a_0}{2} + \sum_{n=1}^{\infty}\left(a_n \cos \frac{2\pi n t}{T} + b_n \sin \frac{2\pi n t}{T}\right) \tag{11.1}$$

係数 a_n, b_n はつぎのように求められ，フーリエ係数と呼ばれる．

$$\left.\begin{aligned} a_n &= \frac{2}{T}\int_0^T x(t) \cos \frac{2\pi n t}{T} dt \\ b_n &= \frac{2}{T}\int_0^T x(t) \sin \frac{2\pi n t}{T} dt \end{aligned}\right\} \tag{11.2}$$

ここで $i = \sqrt{-1}$ を導入すると，上式は複素指数関数を用いた複素フーリエ級数展開として表現できる．

$$x(t) = \sum_{n=-\infty}^{\infty} c_n e^{i2\pi n t/T} \tag{11.3}$$

$$c_n = \frac{1}{T}\int_0^T x(t)\,e^{-i2\pi nt/T}dt \tag{11.4}$$

係数 c_n は複素フーリエ係数と呼ばれる。

例題 11.1 オイラーの公式 (Euler's identity)

$$e^{i\theta} = \cos\theta + i\sin\theta \tag{11.5}$$

を用いて，フーリエ級数展開から複素フーリエ級数展開を導け。

【解答】 三角関数は以下のように表されるので

$$\left.\begin{aligned}\cos\theta &= \frac{e^{i\theta}+e^{-i\theta}}{2}\\ \sin\theta &= \frac{e^{i\theta}-e^{-i\theta}}{2i}\end{aligned}\right\}$$

これらをフーリエ級数展開式 (11.1) に用いると

$$\begin{aligned}x(t) &= \frac{a_0}{2} + \sum_{n=1}^\infty \frac{a_n - ib_n}{2}e^{i2\pi nt/T} + \sum_{n=1}^\infty \frac{a_n + ib_n}{2}e^{-i2\pi nt/T}\\ &= \sum_{n=-\infty}^\infty c_n\,e^{i2\pi nt/T}\end{aligned}$$

$$\left.\begin{aligned}c_0 &= \frac{a_0}{2}\\ c_n &= \frac{a_n - ib_n}{2}\\ c_{-n} &= \frac{a_n + ib_n}{2}\end{aligned}\right\}$$

が導かれる。これが複素フーリエ級数展開式 (11.3), (11.4) と同等であることは，式 (11.2) により明らか。　　◇

複素フーリエ級数展開 (11.3), (11.4) を基底関数列 $\{e^{i2\pi nt/T}\}$ の性質から見直してみよう。いま区間 $[a,b]$ 上で定義された複素関数 $\phi_n(t), \phi_m(t)$ の内積を

$$(\phi_n, \phi_m) = \int_a^b \phi_n(t)\,\overline{\phi_m(t)}dt \tag{11.6}$$

と定義する ($\overline{\phi_m}$ は ϕ_m の共役複素数)。区間 $[0,T]$ における基底関数列 $\{e^{i2\pi nt/T}\}$

は直交性をもつ,すなわち

$$\left(e^{i2\pi nt/T}, e^{i2\pi mt/T}\right) = \int_0^T e^{i2\pi nt/T} e^{-i2\pi mt/T} dt$$
$$= \begin{cases} T & (n = m) \\ 0 & (n \neq m) \end{cases} \quad (11.7)$$

を満足することは容易に確かめられる。複素フーリエ級数展開 (11.3) と $e^{i2\pi nt/T}$ との内積をとると

$$\left(x(t),\ e^{i2\pi nt/T}\right) = \Big(\sum_{k=-\infty}^{\infty} c_k e^{i2\pi kt/T},\ e^{i2\pi nt/T}\Big)$$
$$= c_n\left(e^{i2\pi nt/T},\ e^{i2\pi nt/T}\right) = c_n T$$

よりただちに複素フーリエ係数 c_n がつぎのように求まるが,これは式 (11.4) そのものである。

$$c_n = \frac{1}{T}\left(x(t),\ e^{i2\pi nt/T}\right) \quad (11.8)$$

c_n に関してはつぎに示すリーマン・ルベーグの定理が成り立っている[17]。

$$\lim_{n \to \infty} |c_n| = 0 \quad (11.9)$$

なお,三角関数を用いたフーリエ級数 (11.1) の係数 a_n, b_n が (11.2) のように簡単に定まるのも,関数列

$$1,\ \cos\theta,\ \sin\theta,\ \cos 2\theta,\ \sin 2\theta,\ \cos 3\theta,\ \sin 3\theta,\ \cdots$$

の直交性による。

式 (11.3) からわかるように,フーリエ級数では基本周波数 $f_1 = 1/T$ の整数倍の周波数 nf_1 の波のみが現れる。このため, c_n を順に並べたものを線スペクトル[†]という。

[†] スペクトルという概念の一般的定義は,複雑な組成から分解された単純な成分を,それを特徴づける量の大小の順に並べたもの,といえよう。

11.2 フーリエ変換

周期波形のみならず,非周期の孤立波形も扱えるようにするため,周期 T を無限大とする[17]。フーリエ級数において $T \to \infty$ とすると,基本周波数 $f_1 = 1/T$ は無限小となるので,現れる周波数 $f = nf_1$ は連続的な量とみなすことができる。$f_1 = \Delta f$ とおいて,式 (11.3),(11.4) の対を以上の観点から書き換えると

$$x(t) = \lim_{T \to \infty} \sum_{-\infty}^{\infty} \Big(\frac{1}{T} \int_0^T x(t')\, e^{-i2\pi n t'/T} dt' \Big) e^{i2\pi n t/T}$$

$$= \lim_{T \to \infty} \sum_{-\infty}^{\infty} \Delta f \Big(\int_0^T x(t')\, e^{-i2\pi f t'} dt' \Big) e^{i2\pi f t}$$

$$= \int_{-\infty}^{\infty} \Big(\int_0^{\infty} x(t')\, e^{-i2\pi f t'} dt' \Big) e^{i2\pi f t} df \tag{11.10}$$

となる。この積分式が孤立波形を表すものである。上式の { } の中を $X(f)$ とおくと

$$X(f) = \int_0^{\infty} x(t)\, e^{-i2\pi f t} dt \tag{11.11}$$

$$x(t) = \int_{-\infty}^{\infty} X(f)\, e^{i2\pi f t} df \tag{11.12}$$

と書き表せる。式 (11.11) を**フーリエ変換** (Fourier transform),式 (11.12) を**逆フーリエ変換** (inverse Fourier transform) と呼ぶ。フーリエ変換により,変数 t の関数 $x(t)$ が新しい変数 f の関数 $X(f)$ になる,つまり時間領域が周波数領域に変換されたことが理解されよう。これに逆フーリエ変換を行うと,周波数領域が時間領域に戻されることになる。

フーリエ級数では,c_n は飛び飛びの f の値に対して定義されたが,対応する $X(f)$ は連続的な f に対して定義されている。このため c_n を**線スペクトル**というのに対し,$X(f)$ を**連続スペクトル**と呼ぶ。

11.3 離散フーリエ変換(DFT)

さて,$x(t)$ は区間 $[0, T^w]$ 以外では 0 とすれば,フーリエ変換 (11.11) における無限区間での積分は有限区間での積分となる。この区間を N 等分して複合台形則 (8.1.2 項 参照) により数値積分を行おう。等分割された小区間の幅を $T_s^w = T^w/N$ とおくと,式 (11.11) は点 $t_j = jT_s^w$ ($j=0,1,\cdots,N$) を用いて

$$\begin{aligned}X(f) &= T_s^w \sum_{j=0}^{N-1} \frac{1}{2}\left(x(t_j)e^{-i2\pi f j T^w/N} + x(t_{j+1})e^{-i2\pi f(j+1)T_w/N}\right) \\ &\quad + O\left(T_s^{w2}\right) \\ &= T_s^w \sum_{j=0}^{N-1} x(t_j)e^{-i2\pi f j T^w/N} + O\left(T_s^{w2}\right) \end{aligned} \quad (11.13)$$

となる。ただし $x(0) = x(T^w)$ を仮定した。上式を $f_k = k/T^w$ ($k=0,1,\cdots,N-1$) において評価すると

$$X(f_k) = T_s^w \sum_{j=0}^{N-1} x(t_j)e^{-i2\pi kj/N} + O\left(T_s^{w2}\right) \quad (11.14)$$

となる。式 (11.14) から係数 T_s^w を取り払ったものを $y(f_k) \left(=X(f_k)/T_s^w\right)$ とおくと,これが通常の**離散フーリエ変換** (discrete Fourier transform, **DFT**) である。信号処理の分野では,DFT は連続関数 $x(t)$ にディラックの δ 関数列を乗じて離散信号系列としたものにフーリエ変換を行って定義されるので,式中に T_s^w は現れない。このとき T^w をサンプリング区間,T_s^w をサンプリングタイムと呼ぶ。

$y(f_k) = y_k$, $x(t_j) = x_j$ と記せば,離散フーリエ変換は

$$y_k = \sum_{j=0}^{N-1} x_j w_N^{kj} \quad (k=0,1,\cdots,N-1) \quad (11.15)$$

と書ける。ここに w_N は**回転因子** (twiddle factor) と呼ばれるものであり

$$w_N = e^{-i2\pi/N} \quad (11.16)$$

である．式 (11.15) を行列表示するとつぎのようになる．

$$\mathbf{y} = F_N \, \mathbf{x} \tag{11.17}$$

$$\boldsymbol{y} = \begin{bmatrix} y_0 \\ y_1 \\ y_2 \\ \vdots \\ y_{N-1} \end{bmatrix}, \quad \boldsymbol{x} = \begin{bmatrix} x_0 \\ x_1 \\ x_2 \\ \vdots \\ x_{N-1} \end{bmatrix},$$

$$F_N = \begin{bmatrix} 1 & 1 & 1 & \cdots & 1 \\ 1 & w_N^1 & w_N^2 & \cdots & w_N^{N-1} \\ 1 & w_N^2 & w_N^4 & \cdots & w_N^{2(N-1)} \\ \vdots & \vdots & \vdots & & \vdots \\ 1 & w_N^{N-1} & w_N^{2(N-1)} & \cdots & w_N^{(N-1)(N-1)} \end{bmatrix}$$

行列 F_N の逆行列 F_N^{-1} の (j,k) 要素が $(1/N)w_N^{-jk}$ $(j,k=0,1,\cdots,N\text{--}1)$, すなわち

$$F_N^{-1} = \frac{1}{N} \begin{bmatrix} 1 & 1 & 1 & \cdots & 1 \\ 1 & w_N^{-1} & w_N^{-2} & \cdots & w_N^{-(N-1)} \\ 1 & w_N^{-2} & w_N^{-4} & \cdots & w_N^{-2(N-1)} \\ \vdots & \vdots & \vdots & & \vdots \\ 1 & w_N^{-(N-1)} & w_N^{-2(N-1)} & \cdots & w_N^{-(N-1)(N-1)} \end{bmatrix} \tag{11.18}$$

コーヒーブレイク

離散フーリエ変換は，フーリエ変換を経なくとも，複素フーリエ級数の係数 (11.4) を直接複合台形則により 1 周期分数値積分すれば得られる．点 $t_j = jT/N$ ($j = 0, 1, \cdots, N$) を用いれば，複素フーリエ係数は

$$c_n = \frac{1}{N} \sum_{j=0}^{N-1} x(t_j) e^{-i 2\pi n j / N} + O\left((T/N)^2\right)$$

となり，式 (11.14) の $X(f_k)$ との差異は係数のみである．しかしながら，フーリエ変換を経ると時間領域から周波数領域への変換という概念が明確になる．

であることは，つぎのように F_N^{-1} と F_N の積を計算すると単位行列となることから確かめられる．

$$F_N^{-1}F_N \text{ の } (j,l) \text{ 要素} = \sum_{k=0}^{N-1} \frac{1}{N} w_N^{-jk} w_N^{kl} = \frac{1}{N} \sum_{k=0}^{N-1} w_N^{k(l-j)}$$

$$= \begin{cases} \Big(\underbrace{1+1+\cdots+1}_{N\text{個}}\Big)\Big/N = 1 & \\ & (j=l) \\ \Big(1-w_N^{(l-j)N}\Big)\Big/\Big(N\big(1-w_N^{(l-j)}\big)\Big) = 0 & \\ & (j \neq l) \end{cases}$$

したがって，**逆離散フーリエ変換** (inverse discrete Fourier transform, **IDFT**) は

$$\boldsymbol{x} = F_N^{-1}\,\boldsymbol{y} \tag{11.19}$$

すなわち次式となる．

$$x_j = \frac{1}{N} \sum_{k=0}^{N-1} y_k w_N^{-jk} \qquad (j=0,1,\cdots,N-1) \tag{11.20}$$

11.4　離散フーリエ変換の性質

離散フーリエ変換 (11.15), (11.16) を行うと，結果の $y(f_k) = y_k$ は複素数となり，これを周波数 f_k の昇順に並べるとスペクトルとなる．複素数を表すには，その大きさと位相がわかればよい．大きさを表すのに，**振幅スペクトル** (amplitude spectrum)

$$|y(f_k)| = \sqrt{\mathrm{Re}(y_k)^2 + \mathrm{Im}(y_k)^2} \tag{11.21}$$

あるいは**パワースペクトル** (power spectrum)

$$|y(f_k)|^2 = \mathrm{Re}(y_k)^2 + \mathrm{Im}(y_k)^2 \tag{11.22}$$

が用いられ，位相角を表すのに，**位相角スペクトル** (phase-angle spectrum)

$$\arg(y(f_k)) = \tan^{-1} \frac{\mathrm{Im}(y_k)}{\mathrm{Re}(y_k)} \tag{11.23}$$

が用いられる。

離散フーリエ変換には以下の特性がある。

(1) $k=0$ のとき式 (11.17) より y_0 は入力データ $x_0, x_1, \cdots, x_{N-1}$ の総和であり，$k=1$ のときサンプリング区間の逆数 $f_1 = 1/T^w$ はサンプリングにおける基本周波数であり，他の周波数は $f_k = kf_1$ $(k=0, 1, \cdots, N-1)$ で表される。

(2) サンプリングタイムの逆数 $f_s = 1/T_s^w$ を**サンプリング周波数**と呼ぶ。$f_N = f_s$ となるので，離散フーリエ変換における周波数 $f_0, f_1, \cdots, f_{N-1}$ の帯域幅は，$n \to \infty$ のとき $[0, f_s]$ に相当する。

(3) サンプリング定理によると，ある波型に含まれる最大周波数を $f_{\max}$ とすると，$2f_{\max}$ よりも高い周波数 f_s でサンプリングすればその波形を復元できる。これより，離散フーリエ変換における周波数帯域幅 $[0, f_s]$ のうち，波形を復元できるのは $[0, f_s/2]$ の範囲である。

例 11.1 （矩形波のスペクトル） 図 **11.1** (a) のような矩形波を考える。

$$x(t) = \begin{cases} 0 & (0 \leqq t < 0.25) \\ 1 & (0.25 \leqq t < 0.75) \\ 0 & (0.75 \leqq t \leqq 1) \end{cases} \tag{11.24}$$

周期 T，振幅 A，$t = t_0$ を中心とする幅 d の矩形波の複素フーリエ係数は

$$c_n = \frac{Ad}{T} \frac{\sin(d\pi n/T)}{d\pi n/T} e^{-i2\pi n t_0/T} \tag{11.25}$$

となる。図 11.1 (a) では $T=1, A=1, t_0=1/2, d=1/2$ であるから，

$$c_0 = \frac{1}{2}, \quad c_n = \frac{1}{2} \frac{\sin(\pi n/2)}{\pi n/2} e^{-i\pi n} \tag{11.26}$$

となり，奇数の周波数のみ表れることがわかる。$x(t)$ をサンプリング区間

11.5 高速フーリエ変換（FFT）

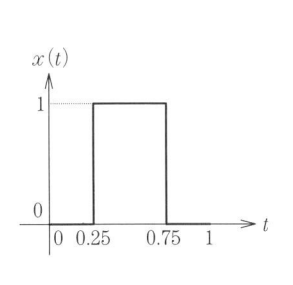

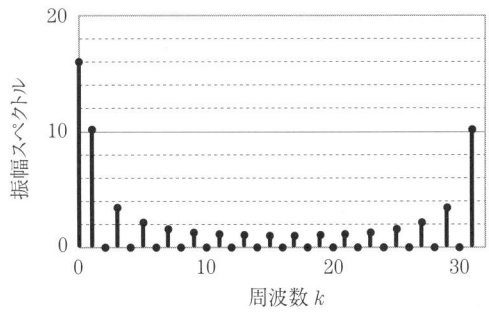

(a) $x(t)$ の時間分布   (b) $y(f)$ の振幅スペクトル

図 **11.1** 離散フーリエ変換の例 ($N=32$)

$T^w = 1$，点数 $N = 32$ で離散フーリエ変換を行い，結果を $y(f_k)$，$k = 0, 1, \cdots, N-1$ の振幅スペクトルで図 11.1 (b) に示すと，先に挙げた離散フーリエ変換の特性が確かめられる。諸量は無次元化されているとする。

(1) 図より $y_0 = 16$ であり，これは入力データ x_k の総和となっている。またこのサンプリングにおける基本周波数は $f_1 = 1/T^w = 1$ である。

(2) サンプリングタイムは $T_s^w = T^w/N = 1/32$，サンプリング周波数は $f_s = 1/T_s^w = 32$ である。図 11.1 (b) における周波数帯域幅は $[0, 32)$ である。

(3) 図 11.1 (b) のうち意味をもつのは，周波数が $[0, 16)$ の範囲である。

11.5 高速フーリエ変換（FFT）

高速フーリエ変換（fast Fourier transform, **FFT**）とは離散フーリエ変換 (DFT) (11.15) を効率よく計算するアルゴリズムであり，原則的にはデータ点数を $N = 2^m$ とする。DFT の式 (11.15) の行列とベクトルの積における演算回数は $O(N^2)$ であるが，FFT アルゴリズムでは演算回数は $O(N \log_2 N)$ まで減少する。FFT には，x_k の並べ替えによる時間間引き型 FFT と，y_k の並べ替えとなる周波数間引き型 FFT の 2 種類があるが[18]，ここでは前者のみを扱う。

11.5.1 回転因子

FFT の説明に入る前に，DFT の式中に現れる回転因子 w_N (11.16) について補足しておこう．図 **11.2** は $N=8$ の場合である．w_N は 1 の N 乗根，すなわち $w_N^N=1$ である．1 の N 乗根のすべては w_N^k あるいは w_N^{-k} ($k=0,1,\cdots,N\text{--}1$) で表され，それらはそれぞれ複素平面上の単位円の角度 $\mp 2\pi k/N$ ($k=0,1,\cdots,N\text{--}1$) における点である．周期性から，$w_N^k = w_N^{k \pm jN}$ ($j=0,1,\cdots$) が成り立つ．また N が偶数の場合には $w_N^{k+N/2} = -w_N^k$ である．

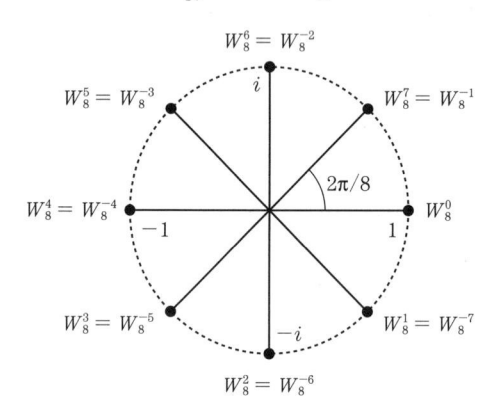

図 **11.2** 回転因子

11.5.2 時間間引き型 FFT

初めに $N=2^2=4$ として，時間間引き型 FFT の簡単な例を示そう．

例 11.2 (データ数 $n=4$ の時間間引き型 FFT) DFT の式 (11.15) より

$$\left.\begin{array}{l} y_0 = w_4^{0\cdot 0}x_0 + w_4^{0\cdot 1}x_1 + w_4^{0\cdot 2}x_2 + w_4^{0\cdot 3}x_3 \\ y_1 = w_4^{1\cdot 0}x_0 + w_4^{1\cdot 1}x_1 + w_4^{1\cdot 2}x_2 + w_4^{1\cdot 3}x_3 \\ y_2 = w_4^{2\cdot 0}x_0 + w_4^{2\cdot 1}x_1 + w_4^{2\cdot 2}x_2 + w_4^{2\cdot 3}x_3 \\ y_3 = w_4^{3\cdot 0}x_0 + w_4^{3\cdot 1}x_1 + w_4^{3\cdot 2}x_2 + w_4^{3\cdot 3}x_3 \end{array}\right\} \quad (11.27)$$

であるが，右辺を並べ替えて x_k が偶数と奇数のグループにまとめると

$$\left.\begin{array}{l}y_0 = (x_0 + w_4^0 x_2) + w_4^0(x_1 + w_4^0 x_3)\\ y_1 = (x_0 + w_4^2 x_2) + w_4^1(x_1 + w_4^2 x_3)\\ y_2 = (x_0 + w_4^4 x_2) + w_4^2(x_1 + w_4^4 x_3)\\ y_3 = (x_0 + w_4^6 x_2) + w_4^3(x_1 + w_4^6 x_3)\end{array}\right\}$$

となる。グループ毎にまとめられた ( ) の中の回転因子 w_4^k $(k=0,2,4,6)$ は，w_4 の偶数乗のみであるから，これらは w_2^k $(k=0,1,2,3)$ に置き換えられ，しかも $w_2^2 = w_2^0$, $w_2^3 = w_2^1$ である。したがって

$$\left.\begin{array}{l}y_0 = (x_0 + w_2^0 x_2) + w_4^0(x_1 + w_2^0 x_3)\\ y_1 = (x_0 + w_2^1 x_2) + w_4^1(x_1 + w_2^1 x_3)\\ y_2 = (x_0 + w_2^0 x_2) + w_4^2(x_1 + w_2^0 x_3)\\ y_3 = (x_0 + w_2^1 x_2) + w_4^3(x_1 + w_2^1 x_3)\end{array}\right\} \quad (11.28)$$

となる。$w_2^0 = 1$, $w_2^1 = -1$ であるが，FFT アルゴリズムの一般的な説明につながるよう，これらはそのまま残した。この計算において，1 段目として

$$\left.\begin{array}{l}A_0 = x_0 + w_2^0 x_2\\ A_1 = x_0 + w_2^1 x_2 = x_0 - w_2^0 x_2\end{array}\right\}$$

$$\left.\begin{array}{l}B_0 = x_1 + w_2^0 x_3\\ B_1 = x_1 + w_2^1 x_3 = x_1 - w_2^0 x_3\end{array}\right\}$$

を行ってから，2 段目として

$$\left.\begin{array}{l}y_0 = A_0 + w_4^0 B_0\\ y_1 = A_1 + w_4^1 B_1\\ y_2 = A_0 + w_4^2 B_0 = A_0 - w_4^0 B_0\\ y_3 = A_1 + w_4^3 B_1 = A_1 - w_4^1 B_1\end{array}\right\}$$

を行えば，乗算が 4 回，加減算が 8 回で済む。もとの式 (11.27) では乗算が $4 \cdot 4 = 16$ 回，加算が $(4-1) \cdot 4 = 12$ 回必要であるので，FFT アルゴリズム (11.28) により計算効率がよくなることがわかる。

さて，データ点数が $N = 2^m$ の場合の一般的な説明に移ろう。DFT の式 (11.15) において，x_k を k が偶数列と奇数列に分けると

$$y_k = \sum_{r=0}^{N/2-1} x_{2r}\, w_N^{(2r)k} + \sum_{r=0}^{N/2-1} x_{2r+1}\, w_N^{(2r+1)k}$$
$$= \sum_{r=0}^{N/2-1} x_{2r}\, w_N^{2rk} + w_N^k \sum_{r=0}^{N/2-1} x_{2r+1}\, w_N^{2rk} \tag{11.29}$$

となる。ここで

$$w_N^2 = e^{-i2\cdot 2\pi/N} = e^{-i2\pi/(N/2)} = w_{N/2}$$

であるから，式 (11.29) は

$$y_k = \sum_{j=0}^{N-1} x_j w_N^{kj} = X_k^{(0)} + w_N^k X_k^{(1)} \qquad (k=0,1,\cdots,N\!-\!1) \tag{11.30}$$

$$\left. \begin{aligned} X_{k'}^{(0)} &= \sum_{r=0}^{N/2-1} x_{2r}\, w_{N/2}^{rk'} \qquad X_{k'+N/2}^{(0)} = X_{k'}^{(0)} \\ X_{k'}^{(1)} &= \sum_{r=0}^{N/2-1} x_{2r+1}\, w_{N/2}^{rk'} \qquad X_{k'+N/2}^{(1)} = X_{k'}^{(1)} \end{aligned} \right\}$$
$$\left(k' = 0,1,\cdots, \frac{N}{2}-1 \right) \tag{11.31}$$

と書ける。ここに $X_{k'}^{(0)}, X_{k'}^{(1)}$ はデータ点数が $N/2$ の DFT となっており，これが $m(=\log_2 N)$ 段目の演算となる。同様にして，この $X_k^{(0)}, X_k^{(1)}$ をさらにデータ点数が $(N/2)/2$ の DFT に分けると，つぎの $m-1$ 段目の演算が得られる。

$$X_k^{(0)} = \sum_{r=0}^{N/2-1} a_r^{(0)}\, w_{N/2}^{rk} = X_k^{(00)} + w_{N/2}^k X_k^{(10)}$$
$$\left(k=0,1,\cdots, \frac{N}{2}-1 \right) \tag{11.32}$$

$$\left. \begin{aligned} X_{k'}^{(00)} &= \sum_{r=0}^{N/4-1} a_{2r}^{(0)}\, w_{N/4}^{rk'} \qquad X_{k'+N/4}^{(00)} = X_{k'}^{(00)} \\ X_{k'}^{(10)} &= \sum_{r=0}^{N/4-1} a_{2r+1}^{(0)}\, w_{N/4}^{rk'} \qquad X_{k'+N/4}^{(10)} = X_{k'}^{(10)} \end{aligned} \right\}$$
$$\left(k' = 0,1,\cdots, \frac{N}{4}-1 \right) \tag{11.33}$$

$$X_k^{(1)} = \sum_{r=0}^{N/2-1} a_r^{(1)} w_{N/2}^{rk} = X_k^{(10)} + w_{N/2}^k X_k^{(11)}$$

$$\left(k=0,1,\cdots,\frac{N}{2}-1\right) \quad (11.34)$$

$$\left.\begin{aligned} X_{k'}^{(01)} &= \sum_{r=0}^{N/4-1} a_{2r}^{(1)} w_{N/4}^{rk'} \quad X_{k'+N/4}^{(01)} = X_{k'}^{(01)} \\ X_{k'}^{(11)} &= \sum_{r=0}^{N/4-1} a_{2r+1}^{(1)} w_{N/4}^{rk'} \quad X_{k'+N/4}^{(11)} = X_{k'}^{(11)} \end{aligned}\right\}$$

$$\left(k'=0,1,\cdots,\frac{N}{4}-1\right) \quad (11.35)$$

以上のように偶数列と奇数列へ分解してデータ点数を順次 $1/2$ にしていくと，データ点数 2 点の DFT に達するので，これを 1 段目として計算し，以降 2 段目から m 段目の演算に逐次代入すればよい．ここでデータ点数が $1/2$ の DFT を作成していく際，偶数列には $X^{(0\cdots)}$ と添字 0 を先頭に付加し，奇数列には $X^{(1\cdots)}$ と添字 1 を先頭に付加して識別した．最後に 2 点の DFT となるとき右辺の X の上添字が示す 2 進数は，入力データ点 x_k の添字番号 k (10 進数) に相当する．入力値 x_k ($k=0,1,\cdots,n-1$) の順番の入れ換わりについてはつぎの例で確認してみよう．

例 11.3 (データ点数が $n=2^3=8$ の場合) これは $m=3$ 段の処理で終了する．まず 3 段目の処理は，式 (11.30), (11.31) より

$$\left.\begin{aligned} y_0 &= X_0^{(0)} + w_8^0 X_0^{(1)} \\ y_1 &= X_1^{(0)} + w_8^1 X_1^{(1)} \\ y_2 &= X_2^{(0)} + w_8^2 X_2^{(1)} \\ y_3 &= X_3^{(0)} + w_8^3 X_3^{(1)} \\ y_4 &= X_0^{(0)} + w_8^4 X_0^{(1)} = X_0^{(0)} - w_8^0 X_0^{(1)} \\ y_5 &= X_1^{(0)} + w_8^5 X_1^{(1)} = X_1^{(0)} - w_8^1 X_1^{(1)} \\ y_6 &= X_2^{(0)} + w_8^6 X_2^{(1)} = X_2^{(0)} - w_8^2 X_2^{(1)} \\ y_7 &= X_3^{(0)} + w_8^7 X_3^{(1)} = X_3^{(0)} - w_8^3 X_3^{(1)} \end{aligned}\right\} \quad (11.36)$$

となる。ただし，$X_0^{(0)}, X_1^{(0)}, X_2^{(0)}, X_3^{(0)}$ は偶数項 x_0, x_2, x_4, x_6 の 4 点をデータにもつ DFT であり，$X_0^{(1)}, X_1^{(1)}, X_2^{(1)}, X_3^{(1)}$ は奇数項 x_1, x_3, x_5, x_7 の 4 点をデータにもつ DFT である。つぎに 2 段目の処理として，$X_k^{(0)}$ ($k=0,1,2,3$) は式 (11.32), (11.33) より

$$\left.\begin{array}{l}X_0^{(0)} = X_0^{(00)} + w_4^0 X_0^{(10)} \\ X_1^{(0)} = X_1^{(00)} + w_4^1 X_1^{(10)} \\ X_2^{(0)} = X_0^{(00)} + w_4^2 X_0^{(10)} = X_0^{(00)} - w_4^0 X_0^{(10)} \\ X_3^{(0)} = X_1^{(00)} + w_4^3 X_1^{(10)} = X_1^{(00)} - w_4^1 X_1^{(10)}\end{array}\right\} \quad (11.37\mathrm{a})$$

であり，$X_k^{(1)}$ ($k=0,1,2,3$) は式 (11.34), (11.35) より

$$\left.\begin{array}{l}X_0^{(1)} = X_0^{(01)} + w_4^0 X_0^{(11)} \\ X_1^{(1)} = X_1^{(01)} + w_4^1 X_1^{(11)} \\ X_2^{(1)} = X_0^{(01)} + w_4^2 X_0^{(11)} = X_0^{(01)} - w_4^0 X_0^{(11)} \\ X_3^{(1)} = X_1^{(01)} + w_4^3 X_1^{(11)} = X_1^{(01)} - w_4^1 X_1^{(11)}\end{array}\right\} \quad (11.37\mathrm{b})$$

である。$X_k^{(00)}, X_k^{(10)}, X_k^{(01)}, X_k^{(11)}$ ($k=0,1$) はそれぞれデータ点が (x_0, x_4), (x_2, x_6), (x_1, x_5), (x_3, x_7) の 2 点 DFT であるので，最後に 1 段目の処理が

$$\left.\begin{array}{l}X_0^{(00)} = X_0^{(000)} + w_2^0 X_0^{(100)} = x_0 + w_2^0 x_4 \\ X_1^{(00)} = X_0^{(000)} + w_2^1 X_0^{(100)} = x_0 - w_2^0 x_4\end{array}\right\} \quad (11.38\mathrm{a})$$

$$\left.\begin{array}{l}X_0^{(10)} = X_0^{(010)} + w_2^0 X_0^{(110)} = x_2 + w_2^0 x_6 \\ X_1^{(10)} = X_0^{(010)} + w_2^1 X_0^{(110)} = x_2 - w_2^0 x_6\end{array}\right\} \quad (11.38\mathrm{b})$$

$$\left.\begin{array}{l}X_0^{(01)} = X_0^{(001)} + w_2^0 X_0^{(101)} = x_1 + w_2^0 x_5 \\ X_1^{(01)} = X_0^{(001)} + w_2^1 X_0^{(101)} = x_1 - w_2^0 x_5\end{array}\right\} \quad (11.38\mathrm{c})$$

$$\left.\begin{array}{l}X_0^{(11)} = X_0^{(011)} + w_2^0 X_0^{(111)} = x_3 + w_2^0 x_7 \\ X_1^{(11)} = X_0^{(011)} + w_2^1 X_0^{(111)} = x_3 - w_2^0 x_7\end{array}\right\} \quad (11.38\mathrm{d})$$

と計算できる。式 (11.38a)～(11.38d) の値を 2 段目の式 (11.37a), (11.37b) に代入し，さらにこれらの値を 3 段目の式 (11.36) に代入すれば，DFT の

計算は完了する.データ処理の流れを図 11.3 に示す.矢印の近くの定数はこれを乗じて流れが合流する接点で加算することを表す.2 点の DFT における式 (11.38a)~(11.38d) の右辺の X の上添字が示す 2 進数は,データ点 x_k の添字番号 k (10 進数) となっている.この添字番号は,$0, \cdots, 7$ を表す 2 進数

$(000)_2 \quad (001)_2 \quad (010)_2 \quad (011)_2 \quad (100)_2 \quad (101)_2 \quad (110)_2 \quad (111)_2$

のビットを反転させたもの

$(000)_2 \quad (100)_2 \quad (010)_2 \quad (110)_2 \quad (001)_2 \quad (101)_2 \quad (011)_2 \quad (111)_2$
$= 0 \quad\ \ = 4 \quad\ \ = 2 \quad\ \ = 6 \quad\ \ = 1 \quad\ \ = 5 \quad\ \ = 3 \quad\ \ = 7$

となっており,この順序に入力データを与えればよい.

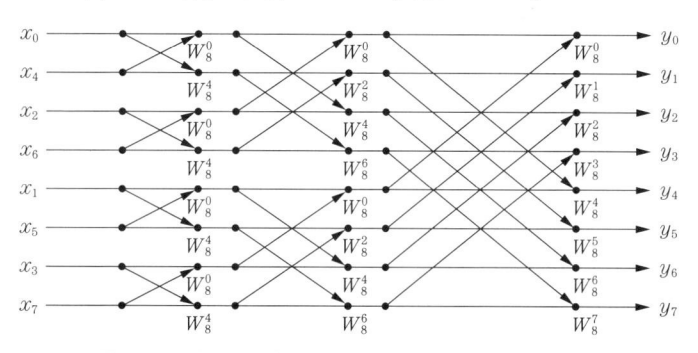

図 11.3 時間間引き型 FFT におけるデータ処理の流れ

以上よりデータ総数が $N = 2^m$ の場合,p 段目ではデータ点数 $N_p = 2^p$ のグループが $N/N_p = 2^{m-p}$ 個あり,各グループの要素は,$w_{N_p}^{k+N_p/2} = -w_{N_p}^k$ を用い

$$\left. \begin{array}{l} X_k \quad\quad\ \ = X_k^{even} + w_{N_p}^k X_k^{odd} \\ X_{k+N_p/2} = X_k^{even} - w_{N_p}^k X_k^{odd} \end{array} \right\} \quad (k = 0, \cdots, N_p/2 - 1) \quad (11.39)$$

と分解されることがわかる.これを $p=1$ から始め $p=m$ まで繰り返せばよい.結局,時間間引き型 FFT のアルゴリズムはつぎのようになる.

1) ビット反転により，入力データ x_k の順序を並べ替え（例11.3参照），その結果を $X_0, X_1, \cdots, X_{N-1}$ と記す．
2) 偶数列と奇数列への分解の統合を $m = \log_2 N$ 段繰り返す．つぎに示すアルゴリズムの原型において，$Y, X_k, X_l, w_{N_p}^j$ は複素数であり，$w_{N_p}^j$ の計算を効率よく行うべくさらに改良できる．

    for $p = 1$ to m
       $N_p := 2^p$ { 各グループのデータ点数 }
       $n_g := N/N_p$ { グループ数 }
       for $i = 0$ to $n_g - 1$
          for $j = 0$ to $N_p/2 - 1$
             $k := N_p * i + j$
             $l := k + N_p/2$
             $Y := w_{N_p}^j X_l$
             $X_l := X_k - Y$
             $X_k := X_k + Y$
          end
       end
    end

なお IDFT(11.20) もまったく同じアルゴリズムで計算できる．DFT(11.15) と比べてみると，回転因子 w_N を w_N^{-1} に置き換え，最後に $1/N$ を乗じるのみである．

章 末 問 題

【1】 例11.1における矩形波(11.24)を複素フーリエ級数に展開し，複素フーリエ係数が式(11.26)となることを確認せよ．

【2】 11.5.2項の最後に記された時間間引き型FFTのアルゴリズムの原型を，$w_{N_p}^j$ の計算も含めて効率がよくなるよう改良せよ．

【3】 時間間引き型FFTのアルゴリズムを，関数の再帰用法[†]を用いて記せ．

---

† FORTRAN90/95，C言語，MATLAB などでは，関数を再帰的に使用できる．

引用・参考文献

1) コロナ社ホームページ http://www.coronasha.co.jp/の本書のページ
本書の付録を収録している：付録 A. 計算機における数値表現；付録 B. ベクトルと行列のノルム；付録 C. 不動点反復法の収束に関する考察；付録 D. 補間と誤差；付録 E. 数値微分の差分演算子表現
2) Heath, Michael T.：Scientific Computing, An Introductory Survey, McGraw-Hill (2002)
本文献は，数値計算に関する科学的な記述のみならず，動機（例えばある数値計算法はどのような要求から生じ，どのような考え方から導き出されたかなど）の記述や，直感的に把握しやすい説明にも多くの工夫が見られる。また最近のニーズに応えるべく，汎用ソフトウェアライブラリーの説明も載せられている。
3) Fritz, John：Lectures on Advanced Numerical Analysis, Science Publishers, Inc. (1967); 藤田　宏，名取　亮 共訳：数値解析講義，産業図書 (1975)
数値解析が数学面から簡潔に記述されている。
4) 森　正武：数値解析，共立出版 (1973)
数値解析が数学面から正統的に記述された和文での定番本である。
5) 川崎晴久：C & FORTRAN による数値解析の基礎，共立出版 (1993)
入門者用の平易な教科書でプログラムも記載されている。
6) 赤坂　隆：数値計算，応用数学講座第 7 巻，コロナ社 (1976)
数値計算法の応用数学面からの記述が列挙されている。
7) 森口繁一，伊理正夫，武市正人 編：C による算法通論，東京大学出版会 (2000)
算法に必要な事項が簡略に記されているプログラム集。
8) 戸川隼人：マトリクスの数値計算，オーム社 (1971)
わかりやすく丁寧な記述には定評がある。
9) フォーサイス，ワソー（藤野精一 訳）：偏微分方程式の差分法による近似解法（上）（下），吉岡書店 (1967)
10) 伊理正夫，藤野和建：数値計算の常識，共立出版 (2001)
数値計算を使いこなすという観点から記述されている。
11) 篠原能材：数値解析の基礎，日新出版 (1978)

12) 佐武一郎：線形代数学，数学選書 1，裳華房 (1974)
13) 山内二郎，宇野利雄，一松　信：電子計算機のための数値計算法 III，数理科学シリーズ 5，培風館 (1973)
14) Gear, W.C.：Numerical initial value problems in ordinary differential equations, Pretice-Hall (1971)
15) 戸川隼人：微分方程式の数値計算，オーム社 (1978)
16) Hartog, J.P.Den（谷口　修，藤井澄二　共訳）：機械振動論，コロナ社 (1976)
17) 篠崎寿夫，富山薫順，若林敏雄：現代工学のためのフーリエ解析，現代工学社 (1983)
18) 佐川雅彦，貴家仁志：高速フーリエ変換とその応用，ディジタル信号処理シリーズ 2，昭晃堂 (1998)

索引

【あ】
アダムス型公式 　　　　　　193
アダムス・バッシュフォース公式 　　　　　　193
アダムス・ムルトン公式 　　　　　　194
アンダーフローレベル 　　4
安定性 　　　　　　　　180
安定である 　　　　　　180

【い】
位相角スペクトル 　　　216
一段法 　　　　　　　　184
陰解法 　　　　　　　　177

【う】
打切り誤差 　　　9, 176, 178

【え】
エルミート行列 　　　　17
エルミート補間法 　　　132

【お】
オイラーの公式 　　　　210
オイラー法 　　　　　　176
オイラー・マクローリン展開 　　　　　　　　163
オーバーフローレベル 　4
帯行列 　　　　　　　　61
重み 　　　　　　　　　150

【か】
開型 　　　　　　　　　151
回転因子 　　　　　　　213

【き】
ガウス型積分 　　　　　158
ガウス・ザイデル法 　　82
ガウス・ジョルダン消去法 　　　　　　　　　　67
ガウス積分公式 　　　　161
ガウスの消去法 　　　　63
ガウス・ルジャンドル積分公式 　　　　　　　162
硬い方程式 　　　　　　197
割線法 　　　　　　　　43
仮数部 　　　　　　　　4
完全ピボット選択 　　　77

【き】
ギアの後退差分公式 　　197
基底 　　　　　　　　　4
基底関数 　　　　　　　113
ギブンズ変換 　　　　　101
基本鏡映変換 　　　　　104
逆反復法 　　　　　　　110
逆フーリエ変換 　　　　212
逆離散フーリエ変換 　　215
鏡映変換 　　　　　　　101
局所誤差 　　　　178, 179
切捨てによる丸め 　　　7

【く】
区間エルミート補間法 　135
区間多項式補間法 　　　134
組立て除法 　　　　　　35
グラム・シュミットの直交化 　　　　　　101
クラメールの公式 　　　54
クロネッカーのデルタ 　91

【け】
桁落ち 　　　　　　　　8
桁落ち誤差 　　　　　　8
原点移動 　　　　　　　101

【こ】
剛性行列 　　　　　　　88
高速フーリエ変換 　　　217
後退代入 　　　　　　　56
誤差 (error) 　　　　　　1
誤差 (global error) 　　179
誤差限界 　　　　　　　2
固有値 　　　　　　16, 87
固有値問題 　　　　　　87
固有ベクトル 　　　16, 87

【さ】
三重対角行列 　　　　　78
サンプリング周波数 　　216

【し】
指数 　　　　　　　　　4
指数部 　　　　　　　　4
質点・ばね系 　　　　　87
質量行列 　　　　　　　88
質量・ばね・ダンパ・外力系 　　　　　203
修正子 　　　　　　　　198
条件 　　　　　　　　　180
条件数 　　　　　　　　19
情報落ち 　　　　　　　8
情報落ち誤差 　　　　　8
振幅スペクトル 　　　　215
シンプソン則 　　　　　153

【す】

数値積分 150
数値微分 168
スプライン補間法 137
スペクトル半径 16

【せ】

正規化表現 4
正規方程式 143
正則 18
精度 2, 178
絶対誤差 1
漸近安定である 180
前進差分近似 10
前進消去 56
線スペクトル 212
選点直交多項式系 121

【そ】

相似変換 91
相対誤差 1
相対誤差限界 2
疎行列 61

【た】

台形則 153
対称行列 90
多項式補間法 114
単項関数 114
単項基底関数 115

【ち】

チェビシェフ多項式 125
中点則 153
直交行列 90
直交多項式 120
直交多項式補間 123
直交変換 91

【つ】

積残し 8
積残し誤差 8

【て】

テイラー級数展開 9, 168
テイラー展開 9
テイラー展開法 185
テイラーの定理 9
転置行列 90
伝播誤差 19

【と】

同次 202
特異 18
特性方程式 199

【な】

ナチュラルノルム 15

【に】

ニュートン基底関数 118
ニュートン法 31
ニュートン補間法 118

【ね】

ネヴィル補間法 126

【の】

ノルム 14

【は】

バイト 2
ハウスホルダー変換 89, 101, 104
掃出し法 66
パワースペクトル 215
反復法 80
反復1次補間法 126

【ひ】

左下三角行列 55
ビット 2
ピボット 66

【ふ】

複合型積分 155
複合シンプソン則 156
複合台形則 156
複合中点則 156
不動点 38
不動点反復法 38
不動点問題 38
部分ピボット選択 73
フーリエ級数展開 209
フーリエ変換 212

【へ】

閉型 151
平面回転変換 101
べき乗法 109
ヘッセンベルグ行列 89

【ほ】

補間型積分公式 151
ホーナー法 35

【ま】

マシンエプシロン 7
マシン精度 7
丸め誤差 7, 178

【み】

右上三角行列 55

【む】

無条件安定である 183

【も】

最も近い浮動小数点数への
丸め 7

【や】

ヤコビ行列 47, 203
ヤコビ法（固有値問題） 94
ヤコビ法（連立1次方程式） 81

【ゆ】

ユークリッドノルム	15
ユニット丸め	7

【よ】

陽解法	177
予測子	198
予測子-修正子法	198

【ら】

ラグランジュ基底関数	116
ラグランジュ補間法	116

ランチョス反復法	90

【り】

離散化誤差	9
離散フーリエ変換	213
リチャードソン補外法	131
リーマン・ルベーグの定理	211
リーマン和	157

【る】

累積誤差	179
ルジャンドル多項式	124

ルンゲ・クッタ・ギル法	189
ルンゲ・クッタ法	185

【れ】

連続スペクトル	212

【ろ】

ロンバーグ積分	163

【D】

DFT	213

【F】

FFT	217

【I】

IDFT	215
IEEE システム	7

【L】

LU 分解法	55

【M】

m 次収束	40

【N】

n 点ガウス型公式	158
n 点ニュートン・コーツ公式	152

【Q】

QR 分解	100
QR 法	100

【S】

SOR 法	82

【数字】

2 分法	44, 90
3 次エルミート基底関数	135

―― 著者略歴 ――

1979年	東京大学工学部航空学科卒業
1982年	富士通(株)勤務
1991年	博士(工学)(東北大学)
1994年	東京農工大学助手
2007年	東京農工大学助教
2009年	東海大学准教授
2014年	東海大学教授
	現在に至る
2000年	AIAA(米国航空宇宙学会) Associate Fellow

日本学術振興会特定国派遣研究者(英国長期)として在外研究に従事：

2000年～01年	ケンブリッジ大学
2001年	マンチェスターメトロポリタン大学
2007年	日本流体力学会フェロー

数値計算の基礎 ── 解法と誤差 ──
Fundamentals of Numerical Analysis ── Algorithm and Errors ──

© Yoko Takakura 2007

2007 年 4 月 20 日 初版第 1 刷発行
2019 年 9 月 5 日 初版第 5 刷発行

検印省略

著 者	高倉葉子	
発行者	株式会社　コロナ社	
	代表者　牛来真也	
印刷所	三美印刷株式会社	
製本所	有限会社　愛千製本所	

112-0011 東京都文京区千石 4-46-10
発行所　株式会社　コロナ社
CORONA PUBLISHING CO., LTD.
Tokyo Japan
振替 00140-8-14844・電話(03)3941-3131(代)
ホームページ http://www.coronasha.co.jp

ISBN 978-4-339-06092-8　C3041　Printed in Japan　（金）

JCOPY <出版者著作権管理機構 委託出版物>
本書の無断複製は著作権法上での例外を除き禁じられています。複製される場合は，そのつど事前に，出版者著作権管理機構(電話 03-5244-5088，FAX 03-5244-5089，e-mail: info@jcopy.or.jp)の許諾を得てください。

本書のコピー，スキャン，デジタル化等の無断複製・転載は著作権法上での例外を除き禁じられています。購入者以外の第三者による本書の電子データ化及び電子書籍化は，いかなる場合も認めていません。
落丁・乱丁本はお取替えいたします。